# L'AVENIR
# DE LA GUERRE

PIERRE LELLOUCHE

# L'AVENIR
# DE LA GUERRE

MAZARINE

# Sommaire


*Préface.*                                                          11

*Introduction.* — Mai 40 bis ?                                      15

*Première partie.* — L'Avenir de l'Alliance.                        39

*Deuxième partie.* — L'Avenir de la paix.                           91

*Troisième partie.* — L'Avenir de la guerre.                       165

*Conclusions pour la France.* — Repenser la guerre.               247

*Annexes.*                                                         289

*Glossaire des sigles.*                                            327

*Table des cartes et tableaux.*                                    329

*Table des matières.*                                              333

# Préface

> « *Le courage nourrit les guerres, mais c'est
> la peur qui les fait naître.* »
>
> Alain

Au point de départ de ce livre, il y eut tout d'abord une question : pourquoi l'Occident tout entier a-t-il, à partir de 1979, basculé tout à coup dans la peur de la guerre, le pacifisme, voire même dans certains cas, dans le neutralisme ?

Pourquoi cette peur alors que depuis la guerre froide, ce sentiment avait pratiquement disparu de nos sociétés, au point que l'idée même de la guerre, rendue « impossible » par l'atome, avait été proprement évacuée de nos préoccupations ? Pourquoi cette remise en cause générale de la dissuasion par les pacifistes, les évêques et jusqu'aux généraux — alors que celle-ci avait, depuis 1945, assuré la paix, du moins en Europe et entre les deux grands rivaux ?

De toute évidence, le double traumatisme de décembre 1979 — les euromissiles et l'Afghanistan — ne suffisait pas à lui seul à expliquer cette brusque cassure. Pas plus que le climat certes tendu, mais à aucun moment réellement dangereux entre les deux super-grands. En analysant à l'IFRI les causes de la grande vague pacifiste des années 1981-1983, en étudiant aussi ce qui commençait à bouger dans l'équation stratégique entre l'Est et l'Ouest[1], j'eus peu à peu la conviction que cette peur était le révélateur de quelque chose de beaucoup plus fondamental : la transformation en profondeur, depuis une quinzaine d'années, du système de sécurité européen. Progressivement, sous l'influence de multiples changements dans l'ordre politique, dans celui des sociétés elles-mêmes, de l'équilibre des forces, de la technologie, un système — celui qui fut bâti dans l'immédiat après-guerre — est en train de donner naissance, sinon à un nouvel « ordre » de sécurité européen, du moins à quelque chose d'autre où rien ne sera plus pareil : ni les Alliances (les fameux « blocs » que critiquait de Gaulle), ni les peuples (qui changent, eux aussi, avec le renouvel-lement des générations), ni les armes (la dissuasion atomique, déjà affaiblie, survivra-t-elle et sous quelle forme à la fin du siècle ?). C'est tout cela que les gouvernements mais surtout les gens, l'homme de la rue, ressentent confusément depuis plusieurs années. L'instinct de conservation et la mémoire collective aidant, chacun sent bien qu'à chaque fois qu'une telle phase de mutation est vécue, qu'un « système » établi est en train d'accoucher peu à peu d'un autre système, la paix cesse d'être une « évidence » et la guerre redevient possible, sinon probable. L'Histoire en effet connaît rarement d'accouchements sans douleur.

Mais, si nos sociétés ont raison d'avoir peur de cette « révolu-tion stratégique » que nous voyons, fragment après fragment, se dérouler devant nos yeux, il est clair également qu'elles se trompent de peur. Là, en effet, où le réflexe naturel de crainte a été dévoyé — par les soins notamment de la propagande soviétique — c'est dans l'idée propagée par la grande vague des années 1981-1983, que l'arme atomique doit être abolie puisque le risque principal était — est — celui de la guerre atomique. Cette guerre-là, à mon sens, reste aussi peu probable que par le passé, même si la technologie l'a rendue à nouveau pensable voire envisageable par certains. Le danger au contraire dans la période de mutation périlleuse que nous vivons est que la remise en cause générale de la dissuasion nucléaire à laquelle il nous est donné d'assister partout en Occident (la France étant ici une exception partielle) ne vienne précisément aggraver le risque de dérapage dans la violence. Mais une violence avec les « bonnes vieilles armes » que les militaires connaissent bien : chars, avions,

---

1. Ces études ont été publiées dans différents volumes de la collection « Travaux et Recherches de l'IFRI » (Éd. Economica) dont : *La Sécurité de l'Europe dans les années 80* (1980) et *Pacifisme et dissuasion* (1983).

divisions qui, soit dit en passant, n'ont cessé d'être employées hors d'Europe depuis 1945, au cours des quelque 160 conflits qui ont jalonné l'histoire récente du tiers monde.

Toute la difficulté de mon entreprise était d'expliquer cette « révolution stratégique » d'une façon cohérente, en montrant ce qui a changé, ce qui change dans l'ordre des rapports de forces militaires, politiques et même sociaux entre l'Est et l'Ouest, sans oublier le phénomène capital de la révolution technologique. Mon second objectif était d'en tirer les principaux enseignements pour nos démocraties et surtout pour la politique de sécurité de la France que je crois profondément ébranlée par les changements du contexte politico-stratégique européen.

Je ne sais si j'y suis parvenu. De même que j'ignore si le signal d'alarme tiré dans ce livre sera vraiment entendu par le public.

De par ma propre expérience professionnelle à l'IFRI d'une part, et d'autre part en tant que chroniqueur ou éditorialiste dans différents médias (dont *Le Point* et *Newsweek*), j'ai appris que l'essentiel en matière stratégique n'est pas l'avis plus ou moins éclairé des « experts » — ou même celui des gouvernants — mais l'attitude de l'opinion publique au sens large. Tant que la dissuasion continuera à jouer, au moins dans les relations avec l'URSS, la bataille se jouera sur ce terrain-là : celui de la conquête des « cœurs et des âmes » de *nos* peuples. La stratégie est donc aussi, et peut-être avant tout, une bataille d'idées. C'est délibérément donc que j'ai écrit ce livre pour le public, les « gens », beaucoup plus que les experts. J'espère que l'exposé qui va suivre, malgré certains passages inévitablement techniques, ou complexes, ne rebutera pas le lecteur : la stratégie, donc la paix et la guerre, sont en effet l'affaire de tous.

Je terminerai sur mes lacunes : on me reprochera — et on aura raison, en partie, au moins — d'ignorer trop la dimension économique et surtout de pécher par « eurocentrisme », en laissant de côté l'évolution stratégique du tiers monde et de ses trois milliards d'individus. Mais, si je suis coupable par omission, du moins celle-ci est volontaire. Elle tient au simple fait qu'il m'a fallu faire des choix en fonction de l'objet même de ce livre qui est d'analyser les mutations que je considère essentielles du système de sécurité européen. Inclure dans une analyse déjà complexe, des données aussi vastes que l'économie et le tiers monde (et d'ailleurs quel tiers monde ?) m'aurait entraîné dans un ou deux autres volumes. L'autre possibilité, qui était de les survoler superficiellement, n'était guère plus satisfaisante. D'où la nécessité du choix que j'ai fait.

Une dernière précision enfin, mais qui s'impose de par la sensibilité du sujet de ce livre : les analyses et les thèses développées ici (de même que les éventuelles erreurs qui pourraient s'y être glissées), n'engagent évidemment que moi. Elles ne sauraient donc être attribuées en aucune manière aux organismes auxquels j'ai l'honneur de collaborer, qu'il s'agisse de l'Institut français des Relations internationales ou du *Point.*

Voilà. Tout est dit, ou presque. Au lecteur de décider s'il est convaincu. Raymond Aron, que j'étais allé voir il y a deux ans pour lui parler de ce livre, et à qui je demandai ce qu'il entrevoyait, lui, d'ici la fin du siècle, en fonction des multiples transformations de l'équation politico-stratégique entre l'Est et l'Ouest, me répondit mi-malicieusement, mi-tragiquement : « Vous savez, moi, j'ai presque fini d'observer le monde de l'après-guerre. La suite sera sans doute plus difficile et vous aurez à la vivre. »

# INTRODUCTION

## MAI  40  BIS ?

> *« En somme, tout concourait à faire de la passivité le principe même de notre défense nationale. »*
>
> Charles de Gaulle, *Mémoires de guerre*, t. I

I

Les Français, comme chacun sait, sont tout à la fois fiers et satisfaits de leur défense.

Une défense fondée sur une force nationale de dissuasion nucléaire indépendante, mais qui s'inscrit néanmoins dans le cadre de l'Alliance Atlantique. Car la France, rappelons-le, demeure membre de l'Alliance, même si ses forces ont été retirées voici près de vingt ans (en 1966) du commandement intégré de l'OTAN.

Voici donc l'équation de départ. Une doctrine stratégique d'une logique parfaite — en apparence tout au moins — pour une vieille nation qui, après avoir connu tant de fois l'épreuve de la guerre, aspire enfin à la paix. Et qui, à l'abri de sa propre dissuasion atomique et d'un système de sécurité collective, se trouve pour une fois (la première de son histoire) en deuxième ligne par rapport à l'adversaire potentiel, derrière le glacis que lui fournit une moitié d'Allemagne.

Cet acquis essentiel de la V$^e$ République, hérité du général de Gaulle, a été maintenu par tous les gouvernements successifs : de Valéry Giscard d'Estaing qui aimait parler de la France comme de la « troisième puissance nucléaire mondiale », jusqu'à François Mitterrand dont les accents, sur ce sujet, sont plus gaulliens que nature.

A l'image de la sereine fierté de leurs chefs, les Français, dans leur immense majorité, font apparemment preuve d'une extraordinaire placidité et d'une non moins extraordinaire unanimité au regard de leur défense. Attitude d'autant plus remarquable que la France fait ici figure d'exception, de « contre-modèle » a-t-on pu écrire[1], face au reste des démocraties occidentales. Tandis que des foules immenses défilaient de Berlin à Rome contre les Pershing, les Français, confiants dans leur dissuasion, soutenaient la fermeté de leur président de la République dans l'affaire des euromissiles. A tel point que l'on vit — image étonnante de cette fin de siècle — un chef d'État français haranguer à Bonn, au Bundestag, les représentants du peuple allemand pour que celui-ci *réarme* et ne succombe point à la tentation neutraliste ! Tandis que partout ailleurs en Occident, les opinions publiques, les partis politiques et même les experts, traumatisés par l'interminable querelle des fusées de ces dernières années, demeurent profondément divisés sur les questions de sécurité — et la question nucléaire, en particulier —, en France, au contraire, le consensus sur la défense n'a jamais paru aussi solide.

Un nouveau Candide qui débarquerait dans notre pays, au terme d'un périple dans les démocraties de l'Ouest, ne pourrait donc qu'être émerveillé par pareil contraste. Et par cet étonnant « consensus français » où tout le monde — ou presque — est *pour* les Pershing (excepté le PCF, il est vrai), *pour* une défense indépendante, mais solidaire du monde occidental, *pour* la primauté du nucléaire dans notre politique de sécurité, *pour* la poursuite de l'effort de modernisation de nos forces et *contre*, enfin, toute espèce de négociation avec les Soviétiques sur nos moyens atomiques[2].

Nul doute que, muni de ces observations, notre brave Candide ne câble à son vieux maître Pangloss qu'il a trouvé en France un véritable Eldorado nucléaire dans le plus troublé des mondes possibles.

Quoi de plus naturel, dès lors, pour Laurent Fabius, que de choisir comme thème premier de sa première allocution devant l'Institut des Hautes Études de Défense nationale (en septembre 1984) en tant que tout nouveau Premier ministre, l'idée de ce « rassemblement » des Français autour de leur politique de défense[3]. « Notre défense rassemble les Français » constate avec satisfaction le nouveau Premier ministre, qui est lui-même l'exemple vivant de cette unanimité nationale, puisque son propre parti,

---

1. Voir le chapitre consacré à la France dans Pierre LELLOUCHE (éd.), *Pacifisme et dissuasion*, coll. « Travaux et recherches de l'IFRI », Paris, Economica, 1983.
2. Exception faite, ici aussi, des communistes.
3. Laurent FABIUS, « La Politique de défense : rassembler pour moderniser », allocution devant l'IHEDN, 17 septembre 1984, *Revue de Défense nationale*, novembre 1984.

après l'avoir longuement combattu, est désormais le défenseur le plus acharné du système de défense hérité du général de Gaulle. Et M. Fabius d'ajouter : « Une très grande majorité des Français, quelle que soit leur famille politique, accepte le concept fondamental de la dissuasion nucléaire. » Telles sont du moins les apparences...

Par une ironie sans doute bien involontaire mais très instructive pour notre propos, il se trouve en effet que l'article qui suit l'allocution du Premier ministre dans ce même numéro de la *Revue de Défense nationale* est précisément consacré à l'analyse d'un sondage commandé par le Secrétariat général de la Défense nationale sur l'état de l'opinion publique française au regard de sa défense [1]. En réponse à une question sur leur degré d'information en la matière, *84 %* des Français interrogés s'estimaient « assez mal », « très mal », ou « pas du tout » informés (ce dernier groupe atteignant *35 % !*).

Le propre d'un jugement ou d'une opinion, sur quelque sujet que ce soit, étant d'être formé sur la base d'une *information,* la plus complète possible sur une question donnée, que vaut dans ces conditions l'affirmation du Premier ministre — et avec lui, celles de la plupart de ses prédécesseurs — selon laquelle, « notre défense rassemble les Français » ?

Mais le problème n'est pas seulement celui d'une sous-information, d'ailleurs délibérément entretenue par les différents gouvernements — quelle que soit leur tendance politique. En réalité, le fameux « consensus » français, qui suscite l'envie des observateurs étrangers et dont se gargarisent nos hommes politiques de droite ou de gauche, n'est qu'une apparence.

Car ce consensus n'est qu'un trompe-l'œil, une illusion confortable et rassurante, aussi rassurante que la bombe, qui — par définition, n'est-ce pas ? — rend la guerre impossible puisque impensable. Mais une illusion qui dissimule en fait de profondes et périlleuses faiblesses dans l'opinion.

Regardons donc d'abord l'opinion. Les sondages dont nous disposons [2] — les réserves d'usage devant être gardées à l'esprit devant ce type d'enquête —, sont en tout cas éloquents.

Première constatation : M. Fabius — comme ses prédécesseurs — paraît avoir raison : dans leur majorité, les Français jugent « indispensable » la possession par la France d'une force

---

1. Dominique CHAVANNAT, « Opinion publique et défense », *Ibid.*
2. Les services gouvernementaux commandent régulièrement leurs propres sondages. Ceux-ci ne sont malheureusement que très rarement publiés. On ne s'en étonnera guère à la lumière des données qui vont suivre.

de dissuasion nucléaire (à 64 % dans un sondage publié par *L'Express* le 31 mai 1980, à 72 % dans un sondage analogue publié par le même journal un an plus tard, le 10 juillet 1981). Et il est vrai qu'une unanimité de surface s'est finalement instaurée en France autour de deux mots clés, véritables tabous du totem sacré hérité du général de Gaulle : « indépendance » et « dissuasion » (comprenez, bien sûr, dissuasion *nucléaire*).

L'ennui, c'est que dès que l'on gratte un petit peu cette surface bien lisse et que l'on demande aux Français à quoi servent leurs armes atomiques, voire s'ils seraient d'accord pour les employer dans la dernière extrémité, alors les choses se gâtent terriblement. A en croire deux sondages réalisés l'un par *Le Point* (9 juin 1980) l'autre par *L'Express* presque à la même date (31 mai 1980), on observe les attitudes suivantes :

— En premier lieu, une majorité de Français continue d'espérer que « la force de frappe française peut contraindre un éventuel agresseur à ne pas nous attaquer » (62 % au total, dont 23 % sont certains, les 39 % autres disant « peut-être »).

— D'où, la préférence des Français à accroître les moyens militaires atomiques (33 %), par opposition aux moyens classiques (27 %), (32 % ne voulant pas d'accroissement du tout).

— Cela étant — en cas d'*échec* de la dissuasion —, 58 % des Français se déclarent opposés à l'usage de l'arme nucléaire (contre 29 % pour), même dans la dernière extrémité, la France « étant sur le point d'être envahie ». La proportion des non atteint 69 % (contre 14 %) dans l'hypothèse d'une invasion imminente de l'Allemagne fédérale. Voilà qui en dit long sur le « couple franco-allemand ».

— Pis encore, 72 % des Français — donc autant que ceux qui se déclarent favorables à la force de frappe —, se déclarent « par principe » opposés à l'utilisation par le président de la République de l'arme nucléaire.

De toute façon, pensaient les Français de 1980, Valéry Giscard d'Estaing « n'appuierait pas sur le bouton » (49 % contre 24 %), et s'il avait « menacé de le faire », il aurait trouvé devant lui 65 % d'opposants (dont 38 % auraient réagi violemment).

Nous ne disposons pas de sondages plus récents et aussi détaillés (peut-être ces résultats catastrophiques ont-ils incité les instituts de sondage et les médias à ne pas recommencer l'expérience). Il y a fort à parier, cependant, que ces réactions de l'opinion, reproduites dans le détail dans le tableau pp. 22-23, aient évolué dans un sens substantiellement différent depuis cinq ans [1].

Que tirer de l'analyse de ces chiffres ?

Que les Français se rallient, certes, à leur dissuasion, mais en tant qu'instrument de *non-guerre* plutôt que de *défense*. C'est d'ailleurs ce que leur disent leurs gouvernants depuis vingt-cinq ans : « La France est pacifique. La France ne veut pas la guerre. Elle veut dissuader, et non se battre. » La non-guerre, les Français veulent y croire ; mais ils n'y croient en fait qu'à moitié. D'où leur attachement à l'Alliance Atlantique : instinctivement, les Français comprennent que la « dissuasion du faible au fort », doctrine officielle de la France, est crédible *aussi* et peut-être surtout parce que le faible est allié à l'un des deux forts ; et qu'il s'agit, autrement dit, de dissuasion du faible augmentée par le fort (les USA) contre l'autre fort (l'URSS).

Mais dès que le système de la « non-guerre » s'effondre — ce que les experts français appellent, à tort, « l'échec de la dissuasion », apparaissent alors les tendances les plus graves du neutralisme (« pas question de toucher à nos armes nucléaires si le voisin allemand est sur le point d'être envahi ») et, plus grave encore, du pacifisme dans sa version défaitiste : « Si les Russes ne sont pas dissuadés et que l'Armée Rouge est sur le point de franchir le Rhin, mieux vaut alors se rendre sans combat, signer " Montoire bis "..., et appeler le secrétaire général du PCF à l'Élysée. »

Dans un de ses meilleurs éditoriaux de *L'Express,* Raymond Aron, évoquant le risque d'une attaque soviétique *non nucléaire* en Europe, posait la question d'une éventuelle riposte *nucléaire* française, en n'y croyant guère d'ailleurs. Il concluait : « Les Français, au fond d'eux-mêmes, préfèrent-ils la mort à l'arrivée de Georges Marchais à l'Élysée [2] ? » La réponse des sondages est claire en tout cas : c'est non.

Or, en la matière, la solidité de l'opinion est absolument fondamentale pour la survie des nations. Cela a toujours été le cas dans l'Histoire : les nations divisées, incertaines et non résolues à

---

1. A en croire un sondage publié en octobre 1982 (*Ça m'intéresse,* n° 20), 10 % seulement des Français interrogés se déclaraient prêts à se servir de l'arme nucléaire « si les armées soviétiques entrent sur le territoire français », tandis que 42 % auraient préféré négocier sans essayer de se défendre militairement. Dans le même sondage, 44 % des personnes interrogées déclaraient que la force nucléaire française « ne sert à rien car si on l'utilisait contre une grande puissance, on serait en retour rayés de la carte, » tandis que 37 % pensaient qu'elle « met la France à l'abri d'une guerre ». Enfin, un sondage de novembre 1983, tiré de SOFRES, *Opinions publiques, 1985* (Gallimard) confirme que tous les électorats aspirent à la négociation au cas où l'URSS s'apprêterait à pénétrer sur le territoire français : 67 % des communistes, 63 % des socialistes, 56 % des UDF et 51 % du RPR. Seulement 6 % des Français sont pour le recours à l'arme nucléaire et 26 % veulent combattre l'URSS « par tous les moyens ».

2. Raymond ARON, « Défense et dissuasion », *L'Express,* 31 mai-6 juin 1980.

se battre pour défendre leurs valeurs et leur sol ont toujours été vaincues. Ceci est encore plus vrai à l'âge de l'atome. Car quoi qu'on en dise, surtout dans ce pays, l'arme nucléaire, à elle seule, ne suffit pas à empêcher la guerre. Cela n'est déjà plus vrai sur le plan stratégique, car — comme on le verra plus loin — les révolutions technologiques que nous vivons aboutissent à remettre radicalement en cause la validité du concept de non-guerre comme système de défense. Mais cela n'est pas vrai non plus au plan de la relation psychologique entre celui qui veut dissuader et l'agresseur potentiel. Ici, les leçons de l'Histoire militaire de l'humanité demeurent intégralement valables. Un président aura beau tenir dans sa main la clé de 120 mégatonnes — l'équivalent de 6 000 bombes Hiroshima[1] —, si son propre peuple refuse que celles-ci soient utilisées — ou même brandies —, même dans la plus ultime extrémité, alors ces ogives effrayantes ne serviront à rien. La dissuasion se résumera à un bluff que l'agresseur, tôt ou tard, sera tenté de « voir ».

**L'attitude des Français à l'égard de leur défense**

**1. Attitudes des Français à l'égard de la force nationale de dissuasion**

● *L'armement nucléaire est-il indispensable à la défense de la France ?*

| | |
|---|---|
| Tout à fait d'accord | 34 % |
| Plutôt d'accord | 30 % |
| Plutôt pas d'accord | 11 % |
| Pas du tout d'accord | 20 % |
| Sans opinion | 5 % |

● *La force de frappe française peut-elle contraindre un éventuel agresseur à ne pas nous attaquer ?*

| | |
|---|---|
| Oui, certainement | 23 % |
| Oui, peut-être | 39 % |
| Probablement non | 19 % |
| Sûrement non | 13 % |
| Sans opinion | 6 % |

---

1. Puissance de destruction de la Force nucléaire stratégique française en 1984.

● *La France devrait-elle plutôt accroître ses moyens militaires classiques ou plutôt accroître ses moyens militaires atomiques (missiles, sous-marins, etc.) ?*

| | |
|---|---|
| Plutôt accroître ses moyens militaires atomiques | 33 % |
| Plutôt accroître ses moyens militaires classiques | 27 % |
| Ni l'un, ni l'autre | 32 % |
| Sans opinion | 8 % |

## 2. Attitude des Français à l'égard de l'Alliance Atlantique

● *La France doit-elle, selon vous, rester membre de l'Alliance Atlantique ?*

| | |
|---|---|
| Oui | 74 % |
| Non | 4 % |
| Sans opinion | 22 % |

## 3. Les Français et la signification réelle de leur dissuasion

● *Seriez-vous partisan ou non que le président de la République menace d'employer l'arme nucléaire française avec le risque d'avoir à l'utiliser effectivement...*

*... dans le cas où la France serait sur le point d'être envahie ?*

| | |
|---|---|
| Partisans | 29 % |
| Pas partisans | 58 % |
| Ne se prononcent pas | 13 % |

*... dans le cas où l'Allemagne de l'Ouest serait sur le point d'être envahie ?*

| | |
|---|---|
| Partisans | 14 % |
| Pas partisans | 69 % |
| Ne se prononcent pas | 17 % |

● *Par principe, êtes-vous opposé ou non à l'utilisation, par le président de la République, de l'arme nucléaire ?*

| | |
|---|---|
| Opposés | 72 % |
| Pas opposés | 19 % |
| Ne se prononcent pas | 9 % |

● *Pensez-vous que Valéry Giscard d'Estaing appuierait ou non, le cas échéant, sur le bouton de déclenchement de la force atomique française ?*

| | |
|---|---|
| Appuierait | 24 % |
| N'appuierait pas | 49 % |
| Ne se prononcent pas | 27 % |

● *Par principe, si le président de la République menaçait d'employer l'arme atomique, pensez-vous que sa décision serait :*

| | |
|---|---|
| Approuvée par les Français | 12 % |
| Désapprouvée par les Français sans réactions violentes | 27 % |
| Désapprouvée par les Français avec réactions violentes | 38 % |
| Ne se prononcent pas | 23 % |

● *En cas d'attaque nucléaire de la France, pensez-vous qu'il est possible ou pas, pour vous personnellement, de vous en tirer ?*

| | |
|---|---|
| Possible | 9 % |
| Pas possible | 72 % |
| Ne se prononcent pas | 19 % |

Cette « dimension sociale » de la stratégie, pour reprendre la formule de l'historien britannique Michael Howard[1], est malheureusement aussi la plus négligée parmi les réflexions sur la défense. Tandis que les experts préfèrent compter les missiles et s'adonner aux joies morbides des *War-Games* nucléaires, les politiques préfèrent croire que le peuple est unanimement convaincu par le discours officiel sur la « non-guerre », qu'eux-mêmes, à force de le répéter, ont fini par accepter sans trop se poser de questions. Mieux vaut un consensus de surface que pas de consensus du tout, n'est-ce pas ? A quoi bon réveiller les vieux démons du pacifisme vichyssois enfouis sous cette belle unanimité nucléaire ? Veut-on vraiment une situation « à l'allemande » avec pacifistes dans la rue, débats au Parlement, évêques en rébellion, etc. ?

Et qui au surplus pourrait se faire élire s'il devait expliquer au bon peuple les failles du système de la « non-guerre » ? Les rares kamikazes qui ont eu le front de heurter publiquement ce tabou en évoquant une nouvelle « ligne Maginot » ont été immédiatement désavoués et mis en quarantaine par leur propre parti[2].

Sans compter qu'ouvrir un débat sur la politique de défense en France, c'est aussi s'exposer à toucher un second tabou — corollaire du premier —, celui de l' « indépendance » nationale. Ici se trouve en effet le point de vulnérabilité en même temps que l'ambiguïté fondamentale de tout notre système de défense. La France en effet possède sa propre force de dissuasion. Mais quelle est sa finalité ? Est-ce le gage ultime de notre sécurité, une fois l'Alliance défaite et l'Allemagne envahie ? Mais dans ce cas, notre posture n'est-elle point en fait celle de la neutralité armée (une « Suède nucléaire » en quelque sorte) ? Comment réconcilier dès lors cette opinion de « non-belligérance », voire de neutralité,

---

1. Michael HOWARD, « *The Forgotten Dimension of Strategy* », *Foreign Affairs*, été 1979.
2. C'est le cas de Michel PINTON après son article intitulé « Une Nouvelle Ligne Maginot », *Le Monde*, 16 juin 1983, qui lui valut non seulement d'être critiqué par M. Cheysson (voir *Le Monde* du 18 juin 1983), mais aussi formellement désavoué tant par l'UDF que par le RPR (*Le Monde* du 24 juin 1983). Il est à noter que, dans ce concert de condamnations unanimes, il n'était donné, à aucun moment, de réponse sérieuse aux arguments présentés par Michel PINTON. Au lieu d'un débat sur le fond, la classe politique réagit en excommuniant l'hérétique. Je le dis sans pour autant partager le point de vue de « l'accusé ». On s'en rendra compte par la suite.

avec nos engagements proclamés à l'égard de nos alliés[1] ? Ne sommes-nous pas alors, par notre propre attitude, en train d'encourager le « neutralisme » des autres (et des Allemands en particulier) que nous condamnons et combattons par ailleurs ?

N'est-ce donc pas là la version française du fameux « mieux vaut rouge que mort » des pacifistes allemands ?

A l'autre extrémité, si l'on estime — comme je le pense — que la France ne peut se permettre de choisir la neutralité et qu'elle ne survivrait pas de toute façon, en tant que nation libre, au bout d'une Europe occupée par l'Armée Rouge, doit-on comprendre que la France interviendrait immédiatement auprès de ses alliés en cas de guerre en Europe ? Et que sa force de dissuasion est *aussi* au service de ses alliés, au premier rang desquels l'Allemagne fédérale ? Mais que veut dire dans ce cas « indépendance » dès lors que notre destin est lié à celui de l'Allemagne, donc de l'OTAN ? Et quelles sont exactement les modalités d'une éventuelle contribution française à la sécurité de l'ensemble ouest-européen ?

Les gouvernements de la Ve République, oscillant au gré des circonstances entre ces deux pôles de notre politique de sécurité, se sont évidemment bien gardés de trancher, se réfugiant derrière l'argument de « l'incertitude » nécessaire, selon les experts, à la crédibilité de la dissuasion. La force nationale de dissuasion, entend-on, « sanctuarise la France » mais protège aussi ses « intérêts vitaux ». Pas question cependant de définir ces « intérêts vitaux » car cela affaiblirait notre dissuasion aux yeux de l'adversaire. Voire. Gare en effet à ne pas confondre l'incertitude qui fait hésiter l'adversaire et la confusion qui démobilise les responsables militaires, endort notre propre opinion dans un sentiment de fausse sécurité, décourage nos alliés — qui sont aussi nos principaux partenaires économiques et politiques —, sans toutefois tromper son monde au Kremlin !

Que dire par exemple de ce chef-d'œuvre de circonvolution à la fois grammaticale et conceptuelle dû à l'actuel président de la République — mais qu'on ne se méprenne pas, ses prédécesseurs ont tous fait de même — selon qui :

« Si vous avez réfléchi à ces choses, vous savez qu'il y a une sorte d'incompatibilité entre la stratégie qui consisterait à organiser la bataille de l'avant et à faire jouer ensemble nos forces

---

1. Engagements inscrits à la fois dans le traité de l'Atlantique Nord signé à Washington en 1949, ainsi que dans le traité de Bruxelles de 1948 instituant l'UEO (Union de l'Europe occidentale) — ce deuxième texte étant d'ailleurs plus contraignant que le premier.

nucléaires pour un autre objectif que la défense sacrée de notre territoire, ce qui n'interdit aucunement à la France de remplir ses obligations au regard de ses alliés[1]... »

Comment s'étonner dès lors que nos quatre grandes familles politiques fassent preuve d'une belle unanimité sur un tel « concept » ? Car chacun, bien sûr, y retrouve son compte : des communistes qui épousent avec enthousiasme les thèmes de l'indépendance et de la dissuasion pour mieux séparer la France de ses alliés et faciliter ainsi le travail de Moscou, aux neutralo-nationalistes du RPR et du CERES, qui continuent à voir le monde avec les lunettes du XIX$^e$ siècle, animés qu'ils sont — en plus de l'anti-américanisme — de la vieille idée selon laquelle la France et la « Russie » ont un intérêt fondamental en commun : celui de contrôler l'Allemagne ! De l'autre côté, une alliance entre européo-atlantistes — qui refuse pourtant de dire son nom, le mot « atlantiste » signifiant presque trahison dans le folklore politique de la V$^e$ République —, regroupe le gros des troupes socialistes (derrière le président de la République), l'UDF bien sûr, et le RPR de Jacques Chirac.

On le voit, le clivage des deux lectures possibles de notre posture de défense ne suit nullement la ligne idéologique droite-gauche, mais passe au contraire à l'intérieur même de chaque parti (exception faite bien entendu des communistes, monolithiques comme doit l'être un bon parti stalinien). On comprend maintenant qu'aucun grand responsable politique français n'ait jugé bon jusqu'à présent de vider la querelle sur la place publique. Outre le risque de réveiller les Français confortablement endormis dans leur idée de « non-guerre », une telle démarche ne manquerait pas de provoquer de douloureuses ruptures à l'intérieur même des principales formations politiques. Sans parler, bien sûr, des difficiles décisions — y compris au plan financier — qui s'imposeraient alors pour adapter notre appareil de défense aux réalités stratégiques de notre temps.

La ligne de pente naturelle étant la plus douce — et la moins risquée politiquement —, tout concourt donc, dans ce pays, à ce que la passivité devienne le fondement même de notre défense nationale. Le monde et l'équilibre des forces ont beau évoluer à notre désavantage, les révolutions technologiques ont beau se produire qui risquent à terme de remettre en question le concept même de « dissuasion atomique », la France n'en continue pas

---

1. Conférence de presse du président Mitterrand, 24 septembre 1981.

moins son petit bonhomme de chemin. Sans se poser de questions et tout en réduisant, année après année, l'effort budgétaire en faveur de notre défense, alors qu'à tout le moins — et même sans espérer de miracle sur le plan de la doctrine —, on eût pu espérer que l'effort minimum de préservation de notre dispositif soit consenti. Or il n'en est rien [1].

Il y a là peut-être la plus triste des ironies de notre Histoire récente. En 1935, le colonel de Gaulle se lançait dans un long combat solitaire contre l'inertie, la passivité et la paresse intellectuelles de ceux qui dirigeaient alors notre défense. Il dénonçait notamment l'incurie d'un système de défense statique, illusoire, dépassé technologiquement (par l'avènement de l'aviation, des chars et de ce qu'on appelait alors la « motorisation » des troupes), et qui laissait à Hitler les mains libres pour prendre ses gages, l'un après l'autre. Cinquante ans plus tard, ceux qui se veulent — à droite et à gauche — les héritiers du général, font preuve à l'égard du système de défense qu'il nous a légué, de la même inertie, de la même passivité et du même aveuglement face à une menace qui change et d'un environnement lui aussi en plein bouleversement technologique.

A tel point d'ailleurs qu'on ne peut s'empêcher de tressaillir en relisant les pages que de Gaulle consacre, dans ses *Mémoires de guerre,* à « la pente » française des années d'avant-guerre. Ces pages qui dénoncent justement ses prédécesseurs, s'appliquent malheureusement presque mot pour mot à ses successeurs. Relisons ces phrases en les transposant mentalement à notre situation actuelle :

« Le front était, à l'avance, tracé par les ouvrages de la ligne Maginot que prolongeaient les fortifications belges. Ainsi, serait tenue par la nation en armes une barrière à l'abri de laquelle elle attendrait, pensait-on, que le blocus eût usé l'ennemi et que la pression du monde libre l'acculât à l'effondrement.

« Une telle conception de la guerre convenait à l'esprit du régime. Celui-ci, que la faiblesse du pouvoir et les discordes politiques condamnaient à la stagnation, ne pouvait manquer d'épouser un système à ce point statique. Mais aussi, cette rassurante panacée répondait trop bien à l'état d'esprit du pays pour que tout ce qui voulait être élu, applaudi ou publié n'inclinât pas à la déclarer bonne. L'opinion, cédant à l'illusion qu'en faisant la guerre à la guerre on empêcherait les belliqueux de la

---

1. On se reportera sur ce point au dernier chapitre de l'ouvrage.

faire, conservant le souvenir de beaucoup de ruineuses attaques, discernant mal la révolution apportée, depuis, à la force par le moteur, ne se souciait pas d'offensive. En somme tout concourait à faire de la passivité le principe même de notre défense nationale.

« Pour moi, une telle orientation était aussi dangereuse que possible. J'estimais qu'au point de vue stratégique elle remettait à l'ennemi l'initiative en toute propriété. Au point de vue politique, je croyais qu'en affichant l'intention de maintenir nos armées à la frontière, on poussait l'Allemagne à agir contre les faibles, alors isolés (...). Au point de vue moral, enfin, il me paraissait déplorable de donner à croire au pays qu'éventuellement la guerre devait consister, pour lui, à se battre le moins possible[1]. »

Qu'on me comprenne bien : il n'est évidemment nullement dans mes intentions de mettre sur le même plan l'analyse présentée dans ce livre avec les propositions avancées par le colonel de Gaulle il y a cinquante ans dans *Vers l'armée de métier*. Les époques sont différentes, les menaces aussi et bien entendu l'observateur que je suis n'a aucunement la prétention de se comparer au général de Gaulle.

La démarche politique et intellectuelle est pourtant semblable sur au moins un point essentiel : l'objet de cet ouvrage est de tirer un signal d'alarme devant l'inadéquation de plus en plus flagrante de notre système de défense face aux réalités politiques, stratégiques et technologiques de cette fin de siècle. Il est aussi de réagir contre la passivité ambiante, les tabous confortables mais périmés, et l'attitude de ces hommes éminents qui — pour citer encore le général de Gaulle — se font « en vertu d'une sorte de loyalisme à l'envers, non point des guides exigeants, mais des porte-parole rassurants[2] ».

Le système de défense du général de Gaulle dont nous avons hérité, avait en effet été conçu par lui au début des années 60. Un autre monde. Un monde marqué par la supériorité nucléaire incontestable des États-Unis et par un boom économique sans précédent — ces éléments assurant la stabilité de l'Allemagne, de l'Europe, au sein de l'Alliance Atlantique et donc permettant la naissance du processus de construction européenne. Un monde caractérisé aussi par le tout début du processus de décolonisation dans le tiers monde, à une époque où ce dernier restait stratégi-

---

1. Charles de GAULLE, *Mémoires de guerre, op. cit.*, t. I : *L'Appel 1940-1942*, p. 12.
2. *Ibid.*, p. 26.

quement la chasse gardée des États-Unis et de l'Occident : l'URSS se cantonnait dans le rôle d'empire continental démuni de moyens de projection de sa puissance à l'extérieur. D'autre part, la technologie des armes nucléaires entamait à peine sa première grande révolution : les fusées intercontinentales venaient tout juste de faire leur apparition, la conquête spatiale ne faisait que commencer et la précision des vecteurs s'évaluait encore en kilomètres.

Sur tous ces points, nous vivons aujourd'hui presque sur une autre planète. Non seulement l'URSS a mis fin à la supériorité nucléaire américaine, mais elle a établi en Europe une supériorité absolue tant nucléaire qu'en matière de forces classiques, créant de ce fait une situation politique déstabilisée au sein de l'OTAN, et en Allemagne en particulier. L'URSS est aujourd'hui une super-puissance globale à part entière, capable d'intervenir militairement dans tous les continents, entraînant du même coup une redéfinition en profondeur de la carte géostratégique globale. Dans le tiers monde, les espoirs nés de la décolonisation ont fait place à de multiples instabilités économiques, politiques et militaires, créant du même coup d'immenses vulnérabilités pour les économies occidentales (tant sur le plan de l'approvisionnement en matières premières que sur le plan du maintien du système financier international). Enfin, nous entrons aujourd'hui dans une nouvelle phase de révolution technologique, aussi fondamentale peut-être que celle qui caractérisa la fin des années 50 et le début des années 60. Révolution dont les applications en matière militaire commencent à peine à se faire sentir, qu'il s'agisse des armes nucléaires, dont la précision se mesure désormais en quelques dizaines de *mètres*, des armes classiques — avec l'avènement des sous-munitions super-intelligentes —, et des armes spatiales, grâce auxquelles les Américains espèrent entrer dans l'ère de l'après-nucléaire.

Face à cette myriade d'évolutions, de transformations et de révolutions, il est simplement indispensable que la France — qui évolue elle aussi dans son économie, sa sécurité, ses générations nouvelles —, cesse de faire comme si son système de défense devait demeurer totalement figé sur les concepts d'il y a vingt-cinq ans. Une telle attitude n'est pas seulement déraisonnable, insensée même. Elle est surtout extraordinairement périlleuse car elle peut nous mener tout droit à un nouveau mai 40.

Ce livre n'est donc ni polémique, ni politique — au sens de la « politique politicienne ». La défense de la nation est en effet un sujet trop important pour donner lieu à des querelles partisanes. Il est au contraire une investigation, sans à priori mais sans tabous non plus, de ce que devra être la politique de sécurité de la France face aux défis des dernières années du siècle.

Son constat de départ, nous l'avons vu, est simple : le célèbre consensus français sur la défense reflète en réalité une formidable ambiguïté dans notre système de sécurité, elle-même source de dangereuses faiblesses à la fois stratégiques et morales.

Que l'on soit favorable à une posture essentiellement « nationale » ou au contraire plus « européenne », il me semble en tout cas impératif de redéfinir notre système de défense en fonction des changements politiques, économiques et stratégiques intervenus depuis vingt-cinq ans.

La cohérence de la posture stratégique définie au début des années 60 par le général de Gaulle dépendait de cinq conditions :

1. Que les États-Unis demeurent capables d'assurer de façon crédible la sécurité de nos voisins — et notamment — du « glacis » allemand.

2. Que, par conséquent, soient maintenues la stabilité et la cohérence de l'Alliance Atlantique et surtout de l'Allemagne fédérale.

3. Que nous gardions une entière liberté d'action pour moderniser notre appareil de dissuasion, à l'abri des contraintes économiques trop sévères ainsi que des contraintes diplomatiques issues de l'*Arms Control* (limitation négociée des armements) entre les deux grands.

4. Que nous restions capables de surmonter les défis technologiques nés de la compétition entre les deux grands de façon à assurer le maintien d'un « seuil » minimum de dissuasion atomique (et au-delà, que la dissuasion nucléaire elle-même ne soit pas remise en cause par l'évolution de la technologie dans d'autres domaines).

5. Enfin, que la situation stratégique de l'Europe demeure « découplée » des évolutions politiques et stratégiques du tiers monde, de sorte qu'elle échappe à la contagion des conflits extérieurs.

On l'aura compris, l'idée-force de ce livre est que chacune de ces cinq conditions a été profondément bouleversée par les évolutions intervenues depuis vingt-cinq ans. Les pages qui vont suivre ont donc pour but de fouiller cette phase de transition stratégique, politique et technologique dans laquelle l'Europe se trouve plongée depuis au moins une quinzaine d'années. Et d'en tirer les enseignements pour la France et l'Europe, afin de dégager les axes d'une politique de sécurité crédible pour notre pays dans les décennies à venir.

# II

Avant d'entrer dans le vif du sujet, qu'on me permette deux mots sur la problématique qui sera développée ici.

D'abord pour souligner la difficulté de l'exercice : la prospective est un art périlleux. Les militaires le savent bien, qui sont souvent accusés de préparer la « guerre d'hier », alors qu'ils doivent, comme on l'a déjà noté, penser leurs armements quinze ou vingt ans à l'avance, du fait du rythme de renouvellement des programmes d'équipement militaires.

S'agissant de la situation politico-stratégique de l'Europe, l'entreprise paraît plus complexe encore, compte tenu du nombre et de la diversité des variables qu'il nous faudrait prendre en compte. Pour ne citer que les principales : l'évolution des deux Allemagnes (y compris au niveau culturel), celle de la société américaine, de la stratégie des États-Unis en Europe et dans le monde, détermineront les conditions du maintien ou de la transformation de l'Alliance occidentale.

A l'Est, l'évolution du régime soviétique, l'issue de l'interminable crise de succession au Kremlin, les soubresauts de l'empire, notamment en Europe orientale, sont autant de facteurs qui détermineront les orientations de la politique soviétique en Europe et dans le monde.

A cette première série d'éléments, il nous faut ajouter les évolutions technologiques en matière d'armements qui pourraient remettre en cause l'équilibre Est-Ouest ou la notion même de dissuasion (« guerre des étoiles », notamment). Enfin, autre paramètre essentiel : la situation économique globale qui permettra ou non la poursuite des efforts budgétaires de défense à leur rythme actuel (3 à 6 % du PNB en Occident, contre 11 % à 18 % en URSS). Autant dire que l'étude qui va suivre ne pourra en aucune façon être exhaustive.

Ajoutons — et c'est le second point — qu'en matière de sécurité, les prévisions des « experts » sont souvent très largement influencées par le climat général de l'opinion publique, lequel est à son tour fonction d'un grand nombre d'autres variables. D'où le risque de succomber trop facilement aux effets de mode.

Prenons un exemple, au demeurant tout proche de nous. Il y a une douzaine d'années à peine, alors que la détente proclamée « structure de paix » par Nixon et Kissinger battait son plein, alors qu'étaient signés les premiers accords SALT et que s'amorçait la grande réconciliation des deux parties de l'Europe avec le processus d'Helsinki, qui donc aurait pronostiqué qu'en moins de dix ans tout cela s'effondrerait ? Que Soviétiques et Américains replongeraient dans ce qui a paru être — à en juger tout au moins par la brutalité des diatribes échangées de part et d'autre — comme une nouvelle « guerre froide » ? Que tout le processus d'*Arms Control* serait interrompu ou enlisé et que l'Europe redeviendrait à nouveau le théâtre privilégié de l'épreuve de force politico-militaire des deux grands ? Et qu'à cette phase de confrontation aiguë succéderaient à nouveau, à partir de la deuxième moitié de 1984, les signes d'une embellie soudaine dans les relations Est-Ouest ? Souvenons-nous : il y a douze ans, les problèmes de sécurité en Europe paraissaient « réglés » une fois pour toutes par le fameux couple « détente-défense » inauguré dans le rapport Harmel en 1967. La grande compétition stratégique Est-Ouest que l'on croyait stabilisée par le processus d'*Arms Control* semblait s'être déplacée du Vieux Continent aux régions du tiers monde, apparemment seules dignes d'intérêt pour les stratèges de Washington. A tel point d'ailleurs que Henry Kissinger se sentit obligé de lancer une « année de l'Europe » en 1973, pour bien montrer que l'Amérique, quoique mobilisée par l'enlisement vietnamien, s'intéressait encore à ses alliés européens. C'était l'époque où l'Europe protestait de se voir attribuer par l'Administration Nixon une vocation uniquement « régionale » (qu'elle revendique avec tant d'acharnement aujourd'hui pour sauver ce qui peut l'être encore de *sa* détente). C'était le temps enfin où Michel Jobert, alors ministre des Affaires étrangères, croyant révolu le temps des affrontements, critiquait publiquement le « duopole » soviéto-américain.

Tout cela est décidément bien loin. Traumatisée par les retombées de l'invasion soviétique de l'Afghanistan et par cinq années d'un intense psychodrame politico-diplomatique autour du déploiement des euromissiles, l'opinion européenne a redécouvert la peur au début des années 80 en se mobilisant massivement contre les Pershing, tandis que ses chefs évoquaient tantôt le spectre de « 1914 » (H. Schmidt), d'un Sarajevo nucléaire, tantôt les « dangers de guerre » (V. Giscard d'Estaing), pour réclamer à cor et à cri le retour à la détente.

Et pourtant ! Malgré les aléas de la « détente » et de la « guerre froide » — qui ne sont en fait que les facettes, à peine différentes quant au fond, d'une confrontation permanente entre deux systèmes —, les quarante années écoulées depuis la capitulation allemande, le 8 mai 1945, ont été pour les Européens des années de paix, de croissance économique et tout compte fait d'une étonnante stabilité de l'ordre politico-stratégique issu de la Seconde Guerre mondiale. Si on laisse de côté les phénomènes de mode, d'optimisme ou de peur panique collectifs qui ont marqué les différentes périodes des relations Est-Ouest au cours de ces quatre décennies, ce qui frappe en effet c'est le caractère exceptionnel, voire privilégié, de cette stabilité et de cette paix européennes au regard des bouleversements du système stratégique mondial : accession de l'URSS au rang de super-puissance à part entière ; décolonisation et compétition Est-Ouest dans le tiers monde ; accumulation de conflits armés de tous types (quelque 130 à 160 conflits ont été dénombrés dans le tiers monde depuis quarante ans). Comparé à l'immense désordre stratégique mondial, qui frise désormais l'état de jungle avec notamment la réapparition du phénomène terroriste et du terrorisme d'État, l'Europe fait donc figure de dernier îlot de paix dans un océan de tempêtes.

Jusqu'ici, le triptyque de base du système de sécurité européen, à savoir « l'atome + l'OTAN + Yalta », a parfaitement fonctionné. L'analyste, comme le citoyen européen moyen, loin de succomber à la grande peur de l'Holocauste nucléaire annoncé quotidiennement par Moscou, auraient donc tout lieu de se féliciter de cet état de fait, à l'instar des gouvernements des pays de l'OTAN qui ont célébré l'an dernier le trente-cinquième anniversaire de l'Alliance. Après tout, cette Alliance dont on annonce périodiquement l'effondrement depuis 1949 est toujours là, et les 350 000 GI's aussi. Tout comme le régime totalitaire de l'URSS, dont des générations successives de soviétologues ont prédit depuis 1917 « l'éclatement » imminent.

Autrement dit, la vraie question — la plus difficile sans doute, mais aussi la plus importante pour ce qui concerne les options que devra prendre la France — est la suivante : sommes-nous en présence d'une crise « normale », d'un épisode de plus dans une longue histoire de différends tant entre les Alliés qu'avec l'URSS ? Ou bien s'agit-il d'une transformation en profondeur du système de sécurité européen ?

Dans le premier cas, bien évidemment, on voit mal pourquoi la France devrait prendre le risque d'aller au-delà de quelques ajustements (mineurs) à sa posture de défense actuelle. Dans le second, on perçoit l'inévitabilité d'une « révision déchirante », et donc des sacrifices qui devront être faits.

Face à cette interrogation, le débat de ces dernières années autour de l'affaire des Pershing a mis en lumière deux visions également extrêmes de l'avenir de l'Europe. Pour les uns — que j'appellerai l'école aronienne (et dans laquelle j'inclurai des observateurs aussi avisés que Pierre Hassner ou Stanley Hoffmann) —, la grande scène Est-Ouest restera globalement la même dans quinze ou vingt ans pour ce qui concerne l'Europe. Le théorème prophétique établi par Raymond Aron voici trente ans, « Paix impossible, guerre improbable », continuera de se vérifier, l'Europe continuant de monnayer « sa » paix au prix de la permanence de sa division et à l'ombre des missiles des deux grands. Conséquence implicite : tant pis pour ceux des Européens qui vivent du mauvais côté du rideau de fer et pour ces Afghans décidément trop loin de nous !

Certes, les deux « blocs » seront de plus en plus affaiblis par des querelles ou des soubresauts internes (Hassner parle même de processus de « décadence compétitive » entre les deux camps), mais il n'y aura là rien de fondamentalement nouveau. Rien en tout cas qui soit susceptible de remettre en cause le fait essentiel qui reste la coupure de l'Europe en deux, donc le système des alliances. Les tenants de cette école doutent d'ailleurs — même s'ils le souhaitent — que les Européens de l'Ouest parviennent à prendre en main l'essentiel de leur défense dans un avenir prévisible.

Pour les autres — que j'appellerai pour simplifier l'école néo-conservatrice américaine, bien que l'on y trouve aussi bon nombre de « libéraux » — l'Europe est d'ores et déjà un continent historiquement « fini ». Condamnée à la déchéance technologique — pour avoir déjà raté le train nippo-américain de la troisième révolution industrielle —, l'Europe glissera inévitablement vers une sorte de neutralité plus ou moins formelle à l'ombre des SS-20.

Cette Europe décadente, démoralisée, en voie de dépeuplement[1] et d'auto-« finlandisation » n'aurait alors d'autre raison d'être que de servir de lieu de villégiature aux businessmen fatigués de Silicon Valley ou de la banlieue de Tokyo. Pendant ce temps, une Amérique en plein essor retrouverait ses racines historiques de puissance maritime, tournée avant tout vers le bassin Pacifique. Quant à l'URSS, géant encore plus mal en point que l'Europe aux plans économique et technologique, elle continuera à faire peser le poids de sa force militaire en attendant l'inévitable « chute finale ».

Au risque de contredire les uns et les autres, aucune de ces deux visions ne me paraît satisfaisante. S'agissant de l'Europe de l'Ouest, la vision « europessimiste », quoique fondée à certains égards, semble à la fois très exagérée (quant à l'appréciation du « mal européen ») et très superficielle quant à la prise en compte d'autres considérations stratégiques fondamentales (comme le poids inévitablement essentiel de l'Europe dans la stature de super-puissance qu'entend continuer à assumer l'Amérique, et les conséquences sur l'équilibre global des forces entre les deux grands qu'entraînerait inévitablement la neutralisation de tout ou partie de l'Europe de l'Ouest). Exemple typique de l' « effet de mode » évoqué plus haut, cette vision de l'avenir est en fait diamétralement opposée à celle qui était largement répandue pendant les années 70 (et surtout sous l'Administration Carter). Tout le monde parlait alors du déclin de l'Amérique (sur tous les plans), tandis que par contraste, l'Europe paraissait saine et en voie d'affirmation de son identité et de ses intérêts propres. Puis, subitement, avec l'affaire des Pershing, l'irruption du reaganisme et la prise de conscience du défi de la modernisation technologique, l'image est aujourd'hui totalement renversée : l'Amérique

---

1. La chute du potentiel démographique en Europe occidentale est en effet préoccupante à bien des égards, y compris au plan militaire. En 1983, l'Europe des Dix (et les deux pays candidats, l'Espagne et le Portugal) représentaient 7 % de la population mondiale. D'ici à la fin du siècle, la croissance de la population ne sera que de 3 % en Europe, contre 13 % aux États-Unis, 13 % au Japon, 16 % en URSS et 37 % dans le tiers monde. Si bien qu'en l'an 2000, les Douze de la CEE ne représenteront que 5,4 % des habitants de la planète (statistiques CEE, citées dans *The Economist*, 18 juin 1983). Tout cela n'est pas sans conséquence pour l'équilibre des forces militaires en Europe. La Bundeswehr — principale armée classique des pays de l'OTAN et clé de voûte du dispositif allié en Europe — est également la plus touchée par la chute des courbes démographiques. D'après des estimations allemandes, celle-ci devrait perdre entre 100 000 et 150 000 recrues d'ici à la fin de la présente décennie. Pour maintenir cette armée à son niveau actuel (500 000 hommes), le gouvernement de Bonn prépare un train de mesures particulièrement difficiles politiquement : allongement de six mois du service militaire, introduction de personnel féminin, allongement des réserves.

est perçue comme ayant recouvré sa toute-puissance, tandis que l'Europe, là aussi par contraste, est présentée comme moribonde. Gardons-nous donc de schémas trop rapides...

A l'autre extrémité, la vision aronienne de la continuité me semble par trop statique et, surtout, ignorante des transformations en profondeur qui fissurent peu à peu l'édifice du système européen, à l'Est comme à l'Ouest, tel que celui-ci avait été bâti au lendemain de la Seconde Guerre mondiale.

C'est donc entre ces deux pôles — effondrement de l'Europe et des alliances ou continuité du système actuel — que se situe, selon moi, l'évolution la plus probable.

La thèse que l'on va tenter de défendre ici est que l'Europe est déjà entrée — depuis le début des années 70 — dans une phase de redéfinition de ses grands équilibres de l'après-guerre : équilibres énonomiques et technologiques bien sûr (dont on ne traitera ici que les aspects touchant à la défense), mais aussi équilibre politico-stratégique issu du triptyque : « Yalta + atome + OTAN. » C'est d'ailleurs cette double crise — économique et stratégique — que l'on a vu s'exprimer dans la vague des « mouvements de paix » européens du début des années 80[1]. Et que l'on voit transparaître du côté occidental, dans la crise simultanée des deux institutions clés de l'Europe de l'après-guerre : l'OTAN et la CEE.

Dans cette optique, on l'aura compris, la crise que traverse actuellement l'Europe et au-delà l'Alliance occidentale tout entière, et qui touche aux trois domaines fondamentaux que sont 1) la définition d'une stratégie militaire crédible, 2) la définition d'une stratégie politique cohérente face à l'URSS, et 3) la responsabilisation des opinions publiques européennes face à leur propre défense, cette crise n'est donc pas à mes yeux un simple incident de parcours, mais signale au contraire une phase de mutation historique du système de sécurité collective érigé en 1949.

Une mutation extrêmement complexe où se mêlent une multitude d'éléments allant de l'économie à la stratégie, en passant par des phénomènes de société et l'apparition des générations nouvelles, sans oublier l'émergence d'une troisième révolution technologique aux conséquences déterminantes en matière militaire.

Pour la clarté de l'exposé, j'ai choisi, un peu arbitrairement bien sûr, de regrouper ces différents éléments en trois grandes

---

1. Le problème du pacifisme est examiné dans la deuxième partie.

parties correspondant aux zones de problèmes principaux mentionnés ci-dessus :

— L'évolution du rapport des forces militaires et de la stratégie de l'Alliance.

— L'évolution du rapport des forces politiques entre l'Est et l'Ouest. Que veut l'URSS en Europe ? Comment réagissent les démocraties : cassure du consensus social sur la défense (le pacifisme) et divergences politiques entre les Alliés (question allemande, « unilatéralisme » américain).

— Les options pour l'avenir : que faut-il attendre des négociations sur les armements ? Quel sera l'impact des nouvelles technologies *non* nucléaires (armes chimiques, espace) ? Y trouverons-nous notre « planche de salut », ou bien une érosion peut-être fatale de la dissuasion ?

C'est à partir de ce tableau de notre environnement stratégique (au sens large) que l'on s'interrogera, dans le dernier chapitre du livre, sur les conclusions qui s'imposent à la France. Faut-il ou non repenser notre concept et nos moyens et dans quelles directions ?

## PREMIÈRE PARTIE

## L'AVENIR DE L'ALLIANCE

## UNE EUROPE SANS « PARAPLUIE » NUCLÉAIRE

> *« L'Alliance repose sur une fiction : l'intervention américaine en Europe en cas d'agression soviétique. »*
>
> François Mitterrand, interview au *Monde*, 31 juillet 1980.

# I

# La France et l'OTAN
# au-delà du psychodrame...

> « *Indépendance sans concessions et solida-*
> *rité avec nos alliés sont complémentaires.*
> *De la cohésion de l'Alliance Atlantique*
> *dépend la sécurité de l'Europe, donc notre*
> *sécurité*[1]. »

Tout ce qui touche à la sécurité de nos alliés européens — donc à l'Alliance Atlantique — a longtemps été considéré dans ce pays comme un sujet tabou, étranger à la France, *off-limits* pour employer une expression américaine courante. Il a fallu attendre la deuxième moitié des années 70 pour que s'instaure en France, au sein de la minuscule communauté des spécialistes français des questions stratégiques, l'amorce d'un débat sur les évolutions militaires et politiques de l'Alliance et leurs implications sur notre propre politique de défense. Jusqu'alors tout se passait comme si le départ de la France de l'OTAN dix ans plus tôt (en 1966) avait littéralement déraciné la France du continent européen auquel pourtant elle appartient, pour la transplanter dans quelque autre planète imaginaire.

L'idée dominante au début des années 60 — partagée d'ailleurs non seulement par le général Gallois en France, mais aussi par Robert McNamara aux États-Unis — était en effet celle d'une incompatibilité fondamentale entre le fait nucléaire d'une part et

---

1. Laurent FABIUS, *Art. cit.*

la notion d'Alliance de l'autre. Tandis que le général Gallois ridiculisait « le mythe des alliances à l'âge nucléaire[1] », les Américains, quant à eux, craignaient que l'exemple de prolifération nucléaire donné par la France n'entraînât la désintégration de l'Alliance (ce qui devait amener Washington à lancer l'idée saugrenue d'une force nucléaire multilatérale — MLF — qui naturellement ne vit jamais le jour[2]).

Dans le contexte stratégique de l'époque caractérisé par une écrasante supériorité nucléaire américaine, les stratèges de la Maison-Blanche considéraient également que les forces nucléaires « tierces » (comme on dit aujourd'hui) étaient de surcroît « inutiles » (puisque l'Amérique toute-puissante protégeait l'Europe), mais encore « déstabilisantes » puisque introduisant un « joker » dans l'équation nucléaire bilatérale entre les deux grands[3]. A l'inverse évidemment, la thèse française (au départ, celle de de Gaulle) était que seule une force nucléaire indépendante permettrait à la France de se libérer du « protectorat américain » établi par le biais de l'OTAN.

Une dizaine d'années plus tard, on découvrit de part et d'autre de l'Atlantique, que l'atome n'était finalement pas aussi « destructeur d'alliances » qu'on avait bien voulu le croire ; que dans une situation de *parité stratégique* soviéto-américaine (au lieu de la supériorité de jadis des États-Unis), il n'y avait plus incompatibilité mais au contraire complémentarité entre d'une part, la garantie nucléaire américaine et d'autre part, les forces nucléaires indépendantes française et britannique. C'est ainsi qu'en 1974, la déclaration d'Ottawa du Conseil des ministres de l'OTAN reconnaissait, dans son paragraphe 6, que les deux forces nucléaires européennes « contribuaient à la dissuasion globale de l'Alliance ». Au plan diplomatique, la hache de guerre était donc enterrée entre la France et l'OTAN, du moins pour ce qui concernait la question atomique[4].

Ce ne fut nullement le cas cependant sur le front de la politique intérieure française, et donc du débat français sur la défense. Pour deux raisons : la première est qu'une fois admise l'idée que la sécurité de la France, même nucléaire, dépend *aussi* de l'évolution de l'Alliance, alors se pose immédiatement la question, fort

---

1. Pierre GALLOIS, *Paradoxes de la paix*, Presses du Temps Présent, 1967, pp. 37-38.
2. Voir plus loin, p. 61.
3. Pour une excellente analyse historique des débats de cette période, voir David N. SWARTZ, *Nato's Nuclear Dilemmas*, The Brookings Institution, 1983.
4. Voir François de ROSE, *La France et la défense de l'Europe*, Le Seuil, 1976 et *Contre la stratégie des Curiaces*, Julliard, 1983.

complexe au plan stratégique et terriblement sensible politiquement, de l'étendue réelle de la contribution française à la sécurité de ses alliés. Donc de l'étendue réelle de « l'intégration » ou de la « non-intégration » de la France dans l'OTAN. Question d'autant plus sensible — et c'est la seconde raison — que la relation France-OTAN est également au cœur du psychodrame franco-français sur la question nucléaire.

L'origine de ce psychodrame remonte bien sûr à l'époque de la constitution de la force de frappe. Constitution qui fut menée à terme — on l'oublie trop souvent aujourd'hui — par le général de Gaulle, face à l'opposition souvent acharnée d'une large majorité de la classe politique, de l'intelligentsia d'alors et de l'opinion publique[1].

Il fallut donc mobiliser les énergies, réveiller le sentiment national et trouver une tête de turc. De ce contexte est née la double dialectique que nous connaissons bien aujourd'hui : arme nucléaire = nation ; « intégration » = asservissement (*ergo*, « atlantisme » = trahison). Difficile dans ces conditions — on le conçoit aisément — de venir expliquer aux Français, dix ans après le retrait de l'OTAN, que les choses après tout ne sont pas si simples. Que la France est toujours membre de l'*Alliance* même si elle a quitté l'*OTAN* en 1966 (les Français, eux, l'avaient naturellement oublié, incapables qu'ils étaient de comprendre ces subtiles distinctions juridiques entre « OTAN » et « Alliance »). Que les SS-20, les Pershing, après tout, cela concernait *aussi* les Français. L'embarras des discours officiels sur le sujet, ces dernières années, est à cet égard très significatif.

L'ironie de ce psychodrame franco-français est que de Gaulle, lui, n'était nullement dupe de ce jeu, malgré tout nécessaire, de politique intérieure. S'il ne fait aucun doute que ses ambitions pour la France heurtèrent, dès son arrivée au pouvoir, le leadership absolu qu'exerçait alors la Maison-Blanche sur l'Europe et que, comme on l'a déjà noté, les États-Unis s'opposèrent de tout leur poids à la nucléarisation de la France décidée par le général[2], de Gaulle était trop fin stratège pour ne pas comprendre que, nucléaire ou non, le destin de la France restait lié à celui de l'Alliance.

On le vit lors de la crise des fusées de Cuba, lorsque de Gaulle

---

1. Pour ce qui reste la meilleure analyse de la politique de défense de la Ve République de de Gaulle jusqu'à l'élection de Valéry Giscard d'Estaing voir Lothar RUEHL, *La Politique militaire de la Ve République*, Fondation nationale des Sciences politiques, Paris, 1976. (Lothar Ruehl est actuellement secrétaire d'État à la Défense dans le gouvernement d'Helmut Kohl, chargé en particulier de la coopération militaire avec la France.)

2. Y compris en bloquant certains transferts de technologie (nucléaire, informatique), ce que rappelle Bertrand Goldschmidt, l'un des « pères » du programme nucléaire français, dans ses différents ouvrages.

manifesta une solidarité totale avec l'Administration Kennedy contre Moscou. On put également le constater (mais on ne le fit pas, dans le maelström politique qui suivit la décision de retrait de 1966), dans l'énoncé, par le général de Gaulle lui-même, des raisons et des *modalités* de son retrait de « l'OTAN ».

Que dit le général dans sa conférence de presse, demeurée célèbre, du 21 février 1966 ?

D'abord que « *la France considère encore aujourd'hui, qu'il est utile à sa sécurité et à celle de l'Occident qu'elle soit alliée à un certain nombre d'États, notamment l'Amérique*, pour leur défense et pour la sienne dans le cas d'une agression commise contre l'un d'entre eux ». Que « ... *le traité de l'Alliance Atlantique signé à Washington le 4 avril 1949 reste à ses yeux toujours valable* », mais « que les mesures d'application qui ont été prises par la suite ne répondent plus à ce qu'elle juge satisfaisant, pour ce qui la concerne, dans les conditions nouvelles ».

... « Par conséquent, conclut de Gaulle, *sans revenir sur son adhésion à l'Alliance Atlantique*, la France va d'ici au terme ultime prévu pour ses obligations et qui est le 4 avril 1969, continuer à modifier successivement les dispositions actuellement pratiquées, pour autant qu'elles la concernent... » Cependant, ajoute le général, la France « se tiendra prête à régler avec tels ou tels d'entre eux, et suivant la façon dont elle a déjà procédé sur certains points, les rapports pratiques de coopération qui paraîtront utiles de part et d'autre, *soit dans l'immédiat, soit dans l'éventualité d'un conflit. Cela vaut naturellement pour la coopération alliée en Allemagne.* Au total, il s'agit de rétablir une situation normale de souveraineté, dans laquelle ce qui est français, en fait de sol, de ciel, de mer et de forces, et tout élément étranger qui se trouverait en France, ne relèveront plus que des seules autorités françaises. *C'est dire qu'il s'agit là, non point du tout d'une rupture, mais d'une nécessaire adaptation.* »

On notera que dans les trois années qui suivirent, jusqu'à son départ de l'Élysée (à la suite de l'échec du référendum d'avril 1969), le général s'en tint scrupuleusement aux directives qu'il s'était lui-même fixées : la France sortit, certes, des organes militaires intégrés de l'Alliance[1] (que l'on présenta à l'opinion

---

1. La France a quitté notamment le Comité des plans, le Comité militaire, l'Agence pour la standardisation militaire ; elle ne participa pas non plus au Groupe de planification nucléaire (créé en 1967). Cela étant, la France reste membre de nombreuses instances à caractère politique (notamment le Conseil de l'Atlantique Nord qui est l'organisme suprême de l'Alliance), ainsi que de certaines autres instances nettement plus militaires comme la Conférence des directeurs nationaux des armements , le réseau d'alerte NADGE et le système de communication NATO WIDE. Voir sur ce point, David S. YOST, *France and Conventional Defense in Central Europe*, European-American Institute for Security Research, 1984.

sous la forme d'une sortie de « l'OTAN », terminologie en fait juridiquement fausse[1] mais délibérément équivoque au plan politique) ; mais dans le même temps, la France signa aussi toute une série d'accords militaires à la suite du fameux accord Ailleret-Lemnitzer de 1967, avec l'Alliance ainsi qu'avec les autorités de Bonn, prévoyant dans le détail les modalités de la collaboration de la France en temps de paix ainsi que les procédures d'action en cas de conflit[2]. Tous ces accords, dûment tenus à jour depuis lors, établissent une coopération en réalité extrêmement étroite. Pour cette raison, ils sont évidemment « classifiés » et donc soigneusement ignorés du public, lequel a dû attendre l'affaire des euromissiles et l'élection de François Mitterrand pour apprendre que oui, la France était toujours membre de l'Alliance !

On notera aussi que la doctrine stratégique établie par le général de Gaulle au lendemain du retrait de l'OTAN — exception faite de la parenthèse d'ailleurs vite refermée de la stratégie dite « tous azimuts » du général Ailleret en 1967 — sauvegardait très soigneusement les deux options contenues dans la conférence de presse de 1966. A savoir : la protection ultime de la France par ses propres armes nucléaires (encore que de Gaulle n'employât jamais le terme trop restrictif de « sanctuarisation du territoire national » que devaient utiliser ses successeurs), mais également, l'éventuelle participation de la France à la bataille en Centre Europe aux côtés de ses alliés. Énoncée en 1969 par le général Fourquet[3], cette doctrine, fondamentalement ambiguë, demeure toujours la base de la posture stratégique française.

Plus significatif encore est l'argumentaire présenté par le général de Gaulle pour justifier son retrait de l'OTAN. Outre les aspects politiques de l'affaire — qui sont à mon sens les plus importants puisque ayant trait à l'affirmation de la souveraineté et à l'indépendance de la France — de Gaulle avança trois arguments de nature stratégique, ce qu'il appela les « conditions nouvelles » de la sécurité de l'Europe à cette époque.

— D'abord l'absence de menace soviétique : avec le début du processus de détente Est-Ouest que l'on voyait poindre dès 1966, la situation de l'Europe, déclarait le général, n'était nullement comparable à celle des années périlleuses qui précédèrent la

---

1. Voir notamment L. RUEHL, *Op. cit.*, pp. 114-124.
2. D. YOST, F. de ROSE, *Op. cit.*
3. « Emploi des différents systèmes de forces dans le cadre de la stratégie de dissuasion », *Revue de Défense nationale*, mai 1969 ; voir aussi D. YOST et F. de ROSE, *Op. cit.*

signature du traité de Washington : « Le monde occidental n'est plus aujourd'hui menacé comme il l'était à l'époque où le protectorat américain fut organisé en Europe sous le couvert de l'OTAN. »

— En second lieu, l'évolution de l'équilibre des forces nucléaires entre les deux grands entraînait le déclin de la crédibilité du parapluie américain : « En même temps que se réduisaient les alarmes (quant à la menace soviétique), se réduisait aussi la garantie de sécurité, autant dire absolue, que donnaient à l'ancien continent la possession par la seule Amérique de l'armement atomique et la certitude qu'elle l'emploierait sans restriction dans le cas d'une agression. Car la Russie soviétique s'est, depuis lors, dotée d'une puissance nucléaire capable de frapper directement les États-Unis, ce qui a rendu pour le moins indéterminées, les décisions des Américains quant à l'emploi éventuel de leurs bombes et a, du coup, privé de justification — je parle pour la France — non certes l'Alliance, mais bien l'intégration. »

— Troisième argument stratégique : le refus de voir la France se trouver « automatiquement impliquée » dans un conflit extérieur (dans une région du tiers monde où l'Amérique se trouverait impliquée : à l'époque, bien sûr, la guerre du Viêt-nam).

Mais qu'on se rassure ! Ce retour aux origines du retrait français du commandement intégré n'a pas pour objet de démontrer que, les conditions géostratégiques ayant changé, la France devrait revenir dans le giron otanien ou bien qu'elle aurait pu y rester tout en développant son arsenal nucléaire propre[1].

Pour l'heure, mon propos est différent. Il est de montrer que, même dans les années 60, période de rupture entre la France et l'OTAN, le général de Gaulle lui-même ne perdit jamais de vue les réalités du jeu stratégique Est-Ouest en Europe et à l'échelle globale. La politique d'indépendance, la force de frappe, l'ouverture à l'Est, l'opposition aux Américains, étaient liées au fait que, pendant toute cette période, les États-Unis restaient militairement supérieurs aux Soviétiques et que l'Alliance et l'Allemagne demeureraient stables. L'autre condition étant que personne d'autre en Europe, et surtout pas l'Allemagne, ne suivrait l'exemple de la France, soit en se nucléarisant à son tour (ce qui était l'obsession, soit dit en passant, du général), soit en affirmant elle aussi une option de « non-belligérance » par le biais d'une neutralité négociée avec Moscou.

---

1. C'est l'opinion de L. Ruehl (*op. cit.*), que je ne partage pas.

La fidélité à l'héritage du général de Gaulle — dont chacun, à droite comme à gauche, se réclame dans ce pays — ne doit donc pas se confondre avec un immobilisme ou une vision statique de l'Histoire. Au contraire, s'il est une caractéristique essentielle de la politique de sécurité du général, ce fut son pragmatisme. Au minimum donc, il importe aujourd'hui de nous interroger sur les profondes mutations que l'on voit se produire au sein de l'Alliance depuis plusieurs années. En gardant constamment à l'esprit que les cycles de renouvellement des matériels militaires — pour ne prendre que cet aspect du problème — s'étalent sur quinze à vingt ans, et qu'il nous faut donc bâtir dès aujourd'hui notre défense de l'an 2000 à la lumière de ce que nous prévoyons de l'environnement politique, stratégique et technologique de la France, tant chez nos alliés que chez nos adversaires potentiels.

Le contexte politique que l'on vient de rappeler explique pourquoi les experts militaires et la plupart des responsables politiques français ont observé, souvent avec indifférence, parfois avec une satisfaction quelque peu morbide, la dégradation continue depuis vingt-cinq ans du rapport des forces Est-Ouest et, par voie de conséquence, les trous de plus en plus béants dans le fameux « parapluie » américain.

Quand de Gaulle arrive à l'Élysée en 1958, l'Alliance traverse sa première grande crise de crédibilité. Avec le lancement de Spoutnik (1957), les Soviétiques ont démontré avec éclat qu'ils sont désormais en mesure de frapper le territoire américain proprement dit. Pour de Gaulle, le sort de la garantie nucléaire américaine est scellé. Tôt ou tard, prédit-il, un « équilibre de dissuasion » remplacera la supériorité américaine, et cet « équilibre » ne protégera que les deux grands « et non les autres pays du monde, lors même qu'ils se trouveraient liés à l'une ou l'autre des deux colossales puissances[1] ». La France, on l'a vu, « fait » donc sa propre « bombe », avant de sortir de « l'OTAN ».

Lorsque quinze ans plus tard, Henry Kissinger déclare publiquement à Bruxelles (en septembre 1979) que « les Européens doivent cesser de demander aux États-Unis des garanties qu'ils ne peuvent plus donner », chacun y voit en France la confirmation éclatante de la justesse du choix de l'indépendance nucléaire de 1958. Fidèle à sa réputation, Michel Jobert va même jusqu'à

---

1. Conférence de presse du 23 juillet 1964.

lancer un retentissant « *Thank you Dr Kissinger* » dans les colonnes du *New York Times,* qui reflète assez bien d'ailleurs un sentiment général d'autosatisfaction en France : « On vous l'avait bien dit ! »

Mais ce triomphalisme ne durera que l'espace de l'automne 1979. Avec la décision de l'OTAN sur le déploiement des Pershing, le 12 décembre suivant et, deux semaines plus tard, l'invasion soviétique de l'Afghanistan, la satisfaction « d'avoir eu raison avant tout le monde » laisse place en France à une inquiétude croissante face à l'évolution de la situation politique dans l'Alliance, et en Allemagne en particulier : montée de la peur et du pacifisme, paralysie des gouvernements alliés dans l'affaire des missiles, querelles de plus en plus vives entre les deux rives de l'Atlantique sur le nucléaire, l'Afghanistan, le maintien de la « détente » avec Moscou.

Apparaît alors au grand jour toute l'ambiguïté de la situation de la France à l'égard de l'Alliance et de la protection nucléaire américaine. Tant que les Français étaient seuls à dénoncer l'inévitable effondrement de la garantie nucléaire américaine, mais que celle-ci parvenait tant bien que mal à se maintenir, l'essentiel de la cohésion atlantique demeurait sauf. Et la France, à l'abri de cette Alliance — et de sa propre contre-assurance atomique — pouvait continuer à jouir du statu quo, tout en développant une diplomatie originale, distincte de celle de ses alliés. Car l'ironie, bien entendu, est qu'il a toujours mieux valu, pour les intérêts de la France comme pour sa tranquillité, que l'Amérique restât crédible, ou à tout le moins que les Français ne fussent pas imités par les autres Européens — et surtout pas par les Allemands — dans leur remise en cause du système.

Mais que les Américains eux-mêmes, à commencer par Kissinger, bientôt suivi par McNamara et bien d'autres, confirment publiquement la fin de l'ère de la protection nucléaire américaine, c'en était alors fini de la confortable position française en « deuxième ligne » de l'Alliance. Car, privé de sa clé de voûte nucléaire, c'est l'ensemble du système atlantique qui soudain vacillait, tandis que l'Europe entière — Allemagne en tête — basculait dans une critique « néo-gaulliste » de la stratégie américaine. Que dirent alors les contestataires pacifistes allemands ? Très exactement la même chose que de Gaulle en 1959 qui, le premier, soupçonna Washington (et Moscou) de préparer une « guerre limitée » sur le sol européen. Privée de la *perception,* sinon de la réalité de la protection américaine, l'Allemagne — et avec elle l'Europe non nucléaire — cessait d'être sécurisée, donc stable. Et la France y perdait son fameux « glacis » en même temps que la condition fondamentale de son autonomie hexagonale en matière de sécurité. Pis encore, parce que ses forces nucléaires sont nationales et indépendantes, parce que la géographie en fait la base arrière logistique indispensable à toute bataille conventionnelle en Europe, la France a vu converger vers elle depuis cinq ans les espoirs, mais aussi les attentes de ses alliés européens. Fini le temps de la quiétude et de l'indifférence affectée : aujourd'hui en première ligne, la France doit à son tour apporter sa quote-part à la sécurité de ses alliés et surtout à celle du partenaire allemand. C'est là tout le sens de l'évolution de la posture de défense française ces dernières années, et du développement de la coopération stratégique entre la France et l'Allemagne depuis 1980-1982, sur lesquelles je reviendrai dans le dernier chapitre de cet ouvrage.

Mais commençons par le commencement.

Pour comprendre l'actuel dilemme stratégique de l'Alliance — car l'OTAN n'a plus de doctrine militaire crédible depuis le milieu des années 70 — il nous faut opérer un retour en arrière sur les trois décennies écoulées. Car la crise militaire actuelle et *future* du système atlantique est le résultat d'une longue évolution historique du rapport des forces — elle-même produit d'une stratégie délibérée de la part de l'URSS, mais aussi de l'aveuglement et de la passivité des démocraties occidentales.

La cause, mais aussi l'alibi de cet aveuglement, on va le voir, tiennent dans l'obsession des Occidentaux à l'égard de l'arme nucléaire : l'arme miracle d'une « défense sans douleur » (puisque l'atome garantit la « non-guerre ») et sans frais (puisque l'arme nucléaire coûte infiniment moins cher qu'une défense conventionnelle). En somme, la seule forme de défense que les démocraties modernes aient consenti à envisager jusqu'à présent. L'histoire militaire de l'Alliance est donc celle d'une longue accoutumance à ce « valium atomique » avec, en bout de course, en ce milieu des années 80, le douloureux réveil qu'imposent à la fois le poids des armes soviétiques, la peur panique des opinions publiques et la course effrénée de la technologie militaire.

## II

## La « non-guerre » au moindre coût :
## Les données fondamentales
## du système de défense atlantique

La littérature stratégique consacrée à l'Alliance et au rapport des forces Est-Ouest, est non seulement pléthorique — les livres et les articles consacrés à ces sujets pourraient remplir plusieurs bibliothèques —, mais à 95 % parfaitement redondante. Qu'y trouve-t-on en effet ? Soit des dissertations politiques sans fin sur les « malentendus transatlantiques », soit une interminable comptabilité de missiles, de chars ou d'avions alignés comme des « haricots », le tout enrobé de plus ou moins savantes descriptions techniques de ces différents systèmes. Ce n'est d'ailleurs pas très surprenant : l'ère nucléaire étant, du côté occidental, entièrement dominée par les États-Unis, il en va naturellement de même pour la science stratégique, elle aussi dominée par les stratèges en chambre des universités ou des *Think-Tank* américains. Or, comme les Américains sont par nature portés à ignorer l'Histoire et obsédés de technologie, le débat stratégique en Occident est pour l'essentiel d'une douloureuse pauvreté : le plus souvent a-historique, asocial et totalement techno-centré. Tout se passe comme si, l'Histoire de l'humanité ayant recommencé à Hiroshima le 6 août 1945, le totem nucléaire avait depuis lors aplani toutes les particularités nationales et sociales de la planète. D'où l'idée, également inventée dans les universités américaines dans les années 60, que les négociations Est-Ouest sur les armements nucléaires (l'*Arms Control*) peuvent et doivent transcender tout le reste, y compris la différence fondamentale de nature entre le totalitarisme soviétique et le système démocratique occidental.

Les discussions sur les chiffres[1] dont raffolent nos « experts » ne servent à rien sinon à effrayer ou à ennuyer le citoyen moyen et surtout à faire oublier l'essentiel. Car les guerres ne se gagnent pas — et ne se perdent pas — sur la base des seuls « haricots » : ainsi la Wehrmacht, bien que numériquement inférieure aux Alliés en 1939-1940, a tout de même triomphé — et de quelle manière ! — lors de la première phase de la Seconde Guerre mondiale. De même, un rapport des forces de 1 contre 3 au détriment d'Israël n'a pas empêché cet État de triompher régulièrement sur ses ennemis depuis 1948.

S'agissant de notre sécurité à nous, Européens de l'Ouest, l'essentiel réside dans les données fondamentales, à la fois géographiques, politiques et surtout sociales, de la situation stratégique de l'Europe. Qu'on me permette donc de les rappeler avant d'aborder le rapport des forces militaires proprement dit. Ces données, inchangées depuis 1945, sont les suivantes.

1. Les nations d'Europe occidentale sont des démocraties tournées avant tout vers la réalisation d'objectifs matériels (amélioration du niveau de vie, etc.), sans message idéologique particulier (sauf la liberté, que chacun considère comme allant de soi), sans velléité impériale ou de conquête territoriale. Ces nations sont stratégiquement *sur la défensive* : leur objectif ultime est d'éviter toute guerre, nucléaire ou conventionnelle sur leur sol. Et de le faire au moindre coût économique et social possible : pas question de dépenser plus de 2 ou 3 % (au grand maximum et exceptionnellement 5 % ou 6 %) du PNB annuel pour la défense (contre 11 à 18 % en URSS, suivant les estimations). Pas question non plus de mobiliser les jeunes deux ou trois ans (comme c'est le cas en URSS) sous les drapeaux[2].

2. Vivant dans l'ombre du plus grand empire militaire du monde, au bout d'un continent eurasiatique dominé par lui, aucun de ces pays européens pris isolément n'a les moyens de se défendre seul contre l'Union soviétique. Ce qui implique par conséquent la nécessité d'un système de sécurité collective.

3. Devant l'incapacité chronique des Européens à mettre en place une défense commune depuis l'échec du projet de la Communauté européenne de Défense (CED) en 1954 (ce qui sur le papier serait possible si l'on additionne les potentiels démogra-

---

1. Signe des temps, on a vu récemment au cours de la bataille des euromissiles, le gouvernement américain, bientôt imité par les services de propagande de Moscou, publier de luxueuses brochures sur le rapport des forces Est-Ouest. Le tout étant destiné à convaincre les braves « veaux » européens des méfaits de l'autre dans la course aux armements.
2. Par tradition, les États-Unis (et la Grande-Bretagne), éléments clés de l'Alliance, ne connaissent pas de conscription en temps de paix.

phiques et économiques de ces pays), s'est donc établi un système d'alliance incluant les États-Unis d'Amérique. Ce système, au départ équilibré, dans son principe tout au moins, devait rapidement, du fait des divisions internes des Européens, se transformer en un protectorat (au sens de protection), parfaitement unilatéral et parfaitement dominé par... les États-Unis.

Ces données de base — qui apparaîtront peut-être à certains comme des évidences — n'en ont pas moins des conséquences stratégiques fondamentales.

Au plan politique, la posture de non-guerre adoptée par les démocraties occidentales implique en fait la renonciation à l'usage de la force (sauf dans le cas extrême d'une agression préalable contre elles), et par conséquent l'acceptation de la coupure de l'Europe en deux, imposée par Staline au lendemain de la Seconde Guerre mondiale. Tout au plus garde-t-on l'espoir ici où là en Europe, de « sortir de Yalta » par un long processus de négociation avec l'Est (d'où le rapport Harmel de 1967 donnant à l'Alliance le double objectif de « défense et détente » ; d'où aussi l'*Ostpolitik* allemande).

Au plan militaire, les conséquences de cette posture de non-guerre sont tout aussi considérables : en premier lieu, l'initiative de tout conflit — et de toute crise — est laissée à l'Union soviétique, qui ajoute donc ainsi le bénéfice de la surprise aux deux avantages stratégiques essentiels dont elle dispose déjà, à savoir la continuité et la profondeur de l'espace géographique, ainsi que la posture offensive de ses propres forces armées. En outre, l'attitude défensive adoptée par les démocraties occidentales implique que l'OTAN devra attendre une attaque soviétique avant d'y répliquer, ce qui conduit à deux autres désavantages militaires majeurs : d'abord le stationnement des forces alliées en une ligne très vulnérable le long du rideau de fer (voir la carte, p. 54), ce qui affaiblit davantage le dispositif occidental ; ensuite l'acceptation du combat sur le sol ouest-allemand, ce qui, compte tenu de l'extrême urbanisation et de l'exiguïté de ce pays, a compliqué davantage encore la tâche du défenseur, aussi bien militairement que politiquement. Ici s'ajoute la contradiction politique et militaire née de la position allemande : les gouvernements de la RFA ont toujours insisté sur une défense *à l'avant* (pas question de céder un pouce de territoire, donc pas de stratégie de défense en profondeur), sans pour autant accepter l'idée qu'on pourra se battre chez l'adversaire[1]. Comme il est politiquement difficile d'imaginer que la RFA veuille se battre chez elle, pour les raisons que je viens d'indiquer, où se battra-t-on ?

Reste enfin la principale conséquence militaire de cette posture de non-guerre : la dépendance extrême à l'égard de l'arme nucléaire, et de l'arme nucléaire américaine. Arme idéale, répétons-le, du point de vue des réalités sociopolitiques et économiques occidentales, puisque garantissant au moindre coût une situation de non-guerre (la guerre nucléaire, croit-on, étant synonyme de suicide de l'humanité, elle est donc impensable et dès lors acceptable par l'opinion puisque parfaitement abstraite)[2].

C'est dans cette « accoutumance » à la drogue nucléaire que résident tout à la fois la clé de voûte du système de sécurité de l'OTAN, en même temps que sa vulnérabilité essentielle.

On va le voir, en effet, il n'y a jamais eu à l'intérieur de l'Alliance (sauf peut-être à l'époque de l'invulnérabilité américaine entre 1945 et 1957), de consensus entre Européens et Américains sur la signification réelle de la fameuse « garantie nucléaire américaine ». Et c'est précisément sur le point sensible du « couplage » nucléaire entre l'Europe et les États-Unis que les Soviétiques vont concentrer l'essentiel de leurs efforts, tant diplomatiques que militaires, au cours des deux dernières décennies, vidant peu à peu de sa substance la doctrine militaire de l'Alliance.

---

1. Sous l'impulsion des Etats-Unis qui viennent de se doter d'un nouveau concept de bataille « aéro-terrestre » *(Airland Battle),* le débat est ouvert au sein de l'Alliance en vue de l'établissement d'une posture plus offensive, au moins dans la contre-attaque en profondeur du dispositif adverse. Voir, sur ce point, troisième partie, chapitre II.

2. Je reviendrai sur cette discussion dans le chapitre consacré au pacifisme (voir p. 121 sqq.).

## SECTEURS DES DIFFÉRENTS CORPS D'ARMÉES ALLIÉS SUR LE FRONT CENTRAL

* NORTHAG (Northern Army Group) et CENTAG (Central Army Group) correspondent aux deux groupes des forces de l'OTAN en Allemagne Fédérale.

# III

# Le parapluie s'ouvre : le « New-Look »
# ou l'âge d'or des « représailles massives »

Paradoxalement, et ceci surprendra peut-être le lecteur de ma génération né après Hiroshima et habitué à une Europe truffée d'armes nucléaires, l'atome — pas plus que la présence américaine d'ailleurs — n'étaient censés au départ jouer le rôle fondamental qui est le leur aujourd'hui dans la défense du Vieux Continent.

En signant le traité de Washington en 1949, les États-Unis, qui venaient de démobiliser à toute vitesse leurs forces d'Europe [1], n'y voyaient nullement un nouvel engagement massif et surtout permanent de leur part, que ce soit en moyens classiques (les 350 000 GI's d'aujourd'hui) ni même en moyens nucléaires. Le concept de départ du côté américain, était que la responsabilité principale de la défense de l'Europe incomberait aux Européens eux-mêmes ; que pour ce faire, ceux-ci mettraient sur pied une armée conventionnelle aussi puissante que l'Armée Rouge, tandis que Washington se bornerait à apporter une garantie politique d'assistance en cas de guerre [2].

Ce n'est qu'avec l'affaire de Corée que les États-Unis retournèrent véritablement et de façon permanente en Europe dans le

---

1. Dix mois après la fin de la guerre, les forces américaines avaient été réduites de moitié et la moitié de celles-ci étaient stationnées aux États-Unis.

2. Restés à l'écart du traité franco-britannique de Dunkerque (1947) et du traité de Bruxelles de 1948 (entre les 3 pays du Benelux, la France et la Grande-Bretagne), les États-Unis ne s'étaient nullement engagés en 1949 à faire de l'Alliance Atlantique une organisation militaire. Ce ne fut qu'après l'adoption du fameux document National Security Council, n° 68, en avril 1950, établissant la stratégie des États-Unis pendant la guerre froide, et surtout au lendemain de l'ouverture des hostilités en Corée, que Washington décida, en septembre 1950, de s'engager militairement dans le cadre du traité de l'Atlantique Nord.

cadre d'une stratégie globale de *Containment*. Symbole de ce retour, la 7ᵉ Armée américaine qui, en 1945, avait fait la jonction avec l'Armée Rouge sur l'Elbe et qui, depuis lors, avait été démobilisée et rapatriée outre-Atlantique, fut reconstituée puis réexpédiée en Europe, avec pour mission cette fois de barrer la route aux armées de Staline. A partir de ce moment, le rôle des États-Unis changea du tout au tout : devant l'incapacité des Européens à contrebalancer la machine de guerre soviétique en Europe centrale (l'Allemagne n'avait pas encore été réarmée et l'Europe vivait en plein psychodrame à propos de la CED), les États-Unis, d'alliés lointains, se trouvèrent propulsés dans le rôle de leader et de protecteur de l'Europe.

Mais même à ce moment, l'essentiel de l'effort militaire allié restait centré sur le réarmement conventionnel. Ainsi, lors de la réunion ministérielle de Lisbonne en 1952, l'Alliance adopta une série de directives fort ambitieuses fixant le cadre du réarmement conventionnel nécessaire pour faire face aux forces soviétiques. Dans un délai de deux ans, les effectifs de l'OTAN devaient passer de 25 divisions d'active à 96 divisions d'active et de réserve, tandis que les forces aériennes alliées devaient atteindre 4 000 avions de combat.

Ces objectifs, calculés à l'époque sur la base des forces employées lors du débarquement en Normandie et de l'offensive contre l'Allemagne, furent cependant vite abandonnés. Dans une Europe en pleine reconstruction et à peine sortie de la guerre, les coûts politiques et économiques de la constitution de 70 divisions supplémentaires furent tout simplement jugés inacceptables par les Européens. En outre, Français, Hollandais et Britanniques consacraient alors l'essentiel de leurs efforts militaires à sauver ce qui pouvait l'être encore de leurs empires coloniaux, accroissant ainsi le déséquilibre des forces en Centre Europe.

C'est de cette époque que date le changement fondamental de la stratégie de l'Alliance : d'une défense avant tout classique, l'Alliance passa brutalement à une posture essentiellement fondée sur la menace de représailles nucléaires américaines. Peu après la réunion de Lisbonne, en effet, l'Administration Eisenhower annonça sa stratégie du « New-Look », fondée sur le principe des « représailles massives » en cas d'attaque soviétique en Europe. La bible de la stratégie « New-Look », le document NSC (*National Security Council*) 162/2 du 30 octobre 1953, stipulait : « La dissuasion principale d'une agression contre l'Europe de l'Ouest tient dans la détermination manifeste des États-Unis d'employer ses forces atomiques et sa puissance de frappe massive de représailles en cas d'attaque dans la région. »

En réalité, tout le sens de la stratégie « New-Look » tenait dans la préoccupation majeure de l'Administration Eisenhower à cette époque : certes, il s'agissait bien d'endiguer l'URSS, mais au moindre coût et si possible en réduisant le budget de défense. Les préoccupations économiques en effet n'étaient nullement l'apanage des Européens[1]. Le thème de la défense *on the Cheap* fut abondamment développé par la suite, notamment dans le fameux discours de Foster Dulles du 12 janvier 1954 devant le *Council on Foreign Relations* de New York. Discours qui ne contenait pas moins de 11 références à des considérations financières invoquées à l'appui de la nouvelle doctrine. Grâce aux armes nucléaires, annonça Dulles, il devenait possible de faire l'économie d'un coûteux réarmement conventionnel. « La décision fondamentale, affirma-t-il, est désormais de dépendre avant tout de notre immense capacité de représailles instantanées, par les moyens et dans les lieux de notre choix (...). Ainsi, il est maintenant possible d'obtenir et de partager davantage de sécurité à un moindre coût[2]. »

Conséquence directe du « New-Look » : à partir de 1954 on assista à l'arrivée en masse d'armes nucléaires tactiques américaines en Europe — obus d'artillerie nucléaires, mines de démolition et même systèmes de défense antiaérienne, etc. Les moyens de défense non nucléaires, quant à eux, en vinrent à être considérés, soit comme un simple obstacle permettant une « pause » relativement brève avant l'escalade aux armes nucléaires, soit carrément comme la « gâchette » *(Trip-Wire)* de l'escalade atomique. Fidèle à la logique du « New-Look », l'amiral Radford alla même jusqu'à proposer en 1956 le retrait des forces classiques américaines d'Europe et leur remplacement par 15 000 armes nucléaires tactiques...

C'est de cette époque également que date l'idée — communément répandue aujourd'hui — qu'il est au fond souhaitable que l'Alliance soit inférieure en armements classiques aux forces du Pacte de Varsovie. Tandis qu'une parité en matière conventionnelle pourrait être perçue à Moscou comme « une provocation » ou, à tout le moins, signaler aux Soviétiques que l'Alliance est

---

1. Le thème de la réduction des dépenses militaires avait joué un rôle essentiel au cours de la campagne électorale de 1952.
2. Eisenhower tint d'ailleurs parole puisque le volume des forces américaines (à l'exception de l'US Air Force, chargée des missions de bombardement stratégique) devait fortement décliner entre 1953 et 1955.

prête à accepter une nouvelle guerre mondiale, l'infériorité, elle, convaincra Moscou de l'inéluctabilité de l'escalade aux extrêmes. Argument largement fallacieux, comme on le verra plus loin, mais qui ajoutait un alibi « stratégique » à la passivité avant tout financière et politique des Alliés face à leur effort de défense.

# IV

# Le parapluie se referme :<br>la transition à la « riposte graduée »

Dès 1957, avec le lancement de Spoutnik, apparut la première fêlure dans cette belle unanimité nucléaire. Pour la première fois, le territoire américain lui-même devenait vulnérable à une frappe nucléaire soviétique au moyen des nouvelles fusées intercontinentales. Comment les États-Unis pourraient-ils dès lors continuer à menacer les Soviétiques de « représailles massives », alors qu'ils risquaient eux-mêmes l'annihilation ? Et quel président américain accepterait de suicider son pays pour la défense d'autres nations, même alliées ?

De cette question, fondamentale pour ce qui est du partage du risque atomique entre les Alliés, résultèrent dix années d'intenses controverses au sein de l'Alliance, qui devaient aboutir en 1967 au compromis, d'ailleurs fort ambigu, de la « riposte graduée ».

En réalité, les doutes quant à la stratégie des « représailles massives » s'étaient répandus dans le débat stratégique américain dès avant Spoutnik (notamment par les articles de Bernard Brodie, Henry Kissinger et William Kaufman[1]). Prévoyant, avec raison, que les Soviétiques acquerraient eux aussi la capacité de frapper les villes américaines, Kaufman concluait dès 1954 que la stratégie des représailles massives « ne dissuaderait au bout du compte que celui qui aurait à l'employer[2] ».

Par contrecoup, les Européens à leur tour commencèrent à

---

1. Sur ce débat aux États-Unis, voir D.N. SWARTZ, *Op. cit.*, et Lawrence FREEDMAN, *The Evolution of Nuclear Strategy*, McMillan, 1983.
2. *Military Strategy and National Security*, Princeton University Press, 1956.

s'inquiéter de la crédibilité de la garantie américaine. D'autant que les USA avaient également de bonnes raisons de douter de cette stratégie. Menacés de représailles atomiques par Boulganine, lors de l'affaire de Suez en 1956, Français et Britanniques avaient eu le loisir de mesurer les limites de la protection atomique américaine. Quant aux Allemands, ils avaient découvert en 1955, lors du célèbre exercice « Carte blanche », que l'emploi d'armes nucléaires américaines pour la défense de l'Allemagne entraînerait du même coup la destruction de leur pays [1]. Dès le mois de décembre 1956, à l'occasion de la conférence annuelle des ministres de l'OTAN, les États-Unis se trouvèrent donc confrontés à une demande européenne de droit d'accès aux conditions d'emploi des armes nucléaires américaines de la part des trois principales puissances du Vieux Continent : Grande-Bretagne, France et Allemagne fédérale.

La réaction américaine ne se fit pas attendre. Sous l'impulsion du commandant suprême' des forces alliées en Europe (SACEUR), le général Norstad, les États-Unis offrirent aux Européens, dès 1957, de stationner des missiles nucléaires à moyenne portée, les fusées Thor et Jupiter (ancêtres des fusées Pershing). Commença alors la première querelle des euromissiles, semblable en bien des points à celle qui devait survenir vingt ans plus tard. Acceptée malgré de fortes réticences par la Grande-Bretagne, l'offre américaine fut rejetée par la France dès avant l'arrivée du général de Gaulle [2] ; elle fut votée de justesse par le Bundestag mais suscita dans l'opinion allemande un mouvement pacifiste et antinucléaire comparable à celui du début des années 80 [3]. Au bout du compte, les Thor et Jupiter ne furent finalement déployées qu'en Turquie et en Grande-Bretagne d'où elles furent retirées dans le cadre de l'accord tacite de désengagement conclu entre Kennedy et Khrouchtchev au lendemain de la crise des fusées de Cuba en 1962. Les Soviétiques, qui ont la mémoire longue, ne devaient pas manquer d'exploiter ce point lorsque, vingt ans plus tard, les États-Unis décidèrent de stationner d'autres fusées à moyenne portée en Europe.

---

1. L'opération « Carte blanche » simulant l'emploi de 355 armes nucléaires tactiques pour la défense du front central, se traduisit par 1,7 million de « morts » et 3,5 millions de « blessés » en RFA. L'affaire provoqua une controverse politique intense dans le pays et laissa des traces profondes qu'on devait redécouvrir vingt-cinq ans plus tard, lors de l'affaire des Pershing.

2. Le gouvernement Gaillard assortit l'acceptation des Thor et Jupiter de trois conditions : 1) système de double clé semblable à celui accordé aux Britanniques ; 2) assistance technique et 3) financière des États-Unis au programme nucléaire militaire français, encore naissant à l'époque. Les deux dernières conditions étaient bien entendu inacceptables pour Washington. Voir sur ce point Wilfrid L. KOHL *French Nuclear Diplomacy*, Princeton University Press, 1972, p. 53.

3. Les sondages de l'époque indiquaient que 80 % des Allemands étaient hostiles à toute installation d'arme nucléaire en RFA. Sur l'analyse du mouvement pacifiste allemand pendant cette période, voir le remarquable ouvrage de Catherine MCARDLE KELLEHER, *Germany and the Politics of Nuclear Weapons*, Columbia, 1975.

L'affaire des Thor et Jupiter n'ayant nullement résolu le problème du partage du risque et de la décision nucléaire dans l'Alliance, dans une ère où les États-Unis avaient cessé d'être invulnérables, le Département d'État avança une nouvelle proposition en 1960. Parfaitement saugrenue d'ailleurs et digne de l'esprit académique qui l'avait conçue[1] : la MLF (ou Force nucléaire multilatérale). L'idée de base consistait à créer une force navale multilatérale dont les équipages seraient mixtes (3 nations au moins seraient représentées dans chaque bateau), ce qui assurerait, pensait-on, un partage équitable de la décision d'emploi. En réalité, la formule magique du professeur Bowie était surtout destinée à contrer le programme nucléaire français alors en plein développement, et surtout à éviter que l'Allemagne ne suive l'exemple de Paris et de Londres. Quoique parfaitement impraticable au plan militaire, et ne changeant strictement rien au contrôle absolu des États-Unis sur ces forces nucléaires ainsi affectées à l'OTAN, l'affaire de la MLF entraîna une intense querelle diplomatique entre 1960 et 1963, entre de Gaulle et Kennedy d'une part, et plus généralement entre Américains, Anglais, Français et Allemands.

Finalement, l'affaire fut enterrée en 1964 par l'Administration Johnson, non sans avoir cependant laissé des traces profondes au sein de l'Alliance : relations exécrables entre Paris et Washington, ainsi qu'entre Paris et Londres[2], tensions autour de la question nucléaire s'agissant de l'Allemagne fédérale.

Trois ans plus tard — une fois la France sortie des organes militaires intégrés de l'Alliance —, l'OTAN adopta en 1967 la doctrine de la « riposte graduée ».

Désignée sous sa cote de document du comité militaire MC 14/3, la nouvelle doctrine représentait un virage complet par rapport à la posture précédente des « représailles massives ». Elle prévoyait que l'OTAN se dote d'un large éventail de moyens, tant conventionnels que nucléaires, lui permettant de riposter à une agression à quelque niveau que ce soit et de menacer de porter le conflit, en contrôlant l'escalade, jusqu'à un niveau inacceptable pour l'adversaire potentiel. Pour ce faire, MC 14/3 distinguait trois degrés dans l'escalade :

— une défense directe, par des moyens classiques visant à

---

1. Le professeur Robert Bowie, de Harvard.
2. L'accord de Nassau de décembre 1962 établissant le transfert de missiles Polaris à la Grande-Bretagne dans le cadre de la MLF (alors que Washington avait bloqué toute assistance au programme nucléaire français) conduisit le général de Gaulle, dans sa célèbre conférence du 14 janvier 1963 (moins d'un mois plus tard), à rejeter à la fois la participation de la France dans la MLF et à mettre son veto sur l'entrée de la Grande-Bretagne dans la Communauté.

empêcher l'agresseur d'atteindre ses objectifs au niveau militaire choisi par lui ;

— l'escalade délibérée, au moyen d'armes nucléaires tactiques, en cas de percée non contrôlable par les seuls moyens classiques ;

— enfin, ultime palier de l'escalade, le recours aux armes nucléaires stratégiques contre le potentiel stratégique de l'agresseur.

L'objectif de la riposte graduée était donc de convaincre les dirigeants soviétiques que l'OTAN avait la volonté et les moyens de contrôler l'escalade nucléaire à tous les niveaux, de sorte que l'URSS se trouverait dissuadée de lancer une agression au départ.

L'ennui, c'est que cette belle mécanique comportait deux failles considérables :

— La première était qu'Américains et Européens n'avaient pas du tout la même interprétation de ce qui devait être « gradué » dans la riposte, les premiers insistant d'abord sur les moyens classiques, les seconds sur le nucléaire. Rien n'était donc réglé, quant au fond, dans la grande querelle nucléaire des années précédentes.

— La seconde était que tout l'édifice de MC 14/3 reposait sur la capacité pour le président américain d'employer l'arme nucléaire en premier — et plus généralement de contrôler le passage de chaque barreau de l'escalade au barreau supérieur. Or, cette capacité était elle-même fonction du rapport des forces Est-Ouest, lequel comme on va le voir, n'a pas précisément joué dans un sens favorable aux Occidentaux.

Mais revenons d'abord sur le premier point.

Du côté américain, et particulièrement pour Robert McNamara alors secrétaire à la Défense de Kennedy et inventeur du concept de « riposte graduée », si celle-ci se devait d'inclure l'idée d'une escalade au nucléaire, elle n'en reposait pas moins et avant tout sur l'idée d'une défense classique efficace [1].

Autrement dit, des forces conventionnelles suffisantes devraient pouvoir faire l'économie du reste de l'escalade. Dans deux discours restés célèbres et prononcés en 1962 à Ann Arbor et à Athènes, McNamara l'expliqua aux Européens :

« Les États-Unis sont prêts à contrer au moyen d'armes nucléaires toute attaque conventionnelle soviétique d'une

---

1. Le long règne de McNamara sur le Pentagone fut en effet caractérisé par deux axes fondamentaux : 1) le réarmement conventionnel des forces américaines, lancé en 1961 et 2) la redéfinition de la stratégie nucléaire des Etats-Unis, de la frappe anti-cités aux frappes sélectives anti-forces. La riposte graduée, également définie par McNamara pour l'Europe, s'insérait donc très logiquement dans ce schéma général.

ampleur telle qu'elle ne puisse être enrayée par des forces classiques... »

Dans de tels cas, ajoutait-il, « c'est l'OTAN et non pas les Soviétiques qui aurait à prendre la décision fondamentale d'employer les armes nucléaires, et nous le ferions tout en sachant que les conséquences pourraient être catastrophiques pour chacun d'entre nous. Nous, Américains, sommes prêts à accepter notre part de responsabilité (...). Mais je serais rien moins que franc, si je prétendais devant vous que les États-Unis considèrent cela comme une éventualité souhaitable ou qu'ils croient que l'Alliance devrait compter uniquement sur notre force nucléaire pour dissuader l'Union soviétique d'entreprendre des actions qui ne mettraient pas en jeu l'essentiel des forces soviétiques. De toute évidence, une Alliance dotée de la richesse, du talent et de l'expérience que nous possédons peut trouver un meilleur moyen de contrer la menace commune.

« Nous continuerons à maintenir de puissantes forces nucléaires dans l'ensemble de l'Alliance. Et ces forces continueront de donner à l'Alliance des moyens de sanction contre tout premier emploi par les Soviétiques de l'arme nucléaire. Dans certains cas, elles pourraient être l'unique instrument avec lequel nous aurions à contrer une agression non nucléaire de la part de l'URSS, auquel cas nous les utiliserions.

« Mais, à notre sens, la menace d'une guerre globale ne devrait constituer que l'une parmi plusieurs armes dans notre arsenal, et une arme qui devrait être utilisée avec prudence. Sur ce point je ne vois aucune cause de divergence fondamentale entre les deux rives de l'Atlantique. »

McNamara se trompait. Car sa vision de la riposte graduée — en réalité celle d'une défense essentiellement conventionnelle, dans le droit-fil des directives de Lisbonne de 1952 — heurtait de plein fouet l'interprétation diamétralement contraire des Européens. Tandis que, pour les Américains, la riposte graduée devrait permettre de contrôler le conflit aussi bien géographiquement (c'est-à-dire en Europe) qu'au plus bas niveau de violence possible (c'est-à-dire au niveau conventionnel et, au pire, à celui des armes nucléaires du champ de bataille), l'objectif des Européens n'était pas de dissuader la guerre nucléaire, mais *la guerre tout court*. Dans la mesure où toute guerre, même classique, en Europe, signifierait la destruction du Vieux Continent, plus vite on aurait recours à la menace de l'escalade nucléaire et plus on aurait de chance d'éviter la guerre en Europe, les Européens conservant, comme le dit justement Kissinger, « l'espoir secret qu'Américains et Soviétiques se feraient la guerre [nucléaire] au-dessus de leurs têtes ».

De fait, c'est cette interprétation-là qui domina en Europe au lendemain du discours d'Athènes. En France bien sûr, où l'on considéra les propos de McNamara comme l'aveu que les États-Unis n'emploieraient pas l'arme nucléaire (*ergo* la France avait eu raison de faire *sa* bombe[1]). Mais aussi — et c'est sans doute plus révélateur encore — du côté britannique[2] et allemand[3]. Les propos du ministre allemand de la Défense Von Hassel en novembre 1964 méritent à cet égard d'être cités :

« Puisque toute guerre serait une catastrophe non seulement pour l'Europe mais pour toutes les nations de l'Alliance, il est de la plus haute importance de faire en sorte que le risque qui pèse sur l'agresseur potentiel demeure incalculable et que la dissuasion demeure crédible (...). Cela implique, s'agissant de la défense de l'Europe (...) que le seuil nucléaire doit être placé très bas, car l'Europe de l'Ouest (...) n'est qu'une tête de pont stratégique démunie de toute profondeur et qui par conséquent ne peut tolérer ni de perte de terrain, ni de réduction de son potentiel[4]. »

A l'inverse, ajoutait Von Hassel, élever le seuil nucléaire, comme semblait le proposer McNamara, « conduirait l'agresseur potentiel à penser qu'il pourrait calculer ses risques et prendre des gages pour de futures négociations. Pour prévenir cela, les mines nucléaires de démolition, les systèmes nucléaires de défense aérienne et au besoin les armes nucléaires tactiques doivent être prêts à l'emploi dans la toute première phase d'une attaque en Europe (...). Une guerre conventionnelle prolongée ne pourrait au contraire que laminer très rapidement nos forces et réduire les capacités opérationnelles de nos moyens nucléaires, et donc renverser l'équilibre des forces en faveur de l'ennemi[5]. »

Ainsi, la question soulevée dès 1956-1957 sur la crédibilité du parapluie américain n'avait-elle pas obtenu de réponse malgré l'adoption de la nouvelle doctrine. Une fois la France sortie de l'OTAN, la page fut tournée, et les Européens s'habituèrent à vivre tant bien que mal avec les ambiguïtés de la riposte graduée. N'ayant pas l'option française de la nucléarisation, l'Allemagne

---

1. D.N. SWARTZ, *Op. cit.*, pp. 168-173.
2. *Ibid.*
3. De ce point de vue, une grande partie de l'intérêt manifesté en RFA pour la formule de MLF s'expliquait par le souci des responsables allemands de contrôler au moins en partie la décision d'escalade américaine.
4. Kai-Uwe Von HASSEL, « *The Search for Consensus : Organizing Western Defense* », *Foreign Affairs*, janvier 1965.
5. *Ibid.*

dut se contenter des assurances américaines concrétisées par la création, en 1967, du NPG (Groupe de planification nucléaire) et par l'affectation de sous-marins Polaris américains à SACEUR. Cependant, le flou artistique le plus total continua à régner, quant à l'emploi opérationnel des 7 000 armes nucléaires tactiques américaines stationnées en Europe.

Au fond, ce compromis de l'ambiguïté satisfaisait tout le monde. Une certaine dose de « flou » paraissait inévitable — pour certains même souhaitable —, s'agissant de la stratégie nucléaire de l'Alliance. Et surtout, la supériorité numérique des forces nucléaires américaines, couplée au maintien des GI's en Europe, semblait suffisante pour garantir la dissuasion, même si bien des questions restaient sans réponse quant à la mise en œuvre de cette fameuse escalade graduée.

En effet, malgré ses lacunes, la riposte graduée permettait aux États-Unis, enlisés au Viêt-nam, de conserver à peu de frais leur leadership en Europe. Par ailleurs, le statut non nucléaire de l'Allemagne n'était pas sans calmer les appréhensions françaises ni satisfaire les Soviétiques. Ce même statut allait d'ailleurs faciliter la tâche des responsables du SPD lorsque ceux-ci lancèrent l'*Ostpolitik*, à partir de 1970. Pour la France, le maintien de la garantie américaine, s'il avait l'inconvénient de perpétuer la division de l'Europe en deux blocs militaires, présentait toutefois le double avantage de résoudre le problème de la sécurité de l'Allemagne, tout en permettant à la France de jouir des avantages politiques de sa ligne d'indépendance entre les « blocs ».

Enfin, et peut-être surtout, la page de la guerre froide paraissait définitivement tournée. Avec le rapport Harmel (également adopté en 1967, fixant à l'Alliance le double objectif défense-détente), et le début du processus d'*Arms Control*[1], l'OTAN paraissait avoir enfin surmonté le défi d'une stratégie crédible et acceptable par tous face à l'URSS.

En réalité, ce répit ne devait durer qu'une dizaine d'années : entre 1967 (proclamation de la riposte graduée) et 1977 — date du célèbre discours du Chancelier Schmidt devant l'Institut international stratégique de Londres qui déclencha la deuxième grande bataille des euromissiles.

---

1. Les deux grands entamaient alors leurs premières conversations exploratoires sur ce qui allait devenir en 1969 (après « l'incident » de Tchécoslovaquie) les négociations SALT.

V

# Le coup de grâce des SS-20

Si, politiquement, ces dix années ont coïncidé avec l' « âge d'or » de la « détente », militairement, la décennie 70 a été celle de la transformation profonde du rapport des forces entre l'Est et l'Ouest, au profit de l'URSS. La convergence des deux phénomènes n'a évidemment rien de fortuit. Non que la détente ait eu quelque influence sur le rythme d'accroissement de l'effort militaire soviétique : car la montée en puissance constante et régulière de l'URSS depuis le début des années 60, rendue possible par un immense effort financier, se serait produite avec ou sans la détente. Par contre, en faisant passer au second plan les priorités militaires du côté occidental, en justifiant même un relâchement et une diminution de l'effort de défense — aux États-Unis surtout et, dans une moindre mesure, en Europe —, la détente a permis aux Soviétiques de mener à bien leur croissance militaire sans déclencher de réactions de la part des Occidentaux.

En ce sens, Albert Wohlstetter a raison de parler de « course unilatérale aux armements[1] » puisque pendant cette période, seuls les Soviétiques ont véritablement réarmé, tandis que les Américains se contentaient de stabiliser leur potentiel stratégique aux niveaux atteints à la fin des années 60 (voir en Annexe I, le tableau de la p. 303). De même, les Soviétiques ont pu utiliser le processus SALT inauguré en 1969 — par lequel les Américains acceptaient la « parité » avec Moscou — pour faire « passer » une modernisation sans précédent et sans équivalent du côté

---

1. « *Is there a Strategic Arms Race ?* » et « *Rival but no Race* », *Foreign Policy*, n⁰ˢ 15 et 16, été et automne 1974.

américain, de leur potentiel stratégique. Ainsi, entre l'accord SALT I (1972) et l'accord SALT II (1979), l'URSS a-t-elle testé ou déployé, sans réponse du côté américain en termes de *systèmes nouveaux* analogues, quelque 4 nouveaux lanceurs d'ICBM MIRVés[1] et de grande précision (SS-16, -17, -18, -19) et un système moderne à moyenne portée, le SS-20[2]. Dans le même temps, l'effort financier consacré par les États-Unis au développement de leur potentiel militaire (entre 1968 et 1976) diminuait de 35 % en termes réels[3], tandis qu'aucun programme nouveau, à l'exception du programme Trident, n'était lancé jusqu'en 1978-1979 (décisions sur le missile de croisière et sur le programme M-X).

La détente a donc eu un effet important en Occident : celui de retarder la prise de conscience d'une évolution de plus en plus défavorable du rapport des forces militaires. Tandis que certaines voix s'étaient élevées en vain dès le milieu des années 70, pour souligner le danger de la croissance du potentiel soviétique, l'ampleur de cette croissance n'a été véritablement comprise qu'à partir de 1977-1978, c'est-à-dire après que la détente eut subi ses premiers échecs retentissants (interventions soviéto-cubaines en Afrique et au Moyen-Orient à partir de 1974-1975, échec de la proposition Carter de mars 1977 pour la réduction des arsenaux nucléaires dans le cadre des négociations SALT II).

Sans reprendre ici dans le détail l'inventaire, au demeurant connu aujourd'hui et généralement admis, du développement militaire soviétique au cours des vingt dernières années, on peut en résumer les principales étapes comme suit[4].

Au niveau des forces conventionnelles en Europe, les Soviétiques ont ajouté à leurs avantages anciens (géographie, posture offensive, supériorité numérique, standardisation et inter-opérabilité des armements), une série d'atouts supplémentaires dont :

— La croissance de leurs effectifs en personnels (5 divisions supplémentaires entre 1967 et 1970[5]) et également de leurs effectifs divisionnels[6].

---

1. Les MIRV (Multiple Independently Targetable Re-entry Vehicles) désignent les fusées équipées d'ogives multiples guidées indépendamment. Contrairement aux estimations américaines lors des négociations SALT I (1969-1972), les Russes, qui étaient supposés avoir dix ans de retard sur les États-Unis dans cette technologie, ont déployé leurs propres MIRV au lendemain même de la signature du traité.

2. Voir en Annexe I, le tableau p. 304.

3. Voir l'interview de Harold BROWN dans *US News and World Report*, du 4 août 1980.

4. On trouvera en Annexe I (pp. 297-302) un ensemble de tableaux récapitulatifs sur l'évolution du rapport des forces pour chaque catégorie d'armements.

5. Le nombre des divisions soviétiques en Europe de l'Est est passé de 26 en 1967 à 30 actuellement (voir IISS, *Military Balance 1979-1980*, p. 114).

6. Selon Philip KARBER (*The Central European Arms Race, 1948-1980*), les effectifs divisionnels soviétiques sont passés de 8 500 hommes en 1965 à 10 000 hommes en 1980, (dans le cas des divisions blindées), alors que le nombre des véhicules blindés passait de 393 à 484 pendant la même période. Même constatation pour les divisions d'infanterie : 12 500 hommes au lieu de 10 000 en 1965 et 569 véhicules blindés contre 372.

— La modernisation technologique de leurs équipements, tant en ce qui concerne l'aviation, les hélicoptères et les armes antichars, domaines qui jusqu'ici, étaient à l'avantage des forces occidentales[1] et étaient supposés contrebalancer la supériorité numérique du Pacte de Varsovie.

— Enfin, la mise en place d'une redoutable capacité de combat chimique, non seulement en moyens défensifs, mais surtout — et c'est beaucoup plus grave pour l'OTAN — en moyens *offensifs*. Désormais, les moyens chimiques sont présents dans toutes les unités de l'Armée Rouge, équipent de très nombreux systèmes d'armes (des obus d'artillerie aux missiles balistiques) et emploient au total 100 000 spécialistes dans les forces armées de l'URSS[2].

A l'autre extrémité de l'échelle de l'escalade, c'est-à-dire au niveau des armements stratégiques « centraux »[3], le déploiement à partir du début des années 70 de nouvelles générations de fusées MIRVées à forte capacité d'emport, SS-17, -18, -19, a permis aux Soviétiques non seulement de neutraliser la capacité de représailles massives des États-Unis, mais aussi de faire peser sur les ICBM américains une menace de destruction totale dans le cadre d'une première frappe préemptive. A eux seuls, les 308 SS-18, chacun porteur de 10 ogives de 500 kilotonnes (kt), pourraient détruire l'ensemble des 1 000 missiles sol-sol américains ainsi que les bases de bombardiers stratégiques (voir en Annexe le tableau p. 306). Cette menace nouvelle de frappe anti-forces soviétique (et non plus seulement anti-cités), n'a pour l'instant qu'un effet limité sur la sécurité du continent américain proprement dit. Ceci, en raison du caractère toujours aléatoire d'une éventuelle attaque surprise soviétique contre les silos américains et de la capacité de frappe en second dont les Américains disposeraient encore, même après une telle attaque[4]. Par contre, il en va différemment des conséquences de cette menace sur la dissuasion *élargie* de l'Amérique à l'égard de l'Europe. Dans la mesure où le risque de

---

1. Voir Ph. KARBER, *op. cit.* et *Military Balance, op. cit.*

2. En France, l'ouvrage du général COPEL, *Vaincre la guerre*, Éd. Lieu Commun, 1984 (avec lequel j'ai cependant de sérieux désaccords, notamment en ce qui concerne la doctrine d'emploi, et le rôle des armes atomiques), a eu le mérite de souligner le péril très réel qui découle de ces armes trop souvent ignorées.

3. Autrement dit, les missiles balistiques sol-sol (ICBM), mer-sol (SLBM) et les bombardiers nucléaires de portée intercontinentale.

4. Cette observation a été confirmée par les conclusions de la commission Scowcroft (publiées en avril 1983), lesquelles devaient clore temporairement le débat lancé par les partisans de Reagan lors de la campagne présidentielle de 1980 sur le thème de la « fenêtre de vulnérabilité ». Temporairement seulement, car la vulnérabilité des forces nucléaires américaines est à l'origine d'un nouveau débat sur la réintroduction des armes défensives (ABM) (voir troisième partie, chapitre 3).

voir ses ICBM détruits préventivement ajoute à la très grande incertitude qui pèse déjà sur l'emploi des systèmes centraux par le président américain, en cas de conflit en Europe.

Or c'est en Europe, précisément, que devait intervenir l'élément le plus nouveau et le plus significatif de cette transformation globale du rapport des forces : l'apparition d'une nouvelle génération de systèmes nucléaires à moyenne portée (les SS-20, mais aussi les SS-21, -22 et -23), équipés d'ogives multiples (dans le cas du SS-20), extrêmement précises et également mobiles, donc peu vulnérables. L'intérêt du missile balistique SS-20 est évidemment la frappe de désarmement à distance, à la fois invulnérable et hautement précise, de l'ensemble du dispositif nucléaire occidental en Europe, y compris les bases terrestres des systèmes avancés américains (FBS)[1], les armes et les dépôts nucléaires tactiques de l'OTAN (ces derniers étant très peu nombreux), ainsi que les composantes basées à terre des forces nucléaires française et britannique.

Pour comprendre toute la signification à la fois stratégique et politique du SS-20, il n'est pas inutile de faire un bref détour historique. On l'a noté plus haut, à l'issue de la crise des fusées de Cuba, Américains et Soviétiques avaient conclu une sorte d'accord de désengagement nucléaire tenu secret à l'époque, dans ce qui fut présenté comme une grande victoire pour l'Administration Kennedy : en fait, Washington avait obtenu le retrait des fusées soviétiques de Cuba en échange du retrait des systèmes Thor et Jupiter stationnés à l'époque en Grande-Bretagne et en Turquie[2]. Les Soviétiques conservèrent cependant leurs fusées SS-4 et -5 braquées sur l'Europe : à l'époque où ils ont été déployés, dans les années 50, ces systèmes étaient les seules armes réellement stratégiques dont disposait l'Union soviétique face à l'écrasante supériorité nucléaire américaine. Armes anti-cités de très forte puissance, très peu précises, nécessitant une longue préparation au tir, mais de portée insuffisante pour atteindre les États-Unis, les SS-4 et -5 étaient essentiellement destinés à prendre l'Europe en otage, et donc à prémunir l'Union soviétique contre le risque d'une attaque américaine contre le territoire soviétique, à une époque où les Américains restaient eux-mêmes invulnérables à une frappe nucléaire équivalente. Cet équilibre de la terreur par « Européens interposés » n'était, certes, nullement réjouissant

---

1. *Forward Based Systems* (essentiellement, à l'époque, les bombardiers F-111 basés en Grande-Bretagne).
2. L'autre concession de Kennedy, publique cette fois, était la garantie de non-invasion de Cuba, dont vingt ans plus tard, l'Amérique devait payer le prix en Afrique et en Amérique centrale...

pour l'Europe (souvenons-nous des précédents mouvements pacifistes des années 50), mais il était du moins compréhensible sur le plan stratégique.

Ce qui est beaucoup moins compréhensible, c'est que les Soviétiques n'ont jamais cessé de déployer ces fusées à moyenne portée et que leur nombre n'a cessé d'augmenter, longtemps après qu'ils eurent atteint eux aussi la capacité de frapper directement le territoire américain au moyen de fusées intercontinentales. Ainsi, à la fin des années 60, l'URSS disposait de 750 SS-4 et -5. Par la suite, ce nombre devait légèrement diminuer jusqu'à ce que, dans les années 70, donc au beau milieu de la détente, les Soviétiques prennent la décision de construire le SS-20. Fait significatif, cette décision a très probablement été prise en 1972, l'année même de la signature du traité SALT I[1]. Les premiers essais du SS-20 ont eu lieu en 1974, au beau milieu de la détente, un an avant les accords d'Helsinki. Quant au déploiement des SS-20, celui-ci a commencé en 1976-1977 alors que la détente régnait encore en Europe.

Ce contexte-là est fondamental pour la compréhension du « pourquoi » du SS-20. On le voit, le SS-20 n'est donc pas une simple « modernisation » des SS-4 et -5 en riposte au prétendu accroissement des systèmes avancés (FBS) américains (lesquels ont en fait été fortement réduits après la crise de Cuba). L'alibi des forces française et britannique, avancé tardivement par les Soviétiques, n'est pas davantage convaincant puisque celles-ci étaient inférieures dans les années 70 à 1 % du potentiel nucléaire stratégique soviétique et que l'URSS disposait — et dispose toujours — de toute une panoplie d'armes capables de vitrifier de nombreuses fois Paris et Londres.

Si l'on garde à l'esprit l'évolution du rapport des forces qui vient d'être rappelé à grands traits, s'agissant notamment de la neutralisation du potentiel nucléaire américain et de l'accroissement de la supériorité conventionnelle soviétique en Europe, alors le SS-20 prend toute sa signification. La supériorité nucléaire régionale qu'il confère à l'URSS lui permet d'atteindre en effet un triple objectif : d'abord, une capacité de frappe militaire contre tous les objectifs importants de l'OTAN ; ensuite, un moyen d'intimidation politique contre les opinions publiques européennes ; et surtout, le SS-20 devient le maillon essentiel du découplage

---

1. Les accords SALT I étaient volontairement limités aux armes nucléaires de portée intercontinentale (les systèmes à moyenne portée étant exclus).

stratégique entre l'Europe et les États-Unis, dans le cadre d'une politique délibérée de contre-dissuasion, de déni de l'escalade nucléaire infligé à l'adversaire occidental.

Tout se passe, en effet, comme si l'URSS avait enserré les Occidentaux dans une sorte de tenaille stratégique grâce à une double poussée simultanée :

— une première poussée, résultant de la croissance continue et de la modernisation des forces *conventionnelles* soviétiques, aboutissant à faire dépendre de plus en plus les Européens du recours en premier à l'arme nucléaire en cas d'attaque conventionnelle de l'URSS, et ce, presque immédiatement après l'ouverture des hostilités ;

— tandis qu'une deuxième poussée, issue de la croissance du potentiel nucléaire soviétique, tant au niveau du théâtre européen qu'au niveau stratégique, aboutit à neutraliser en pratique toute tentative de l'OTAN visant à nucléariser le conflit.

Pour l'Europe en tout cas, la conséquence de cette évolution est tout simplement catastrophique : jamais, en effet, les Européens n'ont autant dépendu de l'emploi de l'arme nucléaire par le président américain, mais jamais également ce premier emploi n'aura été aussi improbable, compte tenu du nouveau potentiel stratégique et eurostratégique de l'URSS. *En clair, cela veut dire que l'Europe est désormais nue : le parapluie américain s'est bel et bien refermé.*

L'Alliance se voit dès lors privée de toute stratégie cohérente et donc contrainte, une nouvelle fois, à de douloureux réajustements. « Équilibre des déséquilibres » — pour reprendre l'expression de François de Rose —, la riposte graduée devait permettre aux Occidentaux de compenser leur infériorité en moyens classiques par la supériorité nucléaire. Désormais, l'Occident est en infériorité sur tous les plans. Première conséquence : la capacité de *contrôler l'escalade,* condition *sine qua non* de la crédibilité opérationnelle de la stratégie de la risposte graduée, passe désormais dans le camp soviétique.

Compte tenu des risques qu'une escalade nucléaire entraînerait pour les États-Unis, le *recours en premier* à l'arme atomique par les États-Unis, qui constituait jusqu'ici la pierre angulaire de toute la stratégie de l'OTAN, a donc perdu l'essentiel de sa crédibilité.

D'où une deuxième conséquence, de taille elle aussi : vu l'état actuel du rapport des forces, l'arsenal nucléaire occidental — stratégique et tactique — ne pourrait, au mieux, que dissuader l'URSS d'employer en premier des armes équivalentes. Par contre, il serait illusoire d'espérer que cet effet dissuasif continue de jouer dans le cas d'une action offensive soviétique qui serait cantonnée au niveau conventionnel : ici, le premier emploi de l'arme nucléaire par les États-Unis a cessé d'être une menace crédible, compte tenu des conséquences que l'Amérique — et l'Europe — devraient alors subir du fait de l'arsenal nucléaire dont dispose désormais l'Union soviétique. C'est bien là que réside tout le sens des propos d'Henry Kissinger qui, lors de son fameux discours de Bruxelles en septembre 1979, avait averti « les alliés européens (...) de ne plus continuer à nous demander de multiplier des assurances stratégiques que nous ne pouvons donner, ou que si nous les donnions, nous ne voudrions pas mettre à exécution en risquant ainsi la destruction de la civilisation[1] ».

Et c'est à partir de cette réalité désormais incontournable que l'OTAN cherche, depuis le début des années 80, à se doter d'une autre posture de défense.

---

1. « L'OTAN, les trente prochaines années », *Politique étrangère*, 2, 1979.

# VI

## L'OTAN dans l'après-Pershing ·
## retour à la case départ

Paradoxalement, le déploiement des Pershing, qui a soulevé l'intense bataille politique que l'on sait entre 1977 et 1983, n'a nullement résolu le dilemme posé à l'Alliance. La preuve la plus éloquente en est qu'au moment précis où les premiers missiles de croisière et les premiers Pershing arrivaient en Europe, en décembre 1983, le débat stratégique au sein de l'OTAN, loin de s'apaiser, repartait de plus belle. On aurait pu penser qu'après une bataille politico-diplomatique de telle intensité, les Occidentaux, une fois les Pershing déployés, auraient triomphalement proclamé le « recouplage » nucléaire entre l'Europe et les États-Unis. N'était-ce pas là en effet le but de la « double décision » du 12 décembre 1979 : soit éliminer les SS-20 par la négociation, soit y faire pièce par le déploiement des Pershing en démontrant ainsi la capacité de frapper le territoire soviétique à partir de l'Europe ? En fait, rien de tel ne se produisit. Loin d'insister sur ce « recouplage » nucléaire entre les deux rives de l'Atlantique, les responsables de l'OTAN et ceux du Pentagone ne parlèrent alors que des armes *conventionnelles,* de l'urgente nécessité qui, selon eux, s'imposait de reculer le plus possible le seuil de l'emploi atomique au moyen d'une défense classique réellement solide en Europe. Des euromissiles, l'Alliance passa sans transition à l'idée d'une « conventionnalisation » de la défense de l'Europe. Comme si tout le tintamarre fait autour des Pershing n'avait servi strictement à rien : Pershing ou pas, l'heure n'est plus à la dissuasion nucléaire mais à la défense classique du Vieux Continent.

Que s'était-il donc passé ? Comment l'Alliance a-t-elle pu prendre en 1979 une décision de modernisation nucléaire et livrer ensuite une coûteùse bataille politique pendant cinq années, tout en évoluant dans un sens directement opposé à l'emploi de l'atome ?

L'explication à cette apparente contradiction tient dans le contexte politique qui entoura la prise de la décision de 1979. Bien que ceci ait été très largement perdu de vue par la suite, il faut savoir en effet que *c'est à l'Allemagne fédérale, et surtout à Helmut Schmidt, que l'on doit la paternité de la décision sur les euromissiles.* Et non pas aux Américains (même s'ils devaient apparaître par la suite comme « forçant » les Européens à accepter ces nouvelles armes sur leur sol). En privé, Helmut Schmidt, que j'ai eu le loisir d'écouter à plusieurs reprises sur ce point, aime à rappeler qu'il a été le premier leader occidental à attirer l'attention de Washington — et ce à partir de 1975-1976 — sur l'importance du SS-20 et le risque que cette nouvelle arme faisait encourir à la doctrine de riposte graduée. Pour l'ancien Chancelier, très au fait des questions stratégiques (puisqu'il fut lui-même ministre de la Défense), il ne faisait aucun doute qu'à l'ère de la parité, donc de la neutralisation réciproque des arsenaux stratégiques des deux grands, une supériorité nucléaire en *Europe même,* au profit de l'URSS, s'ajoutant à celle, plus ancienne, de l'Armée Rouge, risquerait de vider de son sens la doctrine stratégique de l'Alliance. Et par contrecoup, d'exposer l'Allemagne fédérale, à la fois à des risques militaires nouveaux, mais aussi à des possibilités de chantage politique accrues en cas de crise. C'est pour cette raison que Schmidt entreprit plusieurs démarches, d'abord secrètes, auprès de l'Administration Carter pour que Washington « fît quelque chose » pour répondre aux SS-20. Devant l'indifférence polie des Américains, Schmidt décida de soulever le problème publiquement dans son discours resté célèbre devant l'Institut international d'Études stratégiques de Londres (IISS), en septembre 1977.

L'indifférence américaine s'expliquait aisément : depuis l'affaire des fusées de Cuba en 1962, la dissuasion américaine au profit de l'Europe s'exerçait essentiellement par les systèmes stratégiques centraux américains basés sur le territoire américain lui-même et à bord des sous-marins stratégiques de l'US Navy.

C'est sur ces seules armes « stratégiques », objet des négociations SALT, que se portait toute l'attention des stratèges et des diplomates américains. La balance des forces nucléaires en Europe même, exclue des SALT, était jugée sans signification stratégique. Quand Schmidt commença de soulever l'affaire des SS-20, l'Amérique ne s'intéressait donc qu'aux négociations SALT et, s'agissant de l'Europe, aux seules armes classiques et, accessoirement, aux armes nucléaires dites du champ de bataille (c'est-à-dire les armes nucléaires tactiques à très courte portée).

Fait significatif à cet égard, mais qui fut également ignoré en raison du bruit fait autour des euromissiles, il faut rappeler qu'au moment même où Schmidt prononçait son discours sur les SS-20, le Pentagone et l'OTAN préparaient deux décisions importantes : d'abord le programme à long terme sur la modernisation des forces classiques (LTDP, *Long Term Defense Plan*) couplé à l'engagement contracté par tous les pays de l'Alliance, moins la France, d'augmenter annuellement leurs budgets de défense de 3 % en termes réels ; et surtout la décision sur le déploiement de la bombe à neutrons. Deux mesures qui, dans le droit-fil du discours d'Athènes de McNamara seize ans plus tôt, visaient à limiter — très logiquement d'ailleurs d'un point de vue américain —, la bataille, en Europe, au niveau le plus bas possible. La dernière chose dont les stratèges américains voulaient entendre parler — et on les comprend — était donc d'implanter en Europe des armes de nature stratégique qui, étant capables de frapper le cœur de l'URSS, ne manqueraient pas d'entraîner à coup sûr des représailles du même ordre sur le sol américain. C'était pourtant ce que demandait Schmidt en 1977 : soit que les Américains obtiennent la réduction, voire l'élimination du SS-20 par la négociation ; soit que les Américains déploient des armes comparables aux nouveaux missiles soviétiques. Pour Washington, la première formule n'était guère recevable : l'inclusion des SS-20 dans les négociations alors en cours sur le traité SALT II aurait rouvert le dossier fort complexe des armes à moyenne portée et compromis la conclusion de l'accord auquel le président Carter tenait tout particulièrement. L'Administration Carter se résolut alors à l'autre solution : après avoir vainement tenté d'apaiser les craintes allemandes en proposant d'affecter de nouveaux sous-marins nucléaires au commandement de l'OTAN (SACEUR), l'Administration Carter décida, pour des raisons uniquement politiques tenant à la nécessité de « rassurer les Allemands », de mettre à l'étude des systèmes d'armes à moyenne portée en vue de leur éventuelle implantation en Europe. Le choix devait se porter sur deux systèmes : une version allongée du Pershing 1 déjà déployé en Allemagne (par l'addition d'un deuxième étage), et surtout le missile de croisière, sorti pour la circonstance des cartons du Pentagone, et dont les industriels américains prédisaient à l'époque qu'il deviendrait « l'arme miracle de l'Occident » de par sa précision diabolique et son coût (annoncé alors autour de 100 000 dollars l'unité).

La décision proprement dite fut préparée au sein d'un groupe spécial de l'OTAN qui se réunit plusieurs fois (entre 1978 et 1979, sans la participation de la France bien entendu). Au sein de ce groupe, les Allemands furent ceux qui insistèrent le plus sur la nécessité d'implanter ces systèmes *au sol*, de façon à apporter la preuve visible pour les Soviétiques du recouplage nucléaire. La solution des sous-marins, proposée par Washington, n'offrait pas en effet de garanties suffisantes aux yeux des Allemands et de nombreux autres Européens : le président américain gardant toujours la possibilité, en cas de crise, de surseoir à l'ordre de tir. Par contre, des missiles au sol feraient réfléchir Moscou — qui les trouverait sur son chemin en cas d'agression classique —, tout en liant les mains des Américains. Ces derniers, en effet, n'auraient d'autre possibilité que de « les perdre ou de les employer » *(Use them or Loose them)*. Mais, précisément parce qu'ils étaient conscients de ce risque, les experts de l'Administration Carter hésitaient encore à s'engager dans une voie diamétralement opposée à celle de la « flexibilité stratégique » introduite quelque vingt ans auparavant dans la doctrine militaire américaine.

Mais ironiquement, ce qui fit tout basculer fut le lamentable dénouement de l'affaire de la bombe à neutrons : après avoir convaincu les Européens de se doter de cette arme malgré le tir de barrage de la propagande soviétique[1], le président Carter changea brutalement de cap et, pour des raisons morales semble-t-il, décida de surseoir à la fabrication et à l'implantation de ces armes. Ce revirement américain entraîna trois conséquences fondamentales pour la suite :

1. Il fut interprété tout d'abord comme une victoire historique pour les « mouvements de paix », alors naissants en Europe ainsi que pour la propagande soviétique qui les soutenait[2]. C'est de

---

1. La bombe à neutrons était présentée comme « l'arme capitaliste » par excellence puisque ne détruisant que les personnes et non les biens !

2. L'ambassadeur soviétique à La Haye, à l'époque, fut décoré de l'ordre de Lénine, pour « services rendus à la cause de la paix de par sa contribution à l'annulation de la décision sur la bombe à neutrons ».

l'affaire de la bombe à neutrons que date la montée du mouvement pacifiste qui devait par la suite déferler en Occident au cours de la querelle des Pershing[1].

2. Le revirement américain entraîna aussi une cassure profonde entre Washington et Bonn. Schmidt avait en effet mis tout son poids politique dans la balance pour convaincre son propre parti, le SPD, d'accepter la bombe à neutrons (qualifiée par Egon Bahr, l'un des ténors du SPD, de « perversion de l'esprit humain »). Et voilà que Carter l'abandonnait au milieu du gué ! Schmidt ne pardonna jamais cette faute au président américain, et se laissa porter, par la suite, sans y résister vraiment, par la vague pacifiste qui envahit son propre parti, (et l'Allemagne tout entière) à l'occasion de l'affaire des Pershing.

3. Devant les conséquences catastrophiques de l'épisode de la bombe à neutrons, l'Administration américaine, jusque-là réticente, décidait tout à coup, pour reconstituer sa crédibilité auprès des Alliés, de pousser à fond la décision des Pershing. L'Alliance, pensait-on alors à Washington, ne survivrait pas à un second fiasco nucléaire. Il fallait montrer clairement aux Européens et aux Soviétiques que l'OTAN était encore capable de prendre une décision et de s'y tenir.

Dès lors, la bataille devait se mener à fronts renversés. Tandis que les Américains, largement hostiles pour des raisons stratégiques à l'idée d'implanter des systèmes nucléaires à moyenne portée en Europe, s'y ralliaient uniquement pour des raisons politiques (d'ailleurs issues de leurs propres erreurs), les Allemands, eux, pourtant demandeurs à l'origine, et pour des raisons stratégiques inverses (le recouplage), s'ingéniaient désormais à apparaître comme les victimes expiatoires d'un complot des super-puissances. A partir de ce tournant de 1978, Bonn multiplia les conditions politiques mises à sa participation dans la décision : en premier lieu, pas question, dirent les Allemands, que la RFA soit « singularisée » en déployant seule des euromissiles. Il fallait qu'au moins un autre État continental (donc non nucléaire) en fît autant. Ce qui allait avoir pour conséquence de « repasser le bébé », le poids de la décision ultime, sur quelques poignées de députés belges ou hollandais ! Deuxième condition — plus fondamentale encore et sur laquelle nous reviendrons plus loin[2] — la décision de modernisation serait couplée à une offre de

---

1. Voir sur ce point, la deuxième partie, pp. 121-146.
2. Ibid.

négociation parallèle avec les Soviétiques sur les armes en question. Approche sans précédent par sa naïveté, et qui revenait en fait à octroyer à Moscou un véritable droit de veto sur une décision militaire prise en Occident, et à inviter littéralement les services de propagande soviétiques à tout faire pour influencer l'opinion européenne pendant le délai de quatre ans fixé par les Occidentaux eux-mêmes entre la décision et le premier déploiement.

On connaît la suite : entre décembre 1979 et novembre 1983, l'OTAN connut quatre « années terribles » marquées par une cassure brutale du consensus sur la défense dans la plupart des démocraties européennes.

Mais pour quel résultat ?

Le couplage nucléaire a-t-il pour autant été restauré avec l'arrivée des Pershing et des missiles de croisière en Europe ? En théorie, oui : puisque, à présent, toute attaque soviétique en Europe pourrait entraîner pour Moscou le risque d'une frappe nucléaire américaine anti-forces à partir d'Europe ; frappe qui, à en croire les Soviétiques eux-mêmes, déclencherait, à son tour, une riposte stratégique de Moscou sur le territoire américain, donc un « échange » nucléaire intercontinental entre les deux grands. Voici pour la théorie.

La vérité, cependant — mais qui n'est certes pas bonne à dire politiquement —, c'est que le Pershing ne confère en aucune manière de garantie absolue ou automatique que le président américain « appuiera sur le bouton ». Cette garantie-là ne pourrait venir que d'une situation de supériorité américaine sur l'ensemble de la corrélation des forces en Europe, tant au niveau conventionnel que nucléaire. En l'absence d'une telle supériorité — en fait, face à la parité nucléaire stratégique et à la supériorité soviétique en Europe —, le Pershing à lui seul ne peut donc accomplir le miracle du recouplage. Certes, il offre au président américain une option d'emploi nucléaire nouvelle, autre que celle du seul recours aux systèmes stratégiques centraux. *Mais cette condition nécessaire n'est nullement suffisante.* A moins de supposer — ce que nul président américain ne se risquerait à faire —, que les Soviétiques acceptent le combat suivant des termes dictés à Washington et que, par conséquent, ils ne répliquent pas à une frappe des Pershing par une riposte sur les États-Unis eux-mêmes. Les risques d'escalade incontrôlée sont, pour les Américains, beaucoup trop importants pour que le locataire de la Maison-

Blanche, quel qu'il soit, puisse sérieusement penser à utiliser les Pershing. Sauf dans un cas — le plus improbable d'ailleurs, compte tenu de l'évolution de la doctrine militaire soviétique[1] : en réponse à une première frappe nucléaire soviétique contre l'Europe. Dans ce seul et unique cas, l'emploi des Pershing pourrait être envisageable par Washington, à condition bien entendu que ces armes soient encore intactes après une frappe soviétique anti-forces... Ce qui est loin d'être évident. Dans le meilleur des cas, par conséquent, le Pershing à lui seul n'est susceptible de dissuader que le premier emploi par les Soviétiques d'armes équivalentes contre l'Europe. Mais quid d'une agression soviétique *en dessous* de ce seuil atomique ? Qui pourrait croire qu'un président américain risquerait de déclencher une bataille nucléaire intercontinentale avec l'URSS en utilisant *le premier* des Pershing contre le sol soviétique, en cas d'une attaque « simplement » classique des armées du Pacte de Varsovie ?

On le voit, la question de de Gaulle de 1959, comme celle de Kissinger vingt ans plus tard, demeurent toujours posées. Et toujours sans réponse ! En d'autres termes — c'est certes là une conclusion quelque peu ironique aux difficiles années qui viennent de s'écouler —, la grande bataille des euromissiles a non seulement été menée à front renversé entre les Alliés (les Américains apparaissant comme demandeurs face aux Européens, alors que l'inverse était vrai, stratégiquement tout au moins) ; mais surtout, cette bataille n'a été livrée que sur le terrain politique : il fallait que l'OTAN démontre un minimum de crédibilité face à l'URSS et qu'elle ne cède pas à son chantage à l'Apocalypse.

Au plan stratégique, en revanche, force est de constater que rien n'est résolu. Tout au plus le Pershing, et à condition que le président américain veuille bien prendre le risque de l'employer, peut-il dissuader l'URSS d'employer préemptivement ses SS-20. Sinon, tout reste à faire, et le dilemme déjà souligné du premier emploi de l'arme atomique américaine, en cas d'attaque classique des Soviétiques, demeure entier. Aussi, le succès remporté par l'Alliance avec le début de l'installation des euromissiles, fin 1983, doit-il s'interpréter comme étant essentiellement une « victoire »

---

1. Voir, sur ce point, la troisième partie, pp. 213-214.

psychopolitique, mais non comme la solution de ses contradictions militaires et stratégiques[1].

C'est bien là le paradoxe de ce débat : la plupart des partisans des Pershing (dont j'étais, mais pour d'autres raisons), et notamment en France, avançaient en effet l'idée que cette arme suffisait à elle seule au « recouplage ». Comme par magie, en quelque sorte, l'apparition de cette arme en Europe dissuaderait les Soviétiques de toute agression, même en dessous du seuil nucléaire. On vient de démontrer le contraire.

Au demeurant, si tel avait été le cas, pourquoi dans ces conditions avoir donné tant d'importance au seul Pershing ? Pourquoi cette fusée-là et non pas un M-X ou un Minuteman tiré à partir des États-Unis ? Et si les experts français (et autres) doutent de l'emploi des Minuteman dans de pareilles circonstances, en quoi des Pershing tout aussi « stratégiques » par nature seraient-ils davantage susceptibles d'être employés ? A l'inverse, les adversaires des Pershing, notamment au sein des mouvements pacifistes, prétendaient que ces armes, de par leurs performances militaires et leur précision, allaient être des armes de combat, condamnant l'Europe à devenir le champ clos d'une guerre nucléaire « limitée », livrée par Washington à 6 000 kilomètres de son sol. Mais c'est là une absurdité encore plus grande que la précédente : quelles que soient ses caractéristiques techniques, le Pershing n'est pas une arme de combat. Par le seul fait qu'il peut atteindre le cœur même de l'URSS, il condamne en effet celui qui l'utilise à un échange nucléaire global avec l'URSS, dont nul ne pourrait savoir à l'avance s'il resterait « limité ».

La vérité, répétons-le, est beaucoup plus simple : la signification du Pershing est avant tout politique ; son implantation en Europe porte un coup d'arrêt, au moins temporairement, à une stratégie délibérée d'intimidation des Européens par la démonstration d'une supériorité absolue des Soviétiques sur le continent. De quelle liberté, en effet, l'Europe pourrait-elle jouir, si elle devait vivre sous la menace permanente d'un empire continental capable de l'anéantir à tout moment, sans moyen équivalent de riposte ?

Quant à sa signification stratégique, on l'a vu, celle-ci est beaucoup plus modeste : le Pershing ne résout en rien le problème de la dissuasion d'une attaque soviétique classique en Europe.

C'est cette constatation qui explique le paradoxe évoqué plus

---

1. Encore convient-il de qualifier cette « victoire »-là (voir sur ce point, la deuxième partie.)

haut, à savoir le fait que, l'Alliance ayant à peine surmonté le difficile obstacle du premier déploiement des Pershing, s'est trouvée immédiatement entraînée dans un nouveau débat, portant cette fois sur les armes *classiques* et la nécessité d'une défense avant tout conventionnelle de l'Europe.

Plutôt que de « nouveau débat », il faudrait en réalité parler d'un retour, après le psychodrame nucléaire des euromissiles, aux orientations fondamentales de la stratégie américaine depuis Lisbonne en 1952, telles qu'elles furent définies à nouveau par McNamara dix ans plus tard après la parenthèse du « New-Look », et remises à l'ordre du jour en 1977-1978, on l'a vu, avec le LTDP et l'engagement des 3 % sur les crédits militaires.

Cette fois cependant, le débat allait prendre un tour nouveau et entraîner, on va s'en rendre compte, un infléchissement beaucoup plus fondamental qu'il n'y paraît aujourd'hui de la stratégie de l'Alliance. Il y a à cela trois raisons essentielles.

1. En premier lieu, la montée d'un fort sentiment antinucléaire suscité surtout par l'affaire des Pershing (et le programme de « réarmement » de l'Administration Reagan), tant en Europe qu'aux États-Unis. Sentiments d'ailleurs antagonistes sur l'essentiel (les Européens craignant de servir de champ de bataille « limité » aux Américains, tandis que ces derniers redoutent surtout d'être entraînés, malgré eux, dans un Holocauste atomique déclenché par ailleurs), mais qui se rejoignent sur un point clé : la condamnation politique et morale de la dissuasion atomique. Il y a là un phénomène essentiel, dont on est encore loin d'avoir pris toute la mesure. Jusqu'ici en effet, l'atome était l'arme miracle de l'Occident. Sa légitimité suprême venait de sa vertu, historiquement sans précédent, d'empêcher toute guerre, d'*être* l'arme de la non-guerre. Or voici qu'aujourd'hui, du simple citoyen au politique, du « chercheur de la paix » aux évêques, chacun juge que le risque nucléaire n'en vaut décidément pas la chandelle. Que les pénalités sont trop grandes et qu'à tout prendre, mieux vaut risquer la guerre tout court, mais avec de bonnes vieilles armes classiques, voire même accepter par avance l'idée de la capitulation (« mieux vaut rouge que mort »), que de risquer la guerre nucléaire dont on ne se relèvera pas (la théorie récemment mise à jour de « l'hiver nucléaire » venant renforcer cet abandon du credo de la dissuasion).

France exceptée, l'Occident tout entier brûle l'idole que jadis il avait tant vénérée. Jetant le « valium nucléaire » aux poubelles de

                                           *L'avenir de l'Alliance*

l'Histoire, les stratèges de l'Administration Reagan, s'appuyant sur cette conscience nouvelle de l'opinion occidentale, proposent dans l'immédiat un renforcement des forces classiques, priorité des priorités du réarmement américain — et désormais de l'OTAN —, et, pour un avenir par trop lointain, un monde débarrassé de l'épée de Damoclès nucléaire grâce au bouclier spatial antimissile dont rêve le président Reagan. « Armes intelligentes » et « guerre des étoiles » finiront, espère-t-on, par refermer la parenthèse atomique de l'histoire de l'humanité[1].

2. Le second élément nouveau tient à la conviction que désormais personne ne cherche plus à dissimuler aux États-Unis (sauf peut-être les officiels du gouvernement) qu'il est devenu décidément trop dangereux d'essayer de défendre l'Europe à coups d'armes nucléaires. Cette conviction, d'abord affichée par les milieux conservateurs (on a rappelé plus haut le discours de Kissinger de Bruxelles dès 1979[2]), a très vite été reprise par les « libéraux » et notamment par l'ancien secrétaire à la Défense, McNamara. Dans un premier article resté célèbre depuis lors et publié dans la revue *Foreign Affairs* en avril 1982, McNamara, entouré de trois coauteurs également de premier plan[3], déclarait tout simplement que le parapluie nucléaire américain étendu au-dessus de l'Europe, s'il était légitime et crédible lors de la création de l'OTAN en 1949, alors que l'Union soviétique ne disposait pas encore d'armes nucléaires, n'est carrément plus tenable dès lors que l'URSS a rattrapé les États-Unis dans ce domaine. Et les auteurs d'ajouter : « Les questions [quant à la crédibilité de la garantie nucléaire] qui avaient pu rester sans réponse pendant les années 50 et 60 ne peuvent plus être ignorées pendant les années 80 (...). Tout emploi d'armes nucléaires en Europe, par l'Alliance ou contre elle, entraîne un risque considérable et inévitable d'escalade vers une guerre nucléaire globale qui n'entraînerait que ruine pour tous, et de victoire à aucun des belligérants. » Compte tenu de ce risque, la priorité essentielle pour « l'humanité tout entière » est de se prémunir contre toute guerre nucléaire. Pour les auteurs, la conclusion est donc simple : l'OTAN devrait s'engager à ne jamais employer en premier l'arme atomique (*No First Use*) et, pour ce faire, se doter d'une défense classique capable de dissuader toute agression soviétique.

---

1. Ces deux aspects sont analysés en détail dans la troisième partie.
2. On se reportera aussi à l'article de Fred IKLÉ (qui devint peu après l'adjoint de Caspar Weinberger au Pentagone), « *Nato's " First Nuclear Use " : a Deepening Trap* », *Strategic Review*, hiver 1980.
3. McGeorge BUNDY, George F. KENNAN, Robert MCNAMARA, Gerard SMITH, « *Nuclear Weapons and the Atlantic Alliance* », *Foreign Affairs*, printemps 1982.

Grâce aux technologies modernes en matière d' « armes intelligentes », les Alliés devraient être capables d'atteindre cet objectif sans se lancer dans un réarmement inconsidéré. Au minimum ajoutait la « bande des quatre », l'OTAN devrait dès à présent redéfinir sa doctrine de riposte graduée dans le sens d'un non-emploi précoce (*No Early First Use*) de l'arme atomique.

Cette prise de position, qui intervenait en pleine bataille des euromissiles et remettait en cause le fondement même de l'engagement américain dans l'OTAN, suscita, on s'en doute, un émoi considérable en Europe[1]. Ceux-là mêmes qui, dans les années 60, avaient le plus combattu de Gaulle et tout fait pour que la France ne réalise pas sa force de frappe, confirmaient publiquement, vingt ans plus tard, toute la justesse de la vision du général. Avec cette fois pour conséquence, le fait de ruiner ce qui restait de crédibilité américaine et de renforcer les mouvements pacifistes. Comme par hasard, Leonid Brejnev, quelques semaines plus tard, annonça que l'URSS renonçait unilatéralement au premier emploi de l'atome. Depuis, le *No First Use,* devenu un leitmotiv de la diplomatie soviétique (et de la rhétorique des mouvements de paix), est désormais inscrit à l'ordre du jour des travaux de la conférence de Stockholm sur le désarmement en Europe...

Mais McNamara ne s'en tint pas là. Pour faire bonne mesure, l'ancien secrétaire à la Défense précisa, dans un second article paru en 1983[2], qu'il avait lui-même recommandé au président Kennedy et à son successeur de ne jamais employer d'armes atomiques en cas de guerre en Europe. Précision qui éclaire — et de quelle façon ! — les engagements que le même McNamara avait pris à l'égard des Européens en 1962 à Athènes !

« L'arme nucléaire, concluait-il vingt ans plus tard, n'a plus d'utilité militaire. »

3. Survint alors le troisième assaut contre la doctrine nucléaire de l'Alliance. Rejetée par l'opinion des deux côtés de l'Atlantique, critiquée ouvertement par les stratèges conservateurs ou libéraux aux Etats-Unis, cette doctrine dut alors subir le feu nourri des responsables militaires mêmes de l'OTAN. A commencer par le général Rogers, commandant suprême des forces alliées (SACEUR) qui, par une série d'articles et d'interviews, ébaucha

---

1. Répliquant à la « bande des quatre » américaine, un quatuor de hautes personnalités ouest-allemandes publiait à son tour un article dans *Foreign Affairs* insistant sur l'importance de la dissuasion dans la doctrine de l'OTAN. Voir Karl KAISER, Georg LEBER, Alois MERTES et Franz-Josef SCHULZE, « *Nuclear Weapons and the Preservation of Peace* », *Ibid.*, été 1982.

2. Robert MCNAMARA, « *The Military Role of Nuclear Weapons : Perceptions and Misperceptions* », *Ibid.*, automne 1983.

progressivement ce qui devint plus tard le « plan Rogers ». Pour le général Rogers, bientôt appuyé par un puissant lobby au Congrès sous la houlette du sénateur Sam Nunn (le « M. OTAN » du Sénat américain), le dispositif conventionnel de l'OTAN, négligé depuis de longues années, menacerait, en cas de guerre, de placer les Alliés devant une situation catastrophique : soit concéder la défaite après quelques jours de combat (l'OTAN ne disposant que d'une dizaine de jours de réserves de munitions), soit passer à l'escalade nucléaire, avec les conséquences incalculables qui en découleraient[1]. Dilemme rendu encore plus difficile, d'après le commandant suprême, du fait de la mise sur pied par les Soviétiques de « groupes de manœuvres opérationnels », divisions très mobiles nouvellement créées au sein de l'Armée Rouge, dont l'objectif est de désorganiser le dispositif de l'OTAN très rapidement après le début des hostilités. Et Rogers de conclure qu'il est impératif pour l'OTAN de relever le seuil nucléaire (c'est l'idée du *No Early First Use* de McNamara), par un réarmement conventionnel accéléré de la part des Alliés et la mise en œuvre d'une stratégie de combat capable à la fois de contenir les forces du premier échelon soviétique et de frapper en profondeur le dispositif de soutien et les forces de renfort du deuxième échelon (concept dit du *Follow-on Forces Attack* ou FOFA)[2].

Aux faiblesses militaires dénoncées par Rogers va s'ajouter l'inadaptation, elle aussi dénoncée, du dispositif nucléaire tactique de l'OTAN. Dispositif pléthorique (6 000 armes nucléaires au total), mais en partie obsolète et surtout inadapté à la menace. Sur ces 6 000 armes en effet, 2 250 (voir tableau ci-après) ne peuvent atteindre que des objectifs situés au maximum à 20 kilomètres de distance.

Par conséquent, en cas de conflit, non seulement ces armes risqueraient d'être utilisées sur le sol allié, mais elles ne représenteraient plus, aux yeux de l'adversaire, un risque suffisamment prohibitif dans les conditions actuelles du champ de bataille. D'une part, parce qu'elles ne peuvent atteindre qu'une frange très réduite du dispositif ennemi, échelonné très en profondeur. D'autre part, parce que leur puissance est insuffisante devant la mécanisation des forces soviétiques, les charges de 155 et de

---

1. Général Bernard W. ROGERS, « *The Atlantic Alliance : Perceptions for a Difficult Decade* », *Ibid.*, été 1982.
2. Voir troisième partie, pp. 201-214.

203 mm ont une puissance minimum de 0,5 kilotonne et maximum de 5 kilotonnes[1].

Deuxième source de problèmes, ces armes souffrent d'une grande vulnérabilité : notamment s'agissant des dépôts où elles sont stockées en temps de paix. Il n'en existe environ qu'une vingtaine en RFA, représentant des cibles particulièrement « attractives ». Toutefois, distribuer ces armes atomiques aux unités qui auraient à les utiliser risquerait, soit d'être considéré comme une mesure d'escalade par l'adversaire, soit de faciliter leur emploi prématuré. Les deux hypothèses sont contraires au désir de stabilité affiché par l'OTAN en cas de crise.

Un troisième facteur d'inadaptation concerne le délai relativement long de la procédure d'autorisation du feu nucléaire accordée par l'autorité publique aux responsables militaires (entre seize et vingt-quatre heures). Ce laps de temps est beaucoup trop long dans le contexte d'un champ de bataille très mobile où les détections de cibles se font de plus en plus en temps réel. En revanche, la mise au point de procédures automatisées pose un problème politique extraordinairement sensible, que l'OTAN n'a jamais pu résoudre. Au début des années 70, des procédures ont pu être mises sur pied à propos de l'emploi préplanifié de charges atomiques, mais aucun accord d'automaticité n'a jamais pu être trouvé pour l'utilisation circonstancielle d'armes nucléaires tactiques.

Enfin, une quatrième série de difficultés tient à ce que l'existence de charges aussi nombreuses immobilise une part relativement importante des moyens classiques (avions placés en « alerte à réaction rapide » (QRA), batteries d'artillerie...), ce qui les rend du même coup indisponibles pour la bataille conventionnelle.

**Nombre et types d'armes nucléaires tactiques
américaines déployées en Europe en 1982**

| | |
|---|---:|
| Mines atomiques de démolition | 300 |
| Obus pour pièces d'artillerie (155 et 203 mm) | 2 250 |
| Charges pour missiles sol-sol (Lance, Pershing 1, Honest John) | 500 |
| Bombes lancées par avion | 1 850 |
| Charges pour missiles sol-air (Nike Hercules)[2] | 700 |
| Charges anti-sous-marines | 400 |
| Total | 6 000 |

---

1. Une kilotonne (kt) est l'équivalent de 1 000 tonnes de TNT.
2. Avec la mise en service du missile sol-air Patriot, les missiles Nike Hercules seront mis hors service, ainsi que leur charge nucléaire.

C'est donc dans le sens d'une redéfinition de la doctrine de l'OTAN vers la défense conventionnelle, conjuguée avec l'allégement de près du tiers du dispositif nucléaire tactique [1], que vont converger à partir de la fin 1982 (donc un an avant l'arrivée des premiers Pershing en Europe), tous les courants que l'on vient de mentionner : l'opinion rejette le nucléaire, les politiques jugent le premier emploi nucléaire trop dangereux, les militaires aussi. Conclusion : l'Alliance doit redéfinir sa doctrine de défense dans le sens d'une défense classique, d'une « conventionnalisation ». Pour l'Europe, tout cela signifie un retour aux objectifs de la conférence de Lisbonne en 1952. Un retour à la case départ donc. Mais comment faire, cette fois, pour convaincre les Européens de consentir les sacrifices financiers et humains qu'ils ont toujours refusé d'accepter, pour obtenir d'eux un réel réarmement conventionnel ?

La réponse, nous dit le général Rogers (et avec lui McNamara, Kissinger, et une pléiade d'études savantes sur ce thème [2]) existe désormais. C'est bien sûr... la technologie. L'Occident nous explique-t-on (une fois de plus) dispose d'un avantage fantastique dans les technologies de pointe en matière d'armes classiques. Les fameuses ET (*Emerging Technologies*) : grâce aux armes intelligentes, aux sous-munitions guidées, aux capacités de communications électroniques, de surveillance et d'acquisition des cibles en temps réel, les Alliés vont pour la première fois être capables non seulement de stopper l'avance des divisions de choc de l'Armée Rouge (les 20 divisions stationnées en Allemagne de l'Est), mais aussi de détruire en profondeur les bases aériennes, les nœuds de communication et les forces de remplacement et d'exploitation adverses (les *Follow-on Forces*). Et tout cela, promet le général Rogers pour quelques dollars de plus : très exactement 23 dollars par tête d'habitant des pays membres de l'OTAN, ou 4 % d'augmentation en termes réels des budgets de défense [3] (un point de plus donc que l'engagement des 3 % souscrit en 1978). Par une coïncidence qui n'a rien de fortuit, c'est précisément une version

---

1. Au total, cette réduction — unilatérale — porte sur 1 864 armes tactiques (464 retirées en « compensation » du déploiement du même nombre d'euromissiles, en plus de 1 400 systèmes dont le retrait a été décidé à l'occasion de la réunion du Groupe de planification nucléaire à Montebello en 1983). A noter que cette réduction fait suite au retrait (également unilatéral) de 1 000 armes tactiques décidé en 1979 lors de la décision sur les euromissiles. Au total, le stock d'armes tactiques de l'OTAN est donc passé depuis cette date de 7 000 à un peu plus de 4 000. Dans le même temps, les Soviétiques, au contraire, ont considérablement renforcé leur arsenal tactique en déployant notamment une nouvelle génération de missiles SS-21, -22, -23 (150 à 1 000 km de portée).

2. Notamment le rapport ESECS (*European Study Commission*), *Strengthening Conventional Deterrence in Europe*, McMillan, 1983.

3. Voir les déclarations du général Rogers rapportées dans le *Wall Street Journal* du 15 octobre 1982.

de cette doctrine de combat qu'adopte l'armée américaine avec le concept dit *Airland Battle,* en août 1982 (dans son manuel de combat FM-105) ; et c'est précisément sur ces armes englobées sous le terme de *Assault Breaker* que travaille l'industrie d'armement américaine surtout (et dans quelques secteurs, il est vrai, l'industrie européenne également).

C'est donc à une fantastique convergence de courants et de lobbies aussi divers que variés que l'on va assister à partir de 1982-1983, dans le sens d'une remise en cause de ce qui restait de stratégie nucléaire dans la posture militaire de l'Alliance. Quelle étrange unanimité, en effet, entre ces pacifistes européens et les antinucléaires américains, les évêques (des deux côtés de l'Atlantique), les « *No-First-Users* » version McNamara ou version Iklé, les généraux du Pentagone et de Bruxelles[1], et *last but not least,* les marchands d'armes américains, qui tous réclament la « conventionnalisation » de la doctrine de l'OTAN.

Comment s'étonner dans ces conditions, que les gouvernements européens, déjà placés sur la défensive face à leurs opinions publiques en raison des séquelles laissées par l'affaire des euromissiles, aient succombé aussi vite à des appels aussi pressants ? Fin 1984, l'Alliance adoptait donc officiellement le concept FOFA (*Follow-on Forces Attack,* l'attaque des forces du deuxième échelon) et l'objectif de réarmement classique de l'OTAN avec pour corollaire, le « relèvement » du seuil nucléaire. Le général Rogers, satisfait, déclarait à la presse : « Nous avons toujours essayé d'acquérir cette capacité [l'attaque en profondeur du dispositif soviétique]. Pour la première fois aujourd'hui, ajouta-t-il, la technologie nous offre le moyen de le faire avec des armes classiques, au lieu du nucléaire[2]. »

Officiellement cependant, l'adoption du FOFA, pas plus que le glissement de la posture de l'Alliance vers « la conventionnalisation », ne signifient pas l'abandon de la doctrine de la « riposte graduée ». Les officiels, à Washington comme à Bruxelles, prennent soin d'insister sur ce point : l'Alliance n'a pas changé de doctrine, elle l'a redéfinie simplement dans le sens du *No Early Use.*

En fait, ces nuances toutes diplomatiques sont surtout destinées à apaiser les craintes européennes. La réalité stratégique actuelle, surtout si on la replace dans sa perspective historique, est

---

1. Le général ROGERS ira même jusqu'à dire dans une interview (*International Herald Tribune,* 6 octobre 1982) : « Les mouvements antinucléaires et moi avons le même objectif » (le non-recours à l'arme atomique).
2. *Ibid.,* 10-11 novembre 1984.

malheureusement plus cruelle : qu'on le veuille ou non, l'Alliance vit d'ores et déjà dans une situation de non-emploi en premier de l'arme nucléaire américaine. On aura beau disserter indéfiniment sur les différences entre *No First Use, No Early First Use* ou *No Use at All,* les mots à eux seuls ne suffiront pas à modifier les faits — c'est-à-dire le déséquilibre des forces en Europe, couplé à la neutralisation réciproque des arsenaux stratégiques des deux grands.

Reste à savoir si, ayant jeté aux orties ce qui restait de crédibilité opérationnelle de l'escalade nucléaire dans sa posture de défense, l'Alliance se dotera effectivement des moyens conventionnels adéquats au regard de ses objectifs nouvellement affichés. Et si — question plus cruciale encore — la situation stratégique de l'Europe ne s'en trouvera pas finalement affaiblie...

C'est précisément sur ces deux points que le bât blesse. Derrière la belle unanimité des gouvernements réalisée l'hiver dernier lors de l'adoption du FOFA, se dissimulent en réalité bien des difficultés et bien des désaccords de tous ordres (financiers, industriels, mais surtout politiques et militaires), qui font qu'on est encore fort loin d'une défense classique crédible en Europe, tout autant que d'un consensus réel sur ce point, aussi bien au sein des opinions publiques que des gouvernements.

Mais n'entrons pas ici plus avant dans ce débat. Essayons plutôt de tirer les principales conclusions de cette rétrospective des réalités militaires dans l'Alliance.

Une première conclusion s'impose : il est désormais évident que l'ère des ambiguïtés et des faux-semblants nucléaires est révolue pour l'Europe. Le fameux « parapluie » américain, s'il conserve une valeur politique encore importante, a perdu sa signification stratégique. L'Amérique se battra sans doute pour l'Europe[1] —, mais elle se battra avec des armes classiques, sans risquer une escalade incontrôlable au niveau nucléaire. *De facto,* l'OTAN vit par conséquent une révolution stratégique : celle du non-recours en premier à l'arme nucléaire, sauf dans le cas (selon nous improbable) d'une première frappe *nucléaire* soviétique contre l'Europe.

Deuxième conséquence, qui découle de la première : les Européens, sans le vouloir vraiment et sans être prêts à en

---

1. Voir sur ce point les développements consacrés aux États-Unis dans la deuxième partie, pp. 159-164.

assumer les coûts et les risques, se voient désormais contraints de construire une défense classique crédible. Il est peu probable qu'ils le fassent[1]. Ce qui entraînera inévitablement une intensification des controverses politiques avec les États-Unis et, sur le plan stratégique, un vide encore plus inquiétant dans la doctrine de défense de l'OTAN. Depuis le milieu des années 70, il était clair que l'Alliance ne disposait plus de doctrine nucléaire digne de ce nom. Le danger aujourd'hui est que les années 80 ne permettent pas non plus l'émergence d'une doctrine de substitution crédible au niveau classique.

Troisième conséquence, s'agissant cette fois de la France. Celle-ci a beau se trouver en « deuxième ligne » par rapport à l'adversaire (et à l'Alliance), sa sécurité n'en est pas moins très directement concernée par le déclin de la crédibilité nucléaire américaine sur l'Europe dans son ensemble. Même dans l'optique la plus hexagonale (et la plus cynique aussi) de notre concept de défense, tout ce qui peut affaiblir la solidité du « glacis » allemand, ne peut qu'affaiblir notre sécurité propre, en nous exposant davantage aux menaces politiques et militaires de l'adversaire. Dès lors, la France a beau se tenir volontairement à l'écart du débat actuel de l'OTAN sur la « conventionnalisation » de la doctrine militaire de l'Alliance (plan Rogers, FOFA), elle n'en est pas moins très directement concernée, tant par les aspects industriels de cette évolution capitale, que par ses conséquences stratégiques sur notre propre politique de défense. De plus en plus, sous le double impact de la force des habitudes et des tabous qui interdisent en France de repenser trop loin le concept national de sécurité, et des réalités budgétaires qui amputent plus encore que par le passé ses moyens classiques, la France apparaît en porte à faux par rapport à l'évolution de la doctrine de ses alliés. Je ne veux pas dire, et on l'aura compris à la lecture des pages qui précèdent, que l'évolution de la doctrine de l'OTAN aille nécessairement dans le « bon sens » (on voit mal en tout cas vers quoi l'Alliance pourrait aller, faute d'un miracle historique qui redonnerait aux États-Unis leur supériorité nucléaire d'antan). Ce que je veux dire, c'est qu'inéluctablement l'OTAN — sous la pression des réalités technologiques, politiques et stratégiques — est poussée vers une forme de défense avant tout classique de l'Europe, alors que la France, elle, semble prendre une direction diamétralement opposée : celle de la « non-bataille » à nouveau

---

1. Voir troisième partie, p. 201 sqq.

réaffirmée et de la primauté absolue du nucléaire stratégique, par la menace d'une escalade quasi immédiate aux extrêmes. Ces trajectoires divergentes accroissent le dilemme de sécurité auquel la France est de plus en plus clairement confrontée aujourd'hui. Et il n'est pas sûr qu'il suffise à notre actuel ministre de la Défense Charles Hernu (à l'instar de son collègue allemand Von Hassel il y a dix-huit ans), de se poser comme le chantre unique (et ignoré) de la dissuasion pure, pour résoudre notre problème. Citons M. Hernu :

« Le général Rogers, chef suprême de l'OTAN, multiplie depuis plusieurs mois les déclarations mettant l'accent sur l'armement conventionnel. Or depuis plus de trente ans, la dissuasion nucléaire a été et demeure le meilleur instrument de la prévention des conflits (...). En outre, en Europe, nous savons que toute guerre serait un holocauste, classique ou nucléaire. Nous craignons aussi que tout conflit, même prétendu " conventionnel ", même assorti d'assurance de " non-emploi en premier de l'arme nucléaire ", ne dégénère totalement en un conflit nucléaire. Aussi, ce que nous visons c'est la prévention de la guerre. Et cela, seule la dissuasion nucléaire est en mesure de l'assurer[1]. »

Un beau et juste langage en effet. Mais n'est-ce pas déjà un hymne au passé doublé d'un prêche dans le désert ?

Quatrième point, enfin : si les conclusions qui précèdent sont fondées, alors il est clair que l'OTAN, n'ayant plus de stratégie militaire crédible, risque également de perdre aux yeux des Européens (et des Américains) sa raison d'être, qui est d'assurer la sécurité de l'Europe. Dès lors, c'est son existence même en tant qu'alliance politique qui sera compromise, chaque pays essayant de résoudre individuellement et selon ses moyens propres, *ses* problèmes de sécurité. La situation politique, tant au sein des démocraties occidentales que dans les relations avec l'Est, en sera donc profondément affectée. Et la force militaire trouvera alors sa matérialité politique, sans qu'il soit même nécessaire de l'employer.

C'est sur ce point précisément qu'il convient maintenant de s'interroger. Voyons donc quelle a été, en deçà du rapport des forces militaires, l'évolution du combat politique permanent qui oppose les démocraties à l'empire russo-soviétique, et quelles sont ses perspectives pour l'avenir.

---

1. *Le Monde*, 2 décembre 1982.

*DEUXIÈME PARTIE*

**L'AVENIR DE LA PAIX**

**L'ÉPREUVE DE FORCE DES VOLONTÉS**

*« L'art suprême de la stratégie n'est pas de remporter cent victoires dans cent batailles, mais de soumettre l'ennemi sans avoir à livrer bataille. Aussi, le plus important dans la guerre est d'attaquer la stratégie de l'ennemi. »*

Sun Tzu, *L'Art de la guerre*

# I

## L'empire et sa proie :
## ce que veut l'Union soviétique

« En réalité, sur quoi était fondé l'empire russe ? Non pas essentiellement, mais exclusivement sur son armée. Qui créa l'empire russe, transforma le royaume semi-asiatique de Moscou en la puissance la plus influente et dominante d'Europe ? Cela fut accompli uniquement par les baïonnettes de l'armée. Le monde ne s'est pas incliné devant notre culture, notre église ou notre richesse. Mais devant notre puissance. »

Ces propos sont de Serguei Vitte, qui fut président du Conseil des ministres du tsar en 1905-1906 [1]. Mieux que les dizaines et les dizaines de volumes consacrés par nos soviétologues à la compréhension de l'Union soviétique, cette seule observation contient le cœur même, la « substantifique moelle » de ce qu'est l'empire russo-soviétique d'aujourd'hui. Et sa continuité fondamentale aussi, au-delà des décennies écoulées et de la transformation idéologique née de la Révolution d'Octobre. Continuité, à l'intérieur, du rôle essentiel — sinon dominant — de l'armée et du militarisme dans un régime hypercentralisé et absolutiste ; continuité, à l'extérieur, du dessein expansionniste et impérialiste qu'annonçait déjà Alexis de Tocqueville il y a cent cinquante ans ; continuité enfin des attitudes nationales : obsession du secret, manie du centralisme le plus extrême, conception paranoïaque et autodestructrice de la sécurité intérieure et extérieure, complexe

---

1. *Vospominaniya*, vol. II, Moscou, 1960. Cité par Dimitri K. SIMES, « *The Military and Militarism in Soviet Society* », *International Security*, hiver 1981-1982.

d'infériorité vis-à-vis de l'Occident et de son dynamisme techno-industriel.

Tous ces éléments, pourtant évidents pour qui s'intéresse un tant soit peu à l'histoire de l'Europe, sont régulièrement ignorés, évacués des perceptions occidentales de l'Union soviétique. De même — on vient de le voir dans notre première partie — que les Occidentaux font preuve d'une confortable légèreté et d'un non moins commode aveuglement à l'égard de la chose militaire, de même retrouve-t-on ces attitudes face à l'appréhension du phénomène soviétique. Comme fasciné par le serpent qui s'apprête à l'étouffer, le lapin européen (je laisse de côté pour l'instant des perceptions américaines), ferme carrément les yeux et refuse de voir ce qui est pourtant face à lui, à moins qu'il n'y trouve des raisons susceptibles de se rassurer lui-même.

Lapins aveugles et lapins avocats n'ont cessé de proliférer depuis 1917, à mesure d'ailleurs que le poids de l'URSS augmentait et que s'effilochait la puissance des Européens. Le plus étonnant dans tout cela est que, de la conquête par l'Armée Rouge des Etats baltes à celle de l'Europe centrale et jusqu'à l'Afghanistan, les mêmes « arguments », les mêmes attitudes se répètent[1]. Comme si chez ces lapins, la cécité et l'absence de raison étaient devenues héréditaires.

De Lloyd George qui, recevant Kamenev à Londres en août 1920, décidait d'ouvrir toutes grandes les portes du commerce avec l'URSS, afin, espérait-il, d'étouffer le bolchevisme par la générosité[2], aux partisans des « armes de la paix » soixante ans plus tard, quelle belle continuité en effet ! Et quelle extraordinaire ténacité aussi, chez ceux qui, en Occident, discutèrent à l'infini, au lendemain de l'invasion soviétique de l'Afghanistan, si celle-ci était « offensive » ou « défensive » ! Ou encore, chez ceux qui, après la destruction en plein vol d'un avion civil des *Korean Airlines* à l'automne 1983, insistaient sur les responsabilités occultes de la CIA, les Boeing civils étant (comme chacun sait) de formidables avions espions ! Et que dire des malheureux Polonais, accusés (en Allemagne notamment) d'être « irresponsables », et donc responsables de leurs propres malheurs pour avoir voulu aller « trop loin » dans les revendications de liberté ! Le refus de voir (l'Afghanistan est si loin !), le désir d'expliquer pour se rassurer (l'URSS est « défensive », elle était « menacée » à

---

1. (Voir Annexe II, pp. 312-315).
2. Voir Michel HELLER, Aleksandr NEKRICH, *L'Utopie au pouvoir*, Paris, Calmann-Lévy, 1982.

Kaboul et à Varsovie), sont évidemment l'alibi de la passivité. Par nature, nous l'avons vu, les démocraties sont sur la défensive. Pas question donc de réagir, sauf par des mots : l'Afghanistan est « inacceptable », diront Schmidt et Giscard en février 1981. Et Ronald Reagan ne fera guère mieux (encore des mots !) après la destruction du Boeing coréen. Le « bien sûr nous n'allons rien faire » de Claude Cheysson au lendemain du coup de force de Jaruzelski avait au moins le mérite de la franchise. Pas question donc de sanctionner l'URSS, ni politiquement (en boycottant la conférence sur la sécurité et la coopération en Europe (CSCE) par exemple), ni économiquement. Suspendre les prêts à la Pologne et à l'URSS aurait compromis les créances de nos banquiers occidentaux. Quant à remettre en cause l'énorme contrat du gazoduc de Yamal, construit entièrement à base de capitaux et de technologie occidentaux, cela, comme le dit Pierre Mauroy, n'aurait fait « qu'ajouter à la souffrance des Polonais, celle des ménagères françaises privées de gaz » (*sic !*). Pas question non plus pour Reagan, qui doit ménager ses électeurs du Middle-West, de toucher aux exportations de blé vers l'URSS (suspendues pourtant par son prédécesseur après l'Afghanistan).

Le corollaire de cette fantastique passivité est la non moins extraordinaire foi des Occidentaux dans leur rédemption par la grâce de chaque nouveau locataire du Kremlin. Je reste pour ma part confondu devant la campagne de presse qui, en Occident, a présenté Youri Andropov, à peine arrivé au pouvoir après une longue carrière de barbouze en chef du KGB, comme un « libéral » aimant le jazz et les blue-jeans ! Et comme si l'énormité ne suffisait pas, voici que l'on recommence aujourd'hui avec le successeur du défunt Tchernenko, le « jeune » et fringant Mikhail Gorbatchev. Son allure avenante et « décontractée », l'élégance de sa charmante épouse ont, semble-t-il, suffi à conquérir le public britannique — et occidental — et à sa tête, M^me Thatcher. Celle-ci ne déclarait-elle pas, après l'avoir longuement reçu aux Chequers en décembre 1984 : « *I Like Mr. Gorbachov ; We Can Do Business Together.* »

On pourrait multiplier les exemples de ce genre. Rappeler notamment comment l'actuel président de la République française, après avoir « gelé » les relations politiques avec l'URSS en raison de l'Afghanistan, s'est rendu le premier à Moscou en 1984 (alors que l'Armée Rouge campait depuis cinq ans à Kaboul). Pour « parler fermement », certes, mais peut-être aussi pour prendre les autres leaders occidentaux de vitesse dans la « course à Moscou » (Ronald Reagan lui-même, en pleine année électorale, multipliait les signes d'amabilité à l'égard du Kremlin...) et rééquilibrer une balance commerciale franco-soviétique, d'autant plus déficitaire pour nous ces dernières années, que la France avait été « dure » à l'égard de Moscou (sur l'Afghanistan et les euromissiles). Mais d'autres mieux que moi ont fait un tel recensement [1]. Mon propos est différent : j'ai mentionné ces quelques exemples et les travers permanents des perceptions occidentales de l'URSS, pour mieux faire ressortir le contraste entre ce que les Soviétiques veulent — et *disent* qu'ils veulent, sans se cacher le moins du monde —, et ce que, en réaction, les Occidentaux en disent entre eux, afin de ne rien faire du tout le plus souvent.

Car la bataille pour le contrôle de l'Europe — qui est stratégiquement et politiquement la *priorité absolue* de l'URSS —, cette bataille-là ne se livre pas à coups de chars ni de missiles. Jusqu'à présent (mais cela aussi est en train de changer), l'ère nucléaire a conduit les Soviétiques à s'appuyer sur leur puissance militaire — le seul domaine où le totalitarisme soviétique jouit d'un avantage comparatif par rapport aux sociétés libérales — pour en extraire peu à peu des avantages politiques. C'est ce que les Soviétiques appellent « coexistence pacifique », ou l'évolution de la « corrélation des forces » (ce concept dépassant le seul rapport des forces militaires pour englober la dimension politique et sociale de la confrontation Est-Ouest). Autrement dit, jusqu'à présent, et tant que la dissuasion nucléaire continuera de rendre extrêmement périlleux le recours à la force armée pour changer le statu quo européen, la bataille qui se livre en Europe est et sera avant tout une bataille politique. Sur fond de missiles et d'arsenaux impressionnants, certes (d'où l'importance de l'équilibre des armes étudié dans notre première partie), mais une bataille pour « le cœur et l'âme » des Européens. En d'autres termes, l'ère nucléaire force les Soviétiques à laisser de côté — tant que les risques demeureront réels pour eux — la vision clausewiczienne de la stratégie (la guerre étant la continuation de la politique par d'autres moyens [2]), pour se contenter d'une stratégie plus lente, plus patiente aussi de transformation progressive du statu quo européen, à partir de l'évolution en leur faveur de la corrélation des forces militaires (notamment la neutralisation de la garantie

---

1. Je pense notamment à Jean-François REVEL, *Comment les démocraties finissent*, Grasset, 1983 et aux éditoriaux d'Olivier Chevrillon dans *Le Point*.
2. Ceci vaut pour l'Europe, zone centrale de l'affrontement Est-Ouest, donc à haut risque au plan militaire et nucléaire. Mais non pour l'Afghanistan, neutre et ignoré des Occidentaux.

nucléaire américaine à l'égard de l'Europe), mais aussi de l'évolution du rapport des forces morales et psychopolitiques entre eux et les démocraties.

Mais avant d'étudier cet autre aspect de la « corrélation des forces » entre l'Est et l'Ouest, rappelons brièvement ce que sont, *d'après les Soviétiques eux-mêmes,* les objectifs de l'URSS en Europe.

Constante fondamentale : depuis 1945, l'Europe occupe une place absolument prioritaire parmi les objectifs stratégiques de l'URSS. Ceci tient d'abord et avant tout à la géographie : compte tenu de la conception absolue qu'ont les Soviétiques de leur sécurité (sans oublier également les leçons qu'ils ont tirées des invasions étrangères), l'URSS *doit* contrôler l'Europe occidentale pour assurer sa propre sécurité, ainsi que l'intégrité de son empire en Europe centrale. Comme l'écrit justement Dimitri Simes[1], « pour les Soviétiques, comme avant eux pour les tsars, sécurité signifie un bouclier adéquat contre tous les scénarios concevables (...) ; leur objectif est de faire en sorte que l'URSS soit protégée contre toute menace extérieure, réelle ou imaginaire, ce qui implique que tous ses adversaires soient démunis des moyens de défendre leurs intérêts vitaux ». Vu de Moscou, le système de sécurité idéal pour l'URSS consisterait à transformer par conséquent tous les voisins non communistes en une série de « Finlandes », lesquelles s'engageraient à ne pas servir de base d'agression contre elle et, par là même, à donner aux Soviétiques un droit de regard sur leur politique de sécurité. Système de pensée que Kissinger a justement résumé par cette formule : « La sécurité absolue pour l'un des acteurs, écrit-il, implique l'insécurité absolue pour tous les autres[2]. »

Outre l'importance « immédiate », pourrait-on dire, de l'Europe occidentale pour la sécurité de l'empire, issue du seul fait de la contiguïté géographique[3], le contrôle de l'Europe de l'Ouest

---

1. Audition devant le Comité des Affaires étrangères du Sénat des États-Unis ( « *Perceptions : Relations between the United States and the Soviet Union* », Washington, USGPO, 1979).

2. Ce concept que les Soviétiques ont le front d'appeler « concept de sécurité égale » sera développé par la diplomatie soviétique pendant l'affaire des euromissiles. La position de Moscou au cours des négociations de Genève (zéro missile américain contre les SS-20 déployés par l'URSS), signifiait que l'URSS a légitimement le droit de prétendre à conserver autant d'armes nucléaires que tous ses rivaux réunis. Logiquement donc, selon cette conception, les Soviétiques réclamaient le droit à une balance égale au niveau des armes stratégiques avec les États-Unis, en plus d'une autre balance, également égale en Europe, entre leurs missiles à moyenne portée et les forces nucléaires françaises et britanniques, en plus d'une troisième balance, « asiatique » celle-là, laissant hors du décompte européen les SS-20 déployés face à la Chine et au Japon. Zéro Pershing donc et autant de SS-20 que de missiles français et britanniques en Europe, sans prise en compte aucune des 100 autres SS-20 basés de l'autre côté de l'Oural. Belle « égalité » en effet !

3. Ceci vaut notamment pour le grand Nord scandinave (Finnmark norvégien, nord de la Suède et de la Finlande), zone qui à mon sens est la plus stratégique en Europe, compte tenu de sa proximité avec les installations navales soviétiques de la péninsule de Kola. C'est malheureusement aussi la zone la plus vulnérable dans le dispositif de l'OTAN (voir mon article dans *Le Point,* du 31 octobre 1983).

revêt aussi pour les Soviétiques une signification stratégique plus vaste dans la lutte historique qui l'oppose aux États-Unis. Une fois en possession de la péninsule européenne, l'URSS deviendrait alors la puissance dominante sur l'ensemble du continent eurasiatique. Ce qui ferait des États-Unis, dans le meilleur des cas, une île, stratégiquement et économiquement isolée, bref une puissance de seconde zone, et non plus une super-puissance globale physiquement et militairement installée à proximité directe de l'URSS, sur « son » propre continent.

Dans ces conditions, la lutte pour la conquête de l'Europe, lutte qui — répétons-le — n'a jamais cessé pour les Soviétiques depuis 1945, déterminera non seulement les conditions de la sécurité de l'URSS et de son empire, mais également désignera le vainqueur de la lutte historique entre socialisme et capitalisme. L'Europe de l'Ouest est donc le lieu où se déterminera le destin de l'URSS et, au-delà, des « valeurs » qu'elle symbolise.

Cette importance capitale de l'Europe, les Occidentaux l'avaient volontairement oubliée pendant les années 70. Obsédée par son enlisement vietnamien et ses séquelles, l'Amérique des années 1968-1978 rêvait d'un *Co-Management* des affaires du monde avec une Union soviétique dont on espérait qu'elle ferait preuve de modération (*Restraint*), une fois reconnu par Washington son statut de super-puissance à parité avec les États-Unis[1]. Rassurés par la détente soviéto-américaine et le démarrage du processus d'*Arms Control*, les Européens, quant à eux, s'étaient engouffrés dans la détente. Chacun croyait la grande bataille pour l'Europe révolue avec la guerre froide, grâce au compromis d'Helsinki (1975). Désormais, pensait-on, l'essentiel de la confrontation Est-Ouest se déroulerait dans le tiers monde (Afrique, Moyen-Orient, Asie et Amérique centrale). Ce n'est qu'avec l'invasion soviétique de l'Afghanistan (et ses retombées sur les relations États-Unis-URSS) et l'affaire des euromissiles, que les Européens ont découvert, non sans frayeur, qu'ils étaient redevenus le centre de la grande confrontation entre les super-puissances.

En fait, pour les Soviétiques, l'Europe n'avait jamais cessé d'être l'objectif n° 1 : loin d'avoir été sacrifiée au processus de détente — comme le pensaient alors les Occidentaux —, la

---

1. McNamara (toujours lui !) ne disait-il pas en 1965 (alors qu'il régnait au Pentagone et qu'il enfonçait l'Amérique au Viêt-nam) : « Il n'existe aucun élément qui tendrait à prouver que l'URSS entend se doter d'une force stratégique aussi vaste que la nôtre. » Cinq ans plus tard, les États-Unis reconnaissaient la parité et à nouveau l'on se déclara persuadés que les Soviétiques s'en tiendraient là...

bataille historique pour le contrôle politique et stratégique de l'Europe avait simplement changé de forme. Attardons-nous un instant sur ce point, ce qui nous permettra de mieux comprendre par la suite l'articulation de la stratégie soviétique en Europe dans la phase actuelle.

Pour les Soviétiques, en effet, la détente n'était nullement une fin en soi, où la compétition stratégique et militaire serait définitivement stabilisée par une négociation permanente (dans l'esprit de Nixon et Kissinger), et où s'instaurerait même, selon la formule plus naïve encore de Valéry Giscard d'Estaing, une « détente idéologique » entre l'Est et l'Ouest[1]. Pour les Soviétiques, au contraire, la situation européenne, tout comme « l'Histoire », est avant tout dynamique. Et ce dynamisme — la « marche de l'Histoire » — joue nécessairement en faveur de l'URSS. Ainsi, la détente, loin d'être une sorte de « gel » du statu quo, était conçue au contraire comme une phase de compétition plus avantageuse, puisque imposée par l'URSS à partir d'une corrélation des forces plus favorable que par le passé : celle de la parité stratégique avec les États-Unis. Véritable tournant dans la politique de sécurité de l'URSS, la reconnaissance de la parité entraînera dès lors une nouvelle phase d'expansion extérieure pour l'URSS :

— En Europe d'abord, avec la reconnaissance du statu quo territorial hérité de la Seconde Guerre mondiale par les accords d'Helsinki (1975). Présenté en Occident comme une « grande victoire » pour les démocraties et les prémisses d'une « finlandisation à rebours » des satellites d'Europe de l'Est, le processus d'Helsinki consacre la coupure de l'Europe et légitime l'empire soviétique ; mais, surtout, il sert de tremplin à l'accroissement massif des transferts de capitaux et de technologie vers l'Est. De surcroît, la mise en place d'une « détente européenne », distincte de la relation de détente soviéto-américaine, donne à l'URSS un levier de chantage quotidien contre l'Europe (et l'Allemagne fédérale en particulier), et par là même, un moyen presque institutionnel de division entre Européens et Américains. Enfin, le processus d'Helsinki permettra dix ans plus tard l'ouverture, en janvier 1984 à Stockholm, de la conférence sur le désarmement en Europe (CDE), objectif fondamental de la diplomatie soviétique

---

1. Formule que le président de la République française d'alors utilisa, en 1975, lors de son voyage à Moscou (voyage resté célèbre par ailleurs, du fait du traitement peu glorieux qui lui fut infligé par Brejnev).

depuis près de trente ans. Comme on le verra plus loin, la CDE offre pour l'URSS la plate-forme diplomatique idéale pour l'achèvement de son grand dessein pour l'Europe de l'après-Yalta : l'établissement d'un grand système de sécurité collective « paneuropéen » contrôlé par Moscou.

— En second lieu, la détente (c'est-à-dire l'équation politico-stratégique imposée aux Occidentaux par la puissance désormais globale de l'URSS) va permettre à l'Union soviétique de s'établir comme super-puissance véritablement globale, ayant des intérêts et des « pions » sur tous les continents : de l'Extrême-Orient, contrôlé par l'allié vietnamien, à la zone du Moyen-Orient et du golfe Persique, en passant par l'Afrique et l'Amérique centrale. Les années 1970 sont donc la décennie de la percée soviétique dans le tiers monde, qui modifie de façon fondamentale la carte stratégique mondiale : pour la première fois de son histoire, l'empire russo-soviétique, en plus de sa vocation continentale, devient militairement (et non plus seulement idéologiquement) planétaire [1].

Comme à leur habitude, les Soviétiques avaient clairement affiché la couleur sur ce point (c'est là une qualité que l'on doit leur reconnaître, même si nos responsables politiques ne prêtent pas attention à ce que disent leurs homologues soviétiques [2]). Ainsi par exemple, Leonid Brejnev, alors secrétaire général du comité central du PCUS, déclarait dans son rapport au XXIVe congrès (1971) : « (...) Tout en maintenant sa politique de paix et d'amitié entre les nations, l'Union soviétique continuera à lutter résolument contre l'impérialisme et à repousser fermement les desseins et les subversions des agresseurs. Comme dans le passé, nous donnerons un soutien total à la lutte des peuples pour la démocratie, la libération nationale et le socialisme. »

A l'époque, ces déclarations passèrent inaperçues dans l'euphorie qui régnait en Occident à l'égard de la détente. Sans doute MM. Nixon et Kissinger y virent-ils seulement une rhétorique à usage interne. Toujours est-il que ces déclarations n'empêchaient pas ces responsables américains de proclamer, un an plus tard, la naissance d'une nouvelle ère de détente, « structure de paix » pour le monde entier.

---

1. Voir sur ce point l'Annexe II, pp. 312-315.
2. Les politiciens occidentaux ayant l'habitude de parler pour leurs propres opinions publiques, leur tendance est d'attribuer aux dirigeants soviétiques le même souci et donc de mettre sur le compte de la « consommation interne », ce que le Kremlin proclame comme ses objectifs internationaux

De même, cinq ans plus tard, alors que certaines voix s'élevaient à l'Ouest pour s'inquiéter des interventions soviétiques et cubaines en Afrique et de la croissance du potentiel militaire de l'URSS, M. Brejnev leur répondait devant le XXVe congrès (1976) :

« Maintenant que la détente est devenue une réalité, la question de son influence sur la lutte des classes est souvent soulevée à l'intérieur du mouvement ouvrier international, ainsi que parmi ses adversaires. Certains leaders bourgeois affectent de s'étonner et élèvent des protestations devant la solidarité des communistes soviétiques, du peuple soviétique avec la lutte d'autres peuples pour la liberté et le progrès. Cela relève soit de la plus extrême naïveté, soit plus vraisemblablement d'un effort délibéré pour semer la confusion dans les esprits. Il ne peut être plus clair que la détente et la coexistence pacifique s'appliquent aux relations entre États. Cela signifie seulement que les différends et les conflits entre les pays ne doivent pas être réglés par la guerre ou l'utilisation ou la menace d'utilisation de la force. La détente n'abolit en aucune façon, et ne peut abolir ou altérer, les lois de la lutte des classes. Nul ne doit s'attendre à ce que les communistes se réconcilient, au nom de la détente, avec l'exploitation capitaliste (...). Nous ne faisons nul secret du fait que nous comprenons la détente comme le moyen de créer des conditions plus favorables pour la construction pacifique du socialisme et du communisme... »

Dans cette perspective, les 40 000 Cubains d'Angola, les divers « soutiens » accordés à la « libération » de l'Éthiopie (et auparavant de la Somalie), du Mozambique, du Yémen, du Viêt-nam, du Cambodge, du Laos, ainsi que les 100 000 soldats de l'Armée Rouge en Afghanistan procèdent d'une même logique annoncée, publiée dès le début de l' « ère de la détente ».

Dans ce processus « historique et irréversible », la « corrélation des forces mondiales » — comme le dira triomphalement Georges Marchais à Moscou, quelques semaines après le coup de Kaboul — penchera inévitablement en faveur de l'URSS. Les États capitalistes, États-Unis en tête, qui tenteraient d'enrayer ce processus, sont donc condamnés à mener un combat d'arrière-garde également vain, dans lequel l'URSS est naturellement et « solidairement » engagée aux côtés des peuples en mal de liberté. Mieux encore, une telle réaction occidentale aurait pour résultat de « menacer la poursuite de la détente Est-Ouest » *(sic)*.

La boucle est donc bouclée. Pour les Soviétiques, la détente ne se conçoit qu'à *leurs* conditions. En clair, il s'agit de mener simultanément le combat « pacifique » pour la transformation (à leur avantage, bien entendu) du statu quo européen, et pour ainsi dire dans une autre sphère, le grand combat de libération des peuples du tiers monde, au besoin en ayant recours à la force. Pour eux, la doctrine américaine du *Linkage* qui tend à lier les progrès de la détente Est-Ouest (et notamment ceux du désarmement) avec la « conduite » de l'URSS dans le tiers monde, n'a donc strictement aucun sens. D'après eux, il s'agit là, soit d'une preuve de la « naïveté » occidentale — pour reprendre le mot déjà cité de M. Brejnev —, soit d'une tentative délibérée visant à « torpiller » la détente Est-Ouest, puisque les États-Unis tentent ainsi de dénier à l'URSS son rôle de super-puissance à part entière.

Autrement dit, la seule attitude occidentale conciliable avec le maintien de la détente serait la passivité face aux menées soviétiques dans le tiers monde et à l'accroissement de sa puissance militaire. C'est d'ailleurs bien ainsi que les Soviétiques jugent la décennie 70 et surtout la seconde moitié de cette décennie, au cours de laquelle la détente a pu se poursuivre, et la corrélation des forces mondiales pencher davantage en faveur du socialisme, grâce aux « victoires remarquables remportées par les peuples d'Indochine, du Mozambique, d'Angola, d'Éthiopie, du Nicaragua[1] ». Trois mois avant Kaboul, Gromyko, du haut de la tribune des Nations Unies, s'en prendra sans vergogne à ceux qui, à l'Ouest, jugeaient ces « victoires » incompatibles avec la détente, « tel un chat affamé, dit-il joliment, qui essaie de manger un concombre dans le potager[2] ».

Ces précisions étant rappelées, on comprend mieux la cohérence, et la continuité de la stratégie soviétique en Europe proprement dite, continuité qui résulte aussi de la stabilité du personnel dirigeant[3]. Cette stratégie, qui vise à opérer une transformation pacifique (tout au moins tant qu'il existera un risque militaire réel pour l'URSS elle-même) du statu quo politique et territorial en Europe, s'articule autour de deux objectifs à long terme :

---

1. Discours de l'ambassadeur soviétique en France, Stepan Tchervonenko, devant l'Académie diplomatique internationale, le 15 avril 1980. Il est vrai que M. Tchervonenko est un expert en matière de « corrélation des forces », puisqu'en tant qu'ambassadeur à Prague en 1968, il contribua très directement, aux côtés des soldats de l'Armée Rouge, à la sauvegarde du socialisme dans ce pays.
2. 34ᵉ assemblée générale des Nations Unies, 25 septembre 1979.
3. Notamment à la Défense : feu le maréchal Oustinov qui fut le principal coordonnateur de la politique militaire soviétique ; et aux Affaires étrangères, Andreï Gromyko qui, au cours de ses quarante ans de carrière, a pu pratiquer 14 secrétaires d'État américains et 152 ministres des Affaires étrangères des pays de l'OTAN.

— l'expulsion des États-Unis du continent européen (ce qui ferait de l'URSS la super-puissance dominante à l'échelle mondiale), avec comme corollaire :

— l'instauration d'un système de « détente militaire » avec des Européens de l'Ouest divisés qui, en échange d'un régime de liberté surveillée, offriraient au grand voisin soviétique les garanties de sécurité qu'il exige (neutralisation, dénucléarisation), en même temps que les capitaux, les denrées alimentaires et la technologie que le système soviétique ne peut pas produire.

Malgré sa cohérence, ce schéma comporte cependant une formidable contradiction à la fois conceptuelle et opérationnelle, cette contradiction portant, on n'en sera pas surpris, sur la place de l'Allemagne dans l'ensemble européen voulu par Moscou.

Si en effet, le statu quo européen est historiquement « dynamique » et s'il doit donc évoluer en faveur du « socialisme » (c'est-à-dire de l'expansion de l'empire), la question allemande — pourtant au cœur de toute évolution européenne — est considérée par les Soviétiques comme « gelée » à jamais. D'où ce dilemme : comment concevoir un système de « sécurité collective » entre les deux Europes sans accepter en même temps le rapprochement (et à terme l'unité) des deux Allemagnes ? Comment, dans la phase de l'après-Pershing notamment, pousser l'idée d'une « détente européenne », distincte de la compétition avec les États-Unis (avec l'idée de couper les Européens de l'Ouest des Américains), sans risquer en même temps de déclencher des forces en Allemagne de l'Est (et ailleurs parmi les satellites), que l'on risque à long terme de ne pouvoir contrôler ?

C'est cette crainte qui explique, à mon sens, le brusque changement de cap de l'année 1984 où, après avoir laissé ses « alliés » se rapprocher de l'Europe de l'Ouest pendant le premier semestre qui suivit l'arrivée des Pershing, Moscou obligea l'Allemand Honnecker et le Bulgare Jivkov à annuler leurs voyages respectifs à Bonn à l'automne 1984. C'est cette même crainte qui fait que l'URSS quoi qu'elle en dise, n'échangera jamais la neutralisation de la RFA (donc le démantèlement de l'OTAN) contre la réunification de la RDA. Idéalement, les Soviétiques voudraient à la fois briser l'OTAN et neutraliser l'Europe de l'Ouest, tout en maintenant les deux Allemagnes séparées.

Autrement dit, la fragilité interne de l'empire en Europe orientale constitue tout à la fois l'une des causes essentielles de l'ambition expansionniste à l'Ouest (plus l'empire s'accroît, plus il est fragile, donc plus il est tenté de s'étendre à nouveau, c'est le phénomène impérial classique), *et* l'un de ses principaux obstacles. Car la stratégie d'influence politique que mène l'URSS suppose une solidité dans son propre glacis qu'elle ne possède évidemment pas.

Je ne sais comment les Soviétiques entendent résoudre cette contradiction à l'avenir. Toujours est-il qu'en termes de moyens, leur stratégie européenne s'est traditionnellement articulée jusqu'ici autour de trois grands axes d'actions :

— Un effort continu en matière militaire visant à couper le cordon ombilical nucléaire reliant l'Europe aux États-Unis et donc à intimider du même coup les Européens ; cet effort, on l'a vu dans la première partie de cet ouvrage, a très largement réussi aujourd'hui, l'URSS parvenant à neutraliser le potentiel stratégique américain à la fin des années 60, avant d'établir (dix ans plus tard) une supériorité conventionnelle et *nucléaire* régionale en Europe même.

— Deuxième axe, parallèle à l'effort de découplage militaire : une diplomatie « de paix » visant à transformer progressivement cette « déconnection » nucléaire en un découplage politique, au moyen de diverses formules déclaratoires d'*Arms Control* attractives pour les Européens (dénucléarisation régionale, non-recours à la force, renonciation au premier emploi de l'arme atomique [1]), le tout s'insérant dans une politique soigneusement contrôlée par Moscou de « détente » intra-européenne (échanges commerciaux, liens entre les deux Allemagnes), distincte de la relation avec les États-Unis.

Cette politique conduit les Soviétiques à adopter une attitude apparemment ambiguë, mais en fait parfaitement cohérente à l'égard de la construction européenne. D'une part, Moscou soutient « l'unité européenne » (y compris ces dernières années la CEE), dans la mesure où cette « unité » permet aux Européens d'affirmer des intérêts politiques et économiques divergents de ceux des États-Unis en matière Est-Ouest (sécurité, commerce). Par contre, l'URSS est extrêmement hostile à toute idée de coopération intra-européenne en matière de défense (ceci inclut

---

1. Ces thèmes sont clairement développés dans la phase actuelle par les différentes propositions soviétiques à la conférence de Stockholm sur le désarmement en Europe (CDE).

bien entendu la coopération franco-allemande, sur laquelle je reviendrai dans la conclusion).

— Troisième élément enfin, poursuite de la stratégie indirecte de l'URSS à la périphérie de l'Europe, menaçant les voies d'approvisionnement en matières premières et créant des foyers de diversion pour les États-Unis (y compris à la périphérie de ce pays — Amérique latine, Pacifique). Stratégie extrêmement opportuniste et qui consiste avant tout à exploiter les facteurs locaux de tensions ou de conflits — et les erreurs occidentales pour les résorber —, afin de modifier la carte géostratégique de ces régions (voir Annexe II, pp. 318-322).

Du point de vue des dirigeants du Kremlin, le bilan de la politique que l'on vient de rappeler (et qui correspond en gros à l'ère brejnevienne), sera probablement jugé — pour reprendre une belle formule de Georges Marchais — comme « globalement positif ».

Certes, le point d'arrivée, le système idéal « de sécurité collective paneuropéen » est encore loin. Et l'URSS a sans nul doute subi des revers importants, dans l'affaire des euromissiles d'abord (avec le déploiement des Pershing commencé, en dépit de tous ses efforts, en décembre 1983), en Europe de l'Est ensuite, où les craquements ressentis en Pologne sont indirectement le produit de la politique de détente instaurée sous Brejnev.

Cela étant, comme dit le proverbe « on ne fait pas d'omelette sans casser d'œufs ». Les Soviétiques, en jouant le jeu de la détente et d'Helsinki, savaient pertinemment que la détente pouvait se transformer en une épée à double tranchant. D'où leur prudence et leur répression continue en URSS d'abord et en Europe de l'Est ensuite, à l'égard de toute velléité « libertaire » ou vaguement démocratique.

Si l'on a pu observer une certaine érosion du contrôle de l'URSS sur ses satellites, celle-ci, dans une large mesure (et dans le cas polonais en particulier), se serait produite de toute façon, détente ou pas. Gare ici à l'erreur souvent commise en Occident (et savamment distillée par la désinformation soviétique) qui consiste à croire que la « finlandisation » joue dans les deux sens et de la même façon, à l'Est comme à l'Ouest.

Une telle conception suppose qu'il n'existe aucune différence fondamentale de nature entre les deux blocs ; en somme une symétrie parfaite. Or, quoi qu'en disent les pacifistes (qui ont beaucoup utilisé cet argument pendant la querelle des euromissiles), la réalité est toute différente. A l'Ouest, le Danemark ou la Grèce peuvent se comporter — et se comportent en fait — comme des États neutres. Ils pourraient même quitter l'OTAN demain, se doter d'un régime communiste et pourquoi pas ? demander leur adhésion au COMECON ou au Pacte de Varsovie sans pour autant voir débarquer les Marines. A l'Est, rien de tel, bien sûr, n'est pensable — les responsables de Solidarité le savent qui, jusqu'au bout, se sont bien gardés de demander la transformation de la Pologne en une démocratie (« l'erreur » de Dubcek en Tchécoslovaquie en 1968), et encore moins sa sortie du Pacte de Varsovie.

De fait, si une observation s'impose au regard des crises récentes à l'intérieur de l'empire, c'est la maestria dont a fait preuve l'URSS pour résorber ces tensions « par la bande »[1], sans utilisation directe de la force armée (comme en 1968), en ayant recours dans chaque cas (Roumanie, Hongrie, Pologne) à des méthodes plus « propres » de récupération des aspirations nationales par des « agents » locaux : tolérance d'un modèle de développement économique particulier en Hongrie, d'une (très) relative « indépendance » roumaine en politique extérieure (en contrepartie d'une stricte discipline à l'intérieur), dosage savant de la carotte et du bâton en Pologne, avec en bout de course un général Jaruzelski qui apparaît presque comme un « nationaliste »[2].

Dans ces conditions, mettre sur le même plan les tensions, au demeurant réelles, à l'intérieur de l'empire, et celles qui secouent l'Alliance occidentale, est faire preuve d'une singulière naïveté (ou d'une mauvaise foi délibérée). Les *conséquences* dans chaque cas sur le « contrôle » respectif de chacun des deux grands sur ses alliés, ne sont tout simplement pas comparables : à l'Est, le système tient par la force et chacun le sait. A l'Ouest, par le seul consensus, ce qui, comme on le verra plus loin, est singulièrement plus complexe à maintenir au fil des ans et des générations.

C'est précisément sur ce point que la politique soviétique a sans doute produit les résultats les plus payants en ce milieu des années 80. Non seulement, en effet, l'effort soutenu entrepris par l'URSS dans le domaine militaire a porté ses fruits (l'URSS ayant

---

1. Voir Hélène CARRÈRE D'ENCAUSSE, *Le Grand Frère*, Flammarion, 1984.
2. Image qu'on a vu se confirmer au lendemain même de l'assassinat du père Popieluszko par des agents de la police politique polonaise : le régime est non seulement sorti indemne de cette affaire, mais même renforcé, la responsabilité de l'attentat ayant été attribuée, non pas à Jaruzelski (présenté comme un modéré), mais à une fraction « dure » téléguidée de Moscou !

rendu inopérante la garantie nucléaire américaine), mais cette évolution du rapport des forces à son profit lui a permis d'engranger une série de gains très importants, au premier rang desquels la cassure, à l'intérieur de l'Alliance, du consensus sur la défense et la dissuasion atomique[1]. A cela s'ajoutent les résultats positifs pour l'URSS de la politique de détente, qu'on a évoqués plus haut :

— reconnaissance, avec le processus d'Helsinki, du statu quo territorial hérité de « Yalta » ;

— glissement du processus CSCE vers un forum essentiellement tourné vers les questions de sécurité et de « désarmement », tandis que les trois corbeilles — Droits de l'homme, économie et sécurité — devaient à l'origine être équilibrées, seule cette dernière fait l'objet de négociations (à Stockholm), alors que les deux autres thèmes ont en fait été enterrés[2] ;

— expansion sans précédent des transferts de technologie et de capitaux de l'Ouest vers l'Est sans contrepartie aucune, ni dans la stratégie extérieure de l'URSS, ni dans l'évolution interne des régimes d'Europe de l'Est ;

— reconnaissance implicite (et parfois même explicite) par les Européens du concept soviétique de divisibilité de la détente : les Européens se préoccupant de *leur* paix dans leur région, en échange de quoi l'URSS garde les mains libres ailleurs (voir par exemple les réactions européennes à l'affaire afghane).

La question qui se pose à nous désormais n'est donc plus de savoir si les Soviétiques modifieront ou non leurs objectifs fondamentaux à l'égard de l'Europe d'ici à la fin du siècle : ces objectifs, comme il vient d'être démontré, resteront fondamentalement les mêmes (quel que soit d'ailleurs le « climat » des relations Est-Ouest dans telle ou telle phase de la confrontation qui continuera d'opposer l'empire aux démocraties). La vraie question est de savoir si leurs méthodes, et le timing de leurs actions (disons pour résumer leur « tactique », par opposition à leur stratégie), subiront ou non des transformations substantielles par rapport à celles que je viens de rappeler.

La principale inconnue tient évidemment ici aux contradictions internes du système soviétique, et notamment à l'évolution des contraintes, en particulier économiques, qui pèsent sur lui.

---

1. Voir sur ce point, les développements consacrés au phénomène pacifiste dans le chapitre suivant.
2. Après le double échec des conférences de la CSCE à Belgrade et à Madrid.

A en croire les soviétologues occidentaux, l'URSS traverse dès à présent ce que Richard Pipes et Seweryn Bialer (pour une fois d'accord entre eux) appellent une « crise systémique[1] ». En effet, elle touche, d'après eux, *l'ensemble* du système : des institutions au parti, en passant par les sociétés elles-mêmes (en URSS, et dans l'empire), sans parler bien entendu de l'économie.

N'étant pas moi-même soviétologue, j'avoue éprouver quelque difficulté à discerner si les contraintes qui pèsent désormais sur l'empire constituent véritablement un tournant historique, ou si elles ne sont pas, plus simplement, la continuation d'un état permanent de « crises ». Après tout, la chute imminente de l'URSS est annoncée depuis 1917..., et l'URSS est toujours là, même si le système ne sait toujours pas faire tourner une économie. La société soviétique sombre dans l'alcoolisme[2] ; pourtant les soldats de l'Armée Rouge, même ivres morts, continuent d'occuper l'Europe centrale et l'Afghanistan.

Mais soit. Admettons la réalité de ces contraintes. Comment vont-elles influer sur le comportement de l'URSS ? Doit-on s'attendre à une URSS « décadente et mortelle » donc plus dangereuse, comme le pense Dimitri Simes[3], ou bien peut-on espérer avec Pipes que l'URSS peut et va se « réformer » ?

Pour poser la question autrement : assistera-t-on à une tension de plus en plus forte entre les ambitions démesurées des futurs leaders du Kremlin et les difficultés croissantes du système[4] ? Et, dans ce cas, la frustration ainsi engendrée ne risque-t-elle pas de pousser les nouveaux chefs de l'empire à se départir de la prudence de la vieille garde et à se lancer dans quelque aventure militaire ? Peut-on au contraire espérer — avec certains observateurs européens[5] — que, précisément sous la pression des contraintes internes, le système finira par s'ouvrir un tant soit peu, et que par conséquent la modération succédera à la phase de tension que nous connaissons depuis la fin des années 70 ?

---

1. Seweryn BIALER, « *Andropov's Burden : Socialist Stagnation and Challenges to the West* », *Adelphi Paper*, 189, IISS, 1984 ; Richard PIPES, « *Can the Soviet Union Reform ?* », *Foreign Affairs*, automne 1984.

2. Un récent rapport de l'Académie des Sciences soviétique recense 40 millions d'alcooliques en URSS (le sixième de la population) et un million de morts chaque année. Actuellement, poursuit ce rapport, plus de 16 % des enfants qui naissent sont atteints d'une tare héréditaire due à l'alcoolisme et, selon une enquête citée par l'Académie, 99,4 % des hommes, 97,6 % des femmes boivent régulièrement. L'Académie prévoit qu'en l'an 2000, tout Soviétique boira 50 litres de vodka et qu'il y aura 80 millions d'alcooliques, soit deux tiers de la population active actuelle. Quant au taux de mortalité, il a augmenté de 47 % de 1960 à 1980, passant de 7,1 à 10,4 ‰, *Le Point*, 31 décembre 1984.

3. « *The New Soviet Challenge* », *Foreign Policy*, été 1984.

4. Voir Seweryn BIALER, « *Andropov's Burden : Socialist Stagnation and Communist Encirclement* », *op. cit.*

5. Certains responsables allemands laissent entendre en privé que le coût économique de l'empire finira par être tel pour l'URSS (dans vingt ou trente ans) que celle-ci finira par y renoncer — en autorisant les « satellites » d'abord à s'ouvrir puis à se réunifier aux Européens de l'Ouest. Une telle analyse me paraît cependant relever davantage du *Wishful Thinking* que de la réalité des faits.

Cette question, extraordinairement difficile compte tenu de la « boîte noire » qu'est l'URSS pour l'observateur occidental, se décompose elle-même en toute une série d'autres interrogations. A commencer bien sûr par celles-ci : qui dirigera le Kremlin d'ici à la fin de ce siècle ? Quelle évaluation sera faite par ces nouveaux responsables du bilan de la politique brejnevienne et post-brejnevienne ? Enfin, quelles contraintes internes et externes pèseront sur eux ? Bref, compte tenu du peu que nous savons de l'économie soviétique, des blocages du système, des problèmes de succession au Kremlin et des courbes démographiques prévisibles dans ce pays, l'URSS aura-t-elle ou non les moyens de sa politique ? Ou tout au moins les moyens de la mener aussi activement que dans les années 70 ?

S'agissant de la première interrogation — qui dirigera le Kremlin ? — une partie de l'incertitude vient d'être levée avec le remplacement de Constantin Tchernenko par Mikhaïl Gorbatchev à la tête du Kremlin. Après l'ère brejnevienne et deux règnes « intérimaires » successifs en moins de trois ans, le pouvoir en URSS est donc passé en mars 1985 à une génération nouvelle d' « homo sovieticus » qui n'auront ni connu la grande Révolution, ni même la Deuxième Guerre mondiale [1].

En supposant, pour les raisons avancées plus haut, que les objectifs de l'URSS en Europe resteront constants, doit-on s'attendre à ce que les futurs responsables de l'URSS utilisent les mêmes recettes que leurs prédécesseurs ou fassent preuve au contraire de davantage de flexibilité et d'imagination ?

Il est bien sûr impossible de répondre de façon tranchée à cette question. Intuitivement, je pense pour ma part que ces hommes nouveaux, s'ils seront certainement plus jeunes, ne seront pas nécessairement plus « nouveaux », dans la mesure où ils resteront issus du même moule, de la même machinerie bureaucratico-idéologique. De même ne doit-on pas sous-estimer l'extraordinaire puissance d'inertie du système (notamment du parti), s'agissant de freiner, voire de bloquer toute tentative d'innovation [2]. De toute évidence, la crise de succession que vit le Kremlin depuis Brejnev est loin d'être achevée. Plusieurs années d'incertitude sont donc à prévoir, qui grèveront davantage encore toute

---

1. Voir sur ce point Michel TATU, communication présentée lors d'un séminaire organisé par l'IFRI, la Rand Corporation et la Stiftung Wissenschaft und Politik à Munich (octobre 1984), à paraître dans la collection des « Travaux et Recherches de l'IFRI », 1985.
2. Le règne de Youri Andropov est à cet égard significatif de l'incapacité d'un nouveau chef, même puissant, à imposer le changement, s'il n'a pas pour lui la durée (au moins cinq ans avant de s'imposer) et de puissants alliés.

évolution en profondeur du régime, et bien entendu de sa politique extérieure.

Deuxième série de contraintes : celles tenant à la démographie (mais dont l'impact ne se fera sentir qu'à plus long terme[1]), et surtout celles liées à l'économie. Ce dernier domaine révèle en effet un état véritablement catastrophique : faillite de l'agriculture (reconnue publiquement désormais par les plus hauts responsables de l'État), chute continue de la productivité dans l'industrie, diminution rapide des ressources en matières premières aisément accessibles, dégradation également continue du niveau de vie[2].

Pour ne citer que quelques points de repère, le taux de croissance de l'URSS en 1976-1980 était de 2,3 % l'an, contre 5 % pour le Japon, 3,7 % pour les États-Unis et 3,1 % pour la CEE. Les pays de l'Est, eux, ne progressaient que de 1,9 %. Après 1980, la situation s'est fortement détériorée (croissance négative pour les pays de l'Est en 1981-1982), contrastant davantage avec une forte reprise de la croissance aux Etats-Unis et dans une moindre mesure en Europe de l'Ouest (voir tableaux pp. 111-113).

Les problèmes auxquels est confronté le système soviétique dans le domaine économique sont bien connus depuis les années 20, avec l'expérience de la NEP (expérience répétée plus timidement quarante ans plus tard, avec les projets Lieberman). Ceux-ci se résument en effet à la contradiction suivante : le seul type de réforme économique capable de moderniser l'économie soviétique est, par nature, totalement incompatible avec le système, ce dernier se définissant par la domination absolu du parti communiste. Ce problème, réellement « systémique », s'est aggravé ces dernières années du fait du pourrissement du parti lui-même, devenu le refuge d'une classe de conservateurs privilégiés et très largement corrompus qui a oublié depuis longtemps ses origines « révolutionnaires ».

Il est donc très peu probable qu'un groupe de nouveaux dirigeants issus de ce même parti puissent aller au-delà de l'actuelle gestion de la crise, en y ajoutant peut-être quelques gestes de nature plus « cosmétique » que réelle. La seule excep-

---

1. Voir Hélène CARRÈRE D'ENCAUSSE, *L'Empire éclaté*, Flammarion, 1978 et Ann HELGESON, « *Demographic Policy* », in Archie BROWN et Michael KASER, *Soviet Policy for the 1980's*, McMillan, 1982.
2. Le lien économique exact entre l'URSS et ses satellites (qui subventionne qui, et combien coûte l'Europe de l'Est à l'URSS) fait l'objet d'un débat fort complexe auprès des économistes spécialisés. Voir sur ce point Paul MARER, « *Intrabloc Economic Relations and Prospects* », in HOLLOWAY et SHARP, *The Warsaw Pact : Alliance in Transition*, McMillan, 1984.

## SITUATION DE L'ÉCONOMIE SOVIÉTIQUE    1966-1985

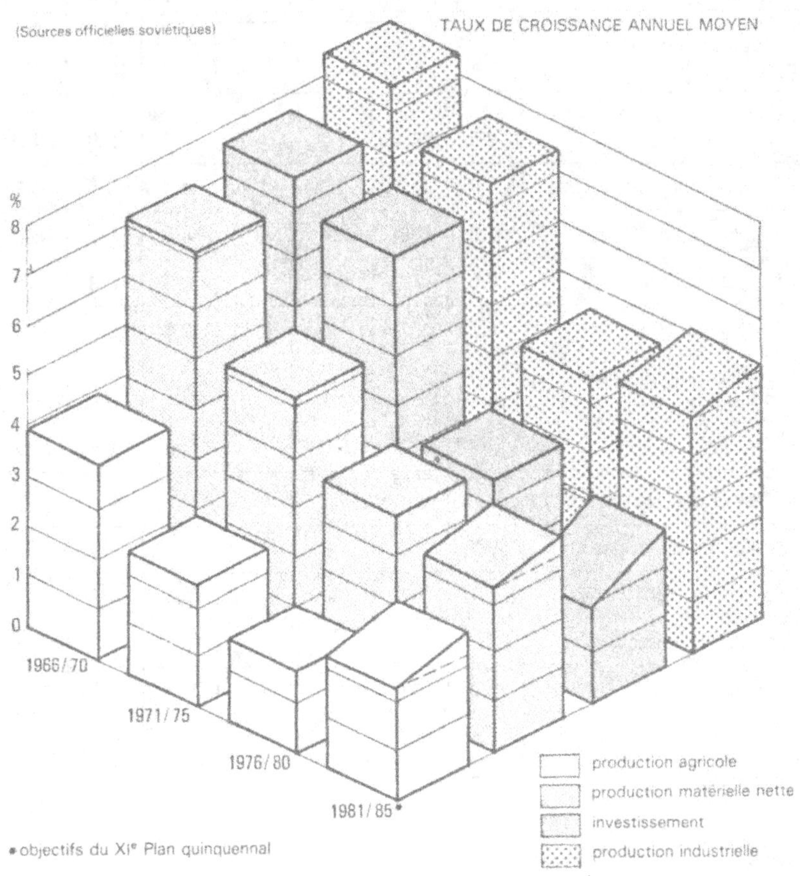

### Croissance de l'économie soviétique depuis 1965

| A. DONNEES OFFICIELLES SOVIETIQUES | 1966-70 | 1971-75 | 1976-80 | 1981-85 | 1981 | 1982 | 1983 (esti-mations) |
|---|---|---|---|---|---|---|---|
| Production matérielle nette produite | 7.7 | 5.7 | 4.2 | .. | 3.1 | 3.9 | |
| Production matérielle nette utilisée | 7.1 | 5.1 | 3.9 | 3.4 | 3.2 | 3.5 | 3.1 |
| Production industrielle brute | 8.5 | 7.4 | 4.4 | 4.7 | 4.0 | 2.8 | 4.0 |
| Production agricole brute | 3.9 | 2.4 | 1.7 | 2.5 | -1.1 | 5.6 | 5.0 |
| Investissement | 7.6 | 7.0 | 3.4 | 2.0 | 4.2 | 3.3 | 5.0 |
| Stock de capital | 7.5 | 7.9 | 6.8 | 5.4 | 6.3 | 6.3 | |
| Puissance électrique | 7.9 | 7.0 | 4.5 | 3.7 | 2.3 | 2.7 | 3.6 |
| 3 principales énergies* Production | 5.2 | 5.4 | 4.2 | 3.1 | 2.1 | 3.0 | 2.3 |
| Consommation totale d'énergie | | 4.7 | 2.3 | | 0.8 | 2.3 | (2.3) |
| **B. ESTIMATIONS DE LA CIA** | | | | | | | |
| Produit national brut | 5.3 | 3.8 | 2.7 | .. | 1.8 | 2.0 | |
| Production industrielle | 6.3 | 5.9 | 3.4 | .. | 2.0 | 2.5 | |
| Production agricole | 3.6 | 2.2 | 1.4 | .. | 0.1 | 0.3 | |
| Investissement | 6.0 | 5.4 | 4.2 | .. | 3.4 | 3.7 | |
| Stock de capital | 7.4 | 8.0 | 6.9 | .. | 6.7 | 6.1 | |
| Travail (heures/homme) | 2.0 | 1.7 | 1.3 | 0.5 | 1.0 | 0.8 | (0.6) |
| **C. PRODUCTIVITÉ DES FACTEURS DANS LE PNB** pondération : Travail : 0, 62 Capital : 0,33 Terre : 0,05 | 1.6 | 0.1 | -0.4 | | -1.0 | -0.5 | |

* Production de : pétrole + charbon + gaz naturel en TEC (Tonnes Equivalent Charbon) — 1 t pétrole = 1,43 TEC ; 10 m³ gaz = 1,19 TEC ; 1 t charbon = 0,673 TEC jusqu'en 1980, 0,668 depuis.

**Production et importations nettes
de céréales de l'Union soviétique (1971-1982)**
*(en millions de tonnes métriques)*

| Année | Production annuelle | Importations nettes |
|---|---|---|
| 1971-72 | 181.2 | 1.4 |
| 1972-73 | 168.2 | 21.0 |
| 1973-74 | 222.5 | 5.2 |
| 1974-75 | 195.7 | 0.4 |
| 1975-76 | 140.1 | 25.4 |
| 1976-77 | 223.8 | 7.7 |
| 1977-78 | 195.7 | 16.8 |
| 1978-79 | 237.4 | 12.8 |
| 1979-80 | 179.2 | 29.7 |
| 1980-81 | 189.2 | 34.3 |
| 1981-82 | 160.0 | 46.0 |

tion à ce tableau consiste à imaginer l'éviction du parti lui-même et son remplacement aux commandes de l'État par un autre corps (l'armée [1], le KGB ?) qui se révélerait à la fois plus efficace, moins corrompu (?) et plus brutal. La « rédemption » viendra donc peut-être d'un pronunciamiento à la Jaruzelski, ou d'un retour à un stalinisme « pur » (et surtout dur), mais certainement pas, à mon sens, d'une révolution réformiste à « l'occidentale » vers la « légalité, la décentralisation économique et la libre entreprise » dont rêve Richard Pipes [2].

Mais le problème ne s'arrête pas là. Non seulement l'Union soviétique devra moderniser son économie sans faire éclater la structure même du système, mais elle devra aussi faire face au défi historique le plus grave qu'elle ait rencontré depuis 1917 : l'intégration de la révolution technologique. Révolution vitale pour la préservation de l'empire — ne serait-ce que pour assurer sa puissance militaire —, mais qui pourrait en même temps entraîner sa désintégration.

Or, le cœur de la mutation technologique se trouve d'ores et déjà dans le domaine de l'électronique, c'est-à-dire dans celui de la communication et de l'information. En ce sens, la révolution électronique, qu'implique la dissémination de l'information en URSS même, comporte un danger bien plus mortel pour le système soviétique que les programmes *Star Wars* ou ET [3] récemment lancés par l'Administration Reagan. Comment en effet l'URSS pourrait-elle se doter d'un appareil techno-industriel capable de rivaliser avec celui des Américains et des Japonais (et, espérons-le, des Européens), si dans le même temps, le système doit continuer à contrôler chaque bribe d'information pour survivre ? Comment un pays où les vidéocassettes sont traquées comme le mal suprême, où chaque machine à écrire est répertoriée par le KGB [4], peut-il générer une infrastructure de connaissances techniques et industrielles capables de produire les équipements et les armements dont le pays aura besoin ? Suffira-t-il au Kremlin de compter sur la partie purement militaire — et réputée plus efficace de son industrie — pour résorber ce handicap ? Pourra-t-il raisonnablement espérer que l'espionnage industriel,

---

1. Voir sur ce point les analyses de Cornelius CASTORIADIS sur la « stratocratie » et le rôle croissant de l'armée dans le système soviétique dans *Devant la guerre*, Fayard, 1981.
2. *Op. cit.* Rêve d'autant plus curieux que Pipes, qui fut le conseiller de Ronald Reagan pour les questions soviétiques en 1981-1982, n'est guère connu pour son optimisme à l'égard de l'URSS.
3. *Emerging Technologies*, nouvelles technologies en matière d'armes conventionnelles.
4. Pratique imposée annuellement aux chefs de service dans les entreprises, d'après les informations que j'ai pu recueillir auprès de dissidents passés à l'Ouest.

même pratiqué à une très grande échelle, s'avérera capable de combler le fossé croissant entre les deux systèmes ? Et que se passera-t-il quand, d'ici quelques années, les satellites de télévision directe, très difficiles à brouiller, inonderont le pays des Soviets d'images du monde extérieur ? Là est, à mon avis, l'inconnue la plus grave pour l'URSS, car ces questions engagent non seulement le maintien de sa puissance militaire mais la survie même de son système.

Les soviétologues — et parmi eux les Russes passés à l'Ouest — qui réfléchissent à ces questions, sont divisés. Certains évoquent un réflexe de fermeture totale (comme l'a semblé laisser présager le néo-stalinisme pratiqué par le couple Tchernenko-Gromyko) ; d'autres annoncent la « chute finale », tandis que d'autres encore, reprenant le précédent de la Russie des tsars, prévoient que, malgré tout, l'URSS importera d'Occident la troisième révolution industrielle, non seulement sans y perdre son « âme », c'est-à-dire son système, mais en se renforçant[1].

La même incertitude est de règle en matière militaire. Face à la course qui s'engage aujourd'hui dans des domaines nouveaux (comme l'espace, ou les armes conventionnelles « intelligentes »), l'URSS est-elle condamnée, comme certains paraissent le croire en Occident, à l'échec et donc à l'infériorité militaire ? Ou bien faut-il être plus prudent, tant en ce qui concerne la faisabilité et les changements réels qu'apporteront ces armes (voir troisième partie), que sur la capacité de rattrapage dont a fait preuve jusqu'ici l'URSS ? Comme le montre le tableau p. 116, le fait est que, depuis 1945, l'URSS a toujours réussi — jusqu'à présent tout au moins —, à rattraper les États-Unis dans la course à l'innovation technologique. Peut-on être certain qu'il n'en sera pas de même à l'avenir, même s'il est vrai que l'empressement manifesté en ce moment par Moscou pour que des négociations s'engagent sur la démilitarisation de l'espace, témoigne aussi d'une inquiétude réelle devant le risque de perdre cette course-là ?

Devant tant d'incertitudes, quelles conséquences devons-nous tirer pour l'avenir de la stratégie soviétique à l'égard de l'Europe ?

La première conclusion est que l'URSS n'est ni invulnérable ni sans faiblesses. Tout indique en effet que les contraintes internes nées du *système soviétique lui-même* et des défis, notamment

---

1. L'informatique pouvant servir à la fois de formidable véhicule d'information, donc de liberté, mais aussi de moyen de contrôle policier absolu. Instrument de liberté ou *Big Brother*, la question est en tout cas posée.

**Evolution comparée
de l'innovation technologique en matière
d'armes stratégiques offensives**

| Nature de l'innovation | Etats-Unis | URSS |
|---|---|---|
| Explosif atomique | 1945 | 1949 |
| Bombardier intercontinental | 1948 | 1955 |
| Explosif thermonucléaire | 1951 | 1953 |
| Ogive thermonucléaire | 1954 | 1955 |
| Sous-marin à propulsion nucléaire | 1954 | 1958 |
| Premier essai de missile intercontinental sol-sol (ICBM) | 1958 | 1957 |
| ICBM opérationnel | 1960 | 1959 |
| Premier missile intercontinental mer-sol (SLBM) opérationnel | 1960 | 1957 |
| ICBM à combustible solide (opérationnel) | 1962 | 1968 |
| 1er essai d'ogives multiples non guidées (MIRV) | 1962 | 1968 |
| 1er essai d'ogives multiples guidées indépendamment (MIRV) | 1968 | 1973 |
| ICBM opérationnel équipé de MIRV | 1970 | 1974-75 |
| 1er essai de missile de croisière stratégique (sol-sol et air-sol) | 1976 | 1979 ( ?) |
| ICBM de très haute précision (ECP* de moins de 0,15 mile nautique) | 1980 | 1984-85 |
| Armes anti-satellites | 1984-85 | 1984-85 |

* Erreur circulaire probable

technologiques et économiques, auquel il est et sera confronté, pèseront de plus en plus lourd, dans un sens fortement *négatif*, sur la « corrélation globale des forces » avec l'Ouest, à l'horizon des années 90. A l'Occident, par conséquent, d'exploiter ces contraintes en évitant, soit de subventionner le régime totalitaire — et la répression en Europe de l'Est — par une politique inconsidérée d'ouverture du commerce Est-Ouest, soit d'aider la machine de guerre soviétique par des transferts de technologie parfaitement irresponsables. A nous aussi de rendre plus coûteuses et à terme intolérables, les aventures militaires de l'Union soviétique dans le tiers monde. Je pense notamment à l'Afghanistan, où il a fallu cinq ans avant que la résistance afghane commence à recevoir un début de soutien militaire, sous la forme de livraisons d'armes (encore très insuffisantes au demeurant !). Contrairement à ce que l'on entend dire couramment en Occident (y compris de la part du gouvernement français), une politique restrictive en matière commerciale, voire l'aide que nous pourrions accorder aux mouvements de résistance qui luttent contre le totalitarisme soviétique, ne constituent ni une déclaration de « guerre économique » (*sic !*), ni une déclaration de guerre tout court. Mais simplement des actes évidents de légitime défense face à l'entreprise de déstabilisation qui est menée par l'URSS contre les démocraties.

Soixante-cinq ans après Lloyd George, comment nos pays peuvent-ils encore affecter de croire que nous viendrons à bout du totalitarisme par la « générosité » ? En continuant à livrer technologies et capitaux et à injecter des devises fortes dans l'économie soviétique[1], ne sommes-nous pas en train de confirmer la prédiction de Lénine, selon qui les pays capitalistes finiront par « vendre à l'URSS la corde qui servira à les pendre » ? Nous faisons mieux aujourd'hui : nous la leur prêtons !

Enfin, vingt-cinq ans après la décolonisation, alors que les mythes tiers mondistes sont finalement dénoncés (Viêt-nam, Cuba, Afghanistan, Éthiopie, etc. obligent), allons-nous continuer de croire que l'Histoire a un sens et que ce sens est celui du « socialisme » dans sa version soviétique ? Seules la passivité et les erreurs de l'Occident dans le tiers monde, sa lâcheté aussi devant certains régimes ouvertement terroristes et alliés de Moscou, permettent aujourd'hui à l'URSS d'y maintenir une influence au demeurant presque exclusivement militaire. Aux

---

1. Les exportations de gaz soviétique en Europe de l'Ouest rapporteront annuellement 8 milliards de dollars à l'URSS.

démocraties d'aider ceux qui résistent : pour la première fois, des mouvements de libération, de l'Afghanistan à l'Afrique, en passant par l'Amérique centrale, combattent l'URSS — et le « socialisme », et non plus l'Occident et ses valeurs. Allons-nous rester indifférents ?

La seconde conclusion est que, si les démocraties parviennent à maintenir leur cohésion en s'abstenant de faciliter la tâche du système soviétique, celui-ci se verra contraint de modérer ses ambitions. En laissant de côté l'hypothèse extrême d'un dirigeant soviétique « fou » ou désespéré, décidé à plonger dans la guerre totale pour sauver son système, et en l'absence — seconde hypothèse extrême — d'un effondrement brutal de l'OTAN, qui pourrait amener le Kremlin à penser que l'Europe est « à prendre » sans risque sérieux grâce à une campagne militaire-éclair, la seule conclusion qui semble s'imposer, en effet, à l'issue de cette analyse, est que l'URSS *devra* calmer ses appétits et se cantonner dans une attitude (transitoire, certes) de retraite tactique. Après une décennie d'expansion à l'extérieur, mais de déclin à l'intérieur au cours des années 70, les années 1980-1990 pourraient voir par conséquent une phase nouvelle de modération forcée : l'ours soviétique entrerait en hibernation (ou pour reprendre une autre image, le boa prendrait le temps de « digérer » ses proies), en attendant des jours meilleurs. Une telle évolution entraînerait alors d'importantes conséquences à l'extérieur.

En premier lieu, les contraintes économiques internes pourraient conduire les Soviétiques à limiter le rythme d'augmentation des crédits de défense (à en croire certaines estimations américaines récentes, ce rythme se serait déjà ralenti ces dernières années [1]).

En second lieu, on pourrait également s'attendre à ce que ces contraintes conduisent les Soviétiques à rechercher des solutions négociées avec l'Occident, aussi bien dans le domaine des armements (espace surtout) que dans celui du commerce Est-Ouest et des transferts de technologie. Les deux étant évidemment liés [2].

---

1. Une étude récente du Comité économique de l'OTAN, qui recoupe également les estimations de la CIA (voir le *New York Times* du 30 janvier 1984), indique en effet que le rythme de croissance annuelle des dépenses militaires soviétiques (après inflation) est passé de 4 à 5 % dans les années 60 et au début des années 70, à 2,5 % depuis 1976. Ce ralentissement, indiquent ces rapports, n'est pas dû à une décision politique mais au poids des contraintes économiques sur l'appareil militaire industriel. Au total, cependant, les Soviétiques ont produit, depuis les années 70, quelque 2 500 missiles balistiques, 6 000 avions de combat et 15 000 chars...

2. On notera qu'au moment précis où MM. Shultz et Gromyko convenaient à Genève, en janvier 1985, de reprendre les négociations d'*Arms Control*, leurs collègues du Commerce extérieur, MM. Olmer et Patolichef, décidaient à Moscou de convoquer la commission mixte américano-soviétique, qui ne s'était plus réunie depuis 1978. Coïncidence qui n'en est pas une, le commerce soviéto-américain (essentiellement limité au secteur agro-alimentaire) atteignait 2 milliards de dollars pendant les neuf premiers mois de 1984, soit une augmentation de *70 %* par rapport à l'année précédente.

Mais prenons garde cependant à ne pas pousser trop loin ce type de raisonnement, comme on a tendance à le faire aux États-Unis en particulier. Si une politique occidentale plus ferme, tant en matière militaire qu'en matière de relations politiques et économiques, peut et doit être menée, et si cette politique, comme c'est déjà le cas (à l'issue du premier mandat de l'Administration Reagan), peut compliquer davantage les options soviétiques, il serait dangereux d'aller trop vite en besogne et de croire naïvement que le problème soviétique s'en trouvera définitivement « réglé ». Soit, comme le pense Pipes, que les Soviétiques décideraient de se « réformer » (à la Deng Ziao Ping en Chine !), soit que l'URSS, corrompue et incompétente, finisse par s'asseoir à la table de négociations. Là, sous la contrainte que constituent le réarmement américain et la supériorité technologique de l'Occident, elle n'aurait d'autre choix que d'accepter les termes que lui dicteront les vaillants chevaliers du libéralisme.

Ce double scénario, réforme interne de l'URSS ou « détente forcée » (c'est-à-dire la capitulation négociée de l'URSS), est bien davantage révélateur des fantasmes américains (sur l'URSS, la détente et la nostalgie de la supériorité des États-Unis notamment) qu'il ne reflète la réalité. Outre son caractère « mécaniste » et sa méconnaissance des éléments subjectifs essentiels que sont la fierté et le nationalisme en URSS, ce type d'analyse sous-estime gravement aussi la capacité de résistance du système, et surtout l'ampleur des sacrifices que peut subir le peuple soviétique.

Mais, plus fondamentalement encore, il laisse de côté le contexte global du rapport des forces — ou des faiblesses — entre l'Est et l'Ouest. S'il est vrai en effet que l'URSS et son empire seront confrontés à d'immenses difficultés dans les années 1980-1990, la réciproque est également valable pour les Occidentaux et en particulier pour les Européens.

Et ce sont ces faiblesses occidentales qui, en dernière analyse, risquent (par une sorte de clin d'œil à la fois ironique et tragique de l'Histoire), non seulement de permettre à l'URSS de surmonter ses propres contradictions internes, mais aussi peut-être, de lui donner les moyens de marquer des points décisifs dans la lutte politique et stratégique pour la conquête de l'Europe.

C'est donc sur la partie occidentale qu'il convient maintenant de nous pencher. En commençant par l'étude du phénomène pacifiste qui a secoué les démocraties ces dernières années. Nous serons alors en mesure de juger de l'évolution interne de l'Alliance et de ses tendances lourdes pour l'avenir, s'agissant notamment des États-Unis et de l'Allemagne fédérale.

## II

# Le pacifisme occidental : la cassure des volontés

> « *La peur de la mort est le plus sûr chemin vers la mort physique et spirituelle. La peur attire les conquérants, comme elle attire les assassins.* »
>
> Jean-Marie Domenach [1]

De tous les événements qui ont profondément transformé le système stratégique international au cours de ces dernières années, l'émergence d'un puissant courant de contestation pacifiste et antinucléaire dans les opinions publiques occidentales est peut-être celui qui, potentiellement, aura l'impact historique le plus important sur l'avenir de la sécurité en Europe.

Apparue à la fin des années 70 avec la controverse sur le déploiement en Europe de la bombe à neutrons, la vague de contestation pacifiste, après avoir longuement dominé l'ensemble des débats sur la sécurité au sein des démocraties occidentales, a entraîné du même coup un profond bouleversement dans le jeu complexe des rapports de forces entre l'Est et l'Ouest. Ce bouleversement, on va le voir, est loin d'avoir pris fin, malgré le début du déploiement des Pershing fin 1983.

A l'exception du cas français — déjà mentionné dans la partie

---

1. « *Réflexion sur l'esprit de défense* », *Revue de Défense nationale*, avril 1983.

introductive de ce volume[1] —, la vague de contestation pacifiste a atteint ces dernières années tous les pays occidentaux, qu'ils soient ou non membres de l'OTAN, nucléaires ou non, gouvernés à droite ou à gauche.

Partout la contestation pacifiste a affecté les différentes politiques de sécurité, dans une période pourtant cruciale pour le rééquilibrage des forces entre l'Est et l'Ouest. Dans certains cas (en Grèce ou en Suède par exemple), des gouvernements ont choisi de se positionner à l'avant-garde de leurs opinions publiques dans « le combat pour la paix et le désarmement ». Le plus souvent, cependant, la contestation pacifiste a divisé les élites politiques et rejeté les responsables gouvernementaux sur la défensive. Du Canada, où l'opinion publique refusa les essais en vol du missile de croisière américain au-dessus de l'Alberta, aux États-Unis où le programme militaire de l'Administration Reagan reste menacé par un puissant mouvement *Freeze* (lequel a contraint la Maison-Blanche à multiplier les offres de négociations en direction de Moscou en 1983-1984), sans même parler, bien sûr, de l'Allemagne fédérale, profondément déchirée par l'affaire des euromissiles, les gouvernements en sont réduits à un combat quotidien pour reconstruire tant bien que mal le consensus intérieur sur leurs politiques de défense.

L'Alliance Atlantique quant à elle, d'abord « sous le choc », puis rapidement paralysée par un phénomène aussi soudain qu'imposant par son impact dans l'opinion, a vu (en 1981-1983) son existence même mise en jeu par la controverse autour de l'affaire des euromissiles.

Très vite en effet, l'application de la décision du 12 décembre 1979 sur les Pershing a revêtu de tout autres proportions que la « simple » question du rééquilibrage des arsenaux nucléaires en Europe. Au-delà de l'aspect militaire, dont nous avons déjà pu juger à quel point il est fondamental pour le système de sécurité européen, un enjeu politique plus crucial encore est venu s'y ajouter : les démocraties occidentales allaient-elles ou non céder au chantage à la guerre martelé quotidiennement par Moscou[2], et

---

1. J'aurai l'occasion de revenir sur le problème du consensus en France dans le chapitre final consacré à notre politique de défense, voir p. 279 sqq.

2. Citons un exemple de ce chantage, parmi des centaines d'autres pendant cette période. Celui-ci est issu d'un éditorial de l'Agence Tass du 27 décembre 1982 (repris par *Le Monde* du 28 décembre 1982), dans lequel on pouvait lire l'avertissement suivant : « L'Europe de l'Ouest doit faire actuellement *un* choix extrêmement important qu'elle n'a, probablement, jamais fait dans son histoire. Ou bien elle permettra à Washington de se laisser entraîner dans la voie fatidique de la confrontation avec le monde du socialisme, dans la voie de la course effrénée aux armements et de l'exacerbation des conflits capables de provoquer une conflagration nucléaire mondiale, ou bien, prenant conscience de son rôle historique et de sa responsabilité, elle s'engagera sur l'unique voie raisonnable : la voie du renforcement de la détente et de la coopération pacifique réciproquement avantageuse. »

revenir sur une décision militaire prise à l'unanimité dans le cadre de l'Alliance ? Allaient-elles au contraire parvenir à surmonter la frayeur de leurs opinions, et démontrer au Kremlin que l'heure de la capitulation sans guerre n'était pas (encore ?) venue.

Dans le premier cas, la preuve aurait été apportée que l'URSS disposait désormais d'une influence supérieure à celle des États-Unis sur les opinions publiques de l'Europe de l'*Ouest*. Que l'URSS, donc, jouissait à partir de ce moment d'un *droit de regard* sur les politiques de défense de ses voisins européens, ce qui, à son tour, aurait constitué un tournant décisif dans la mutation que cherche à imposer l'URSS au système politico-stratégique européen établi au lendemain de la Seconde Guerre mondiale. Une telle issue n'aurait bien sûr pas manqué de provoquer un grave choc en retour du côté américain en donnant raison à ceux qui prônent l'unilatéralisme anti-européen. C'est là en définitive qu'aurait été décidé le sort de l'Alliance Atlantique.

On le voit, la non-application de la décision de 1979, sans concession équivalente du côté soviétique, aurait signifié une victoire politique et stratégique de première importance pour l'URSS, victoire dont les conséquences pour l'avenir de l'Europe et de l'Alliance auraient été incalculables. On comprend dès lors l'acharnement qu'a mis l'URSS tout au long de cette affaire (entre 1977 et 1983) et la mauvaise humeur menaçante dont elle a fait preuve au lendemain du déploiement des fusées américaines, fin 1983.

En définitive, l'Alliance, malgré l'inquiétude des officiels occidentaux en 1983 surtout — « l'année fatidique[1] » du déploiement — a finalement triomphé de ses propres frayeurs. Malgré les centaines de milliers de manifestants dans les rues, les menaces de Moscou et le désarroi des gouvernements, les démocraties ont évité, fin 1983, l'effondrement irrémédiable vers la vassalisation.

On aurait bien tort pourtant de confondre ce succès avec la fin de la lutte historique qu'impose l'URSS aux démocraties. Certes, Moscou a perdu une bataille — pour une bonne part de sa propre faute[2] ; mais la guerre, elle, est loin d'être achevée.

C'est qu'en effet, le déploiement des Pershing, on l'a vu, n'a

---

1. L'expression est de F. Mitterrand, discours au Bundestag, janvier 1983.
2. L'URSS aurait sans doute pu remporter la bataille des euromissiles en faisant au bon moment les concessions nécessaires : c'était d'ailleurs ce que craignaient les responsables occidentaux tout au long de l'année 1983. L'une des options possibles aurait consisté, pour l'URSS, à diviser par trois (chaque SS-20 portant 3 ogives) le nombre des vecteurs proposé dans le plan Andropov de décembre 1982. L'URSS aurait ainsi pu proposer de réduire jusqu'à 50 le nombre de ses SS-20 contre zéro missile américain, en échange du nombre total des systèmes français et britannique. Bien des gouvernements européens auraient eu alors le plus grand mal à rejeter une telle offre... En l'espèce, les démocraties ont été sauvées par les querelles internes au Kremlin (rigidité de Gromyko, maladie d'Andropov) et par l'inflexibilité du système.

nullement résolu le dilemme stratégique posé à l'Alliance ; pas plus qu'il n'a permis de reconstruire, au sein des sociétés occidentales, le consensus sur la défense — et sur la dissuasion —, profondément ébranlé ces dernières années.

Parce qu'à mon sens la vague pacifiste des euromissiles a laissé de très sérieuses séquelles et parce que l'affaire des Pershing n'est nullement terminée (les Soviétiques, en tout cas, ne la considèrent sûrement pas comme telle), il me paraît important de nous interroger ici sur les causes profondes de ce phénomène. Car, on va le voir, il ne s'agit nullement là d'un simple accès de fièvre éphémère, mais bien d'un phénomène *structurel* tout à fait fondamental pour l'avenir de la sécurité de l'Europe.

Il l'est tout d'abord de par ses racines profondes dans la nature même des sociétés occidentales, s'agissant de l'adhésion du corps social au concept de dissuasion. Mais — et c'est peut-être là le plus important pour l'avenir —, le mouvement de contestation actuel exprime aussi la transformation en profondeur qu'est en train de subir le système stratégique international dans son ensemble.

Nous avons noté tout à l'heure son caractère quasi universel (à l'Ouest bien sûr), en ce sens qu'il a affecté — et qu'il continue d'affecter — la quasi-totalité des démocraties occidentales. Ceux qui avec Richard Perle, secrétaire adjoint du Pentagone, avaient pu en 1980 cantonner géographiquement le phénomène pacifiste aux seuls pays d'Europe du Nord (au point d'en isoler la racine dans « l'Angst » calviniste, par opposition à une Europe du Sud catholique et davantage « cynique »), ont très vite dû déchanter. Dix-huit mois plus tard, en effet, on constatait que l'Europe méridionale à son tour était gagnée par la vague de contestation, comme en témoignèrent alors les manifestations de masse organisées à Rome, Madrid ou Paris à l'automne 1981. Autre constatation : les mêmes États-Unis qui avaient porté Ronald Reagan et son programme de réarmement à la Maison-Blanche en 1980, étaient eux aussi submergés moins de deux ans plus tard, par une vague de contestation antinucléaire que nombre d'observateurs avertis comparèrent alors en importance à celle des années 60 contre la guerre du Viêt-nam. Le paradoxe d'une Amérique passée aussi rapidement du reaganisme au *Freeze* mérite d'être noté, même si les mouvements de contestation des deux côtés de l'Atlantique sont profondément différents. En tout état de cause, l'ampleur du mouvement *Freeze* a contraint une Administration qui au départ, vilipendait le pacifisme européen comme une forme avancée de « finlandisation », à multiplier depuis 1982-1983 les discours présidentiels sur le thème de l'*Arms Control,* ce dernier étant hissé au rang « d'élément le plus important de la politique étrangère des États-Unis ». Quant au responsable du Pentagone cité plus haut, celui-ci a dû sans doute réviser son jugement sur l' « Angst » protestante en lisant la célèbre lettre pastorale des évêques catholiques américains sur la guerre nucléaire [1].

Ces débordements géographiques ne signifient pas pour autant une uniformisation de la contestation. Bien au contraire : au fil des années en effet, les « mouvements de paix [2] » se sont trouvés de plus en plus nettement colorés par les différentes spécificités nationales [3] et ce, malgré les tentatives de certaines organisations pour « multinationaliser » et coordonner leurs actions ou leurs mots d'ordre avec ceux qui ont cours en RFA, en Hollande ou en Grande-Bretagne. Ainsi les États d'Europe du Sud connaissent-ils une contestation souvent dominée par des problèmes purement nationaux (le statut des bases américaines et les relations avec l'OTAN en Espagne et en Grèce ; l'évolution du débat politique et des PC en France et en Italie). Ainsi également le *Freeze* américain exprime-t-il des craintes et des réalités nationales, rarement comparables à ce qui peut être observé de l'autre côté de l'Atlantique. Certes, la peur de la guerre atomique, le rejet de la course aux armements se manifestent aussi aux États-Unis : mais ce que le *Freeze* exprime surtout, c'est une réaction contre le réarmement accéléré et la rhétorique de l'Administration Reagan (surtout dans la période 1980-1982) ainsi qu'une certaine forme d'*isolationnisme nucléaire :* les militants du *Freeze* ne s'intéressent pas à l'Europe. Bien au contraire : leur logique vise à désengager l'Amérique de situations où elle pourrait se trouver entraînée dans un conflit nucléaire. Et en ce sens, ces craintes rejoignent les préoccupations des milieux conservateurs américains, comme on l'a vu, eux aussi déterminés à remplacer la protection nucléaire américaine accordée à l'Europe, par une posture moins risquée, à

---

1. Voir le Rapport *Ramses , op. cit.* p. 60.
2. L'expression couramment employée dans la presse, comme dans la littérature stratégique est celle de « mouvement de paix », traduction du *Peace Movement* anglo-saxon ou du *Friedensbewegung* allemand, à ne pas confondre avec notre « Mouvement de la paix », organisme dont on connaît les liens avec le PCF. Bien que « mouvement de paix » apparaisse ici et là dans cet essai, je ne cacherai pas que cette expression ne me plaît guère, puisqu'elle sous-entend que tous ceux qui ne sont pas d'accord avec les thèmes du « mouvement de paix » ne peuvent être, par opposition, que contre la paix, c'est-à-dire pour la guerre. Les mots ayant une importance considérable en la matière, il me paraît essentiel d'éviter le piège, d'autant que la propagande soviétique ne se prive pas d'opposer « les partisans de la paix » aux « fauteurs de guerre ». J'ai donc choisi pour ma part de me référer le plus souvent au « phénomène pacifiste », étant bien entendu toutefois, que « pacifiste » est pris ici au sens large, à savoir comme la contestation globale du système de défense établi de l'Occident.
3. Voir sur ce point les études consacrées aux différents pays de l'Alliance dans P. LELLOUCHE (*et al.*), *Pacifisme et dissuasion,* IFRI, Éd. Economica, 1983.

base d'armes classiques sophistiquées et de bouclier spatial[1]. Enfin et surtout, le *Freeze* américain ne s'identifie nullement avec la tentation neutraliste, le pacifisme ou l'unilatéralisme que l'on constate ici et là en Europe.

Ainsi, loin d'être une sorte de contagion abstraite et uniforme, la contestation pacifiste en Occident est-elle, malgré les apparences, extrêmement diversifiée et ancrée dans des spécificités nationales. Cette constatation, si elle est correctement étayée, peut certes orienter utilement l'action des gouvernements ; pour l'analyste, elle n'en souligne pas moins la difficulté qu'il y a à appréhender toutes les facettes du phénomène.

Ceci nous conduit à une seconde observation générale illustrant la fluidité du phénomène pacifiste et ses incessantes variations d'intensité. Le mouvement a connu ces dernières années des oscillations spectaculaires entre des périodes de calme plat, où le mouvement paraissait divisé, parfois même moribond (comme au lendemain de la répression en Pologne, ou de l'affaire du sous-marin soviétique échoué devant la base de Kalskrona en Suède), et des « crêtes » d'une formidable intensité, comme à l'automne 1981, avec les grandes manifestations de Bonn (250 000 personnes), Londres (175 000), Rome (200 000), Madrid (400 000), et Amsterdam (300 000). Ceux qui, dans les semaines qui suivirent, crurent que le mouvement avait atteint son point culminant et qu'il ne pourrait que s'éteindre rapidement par la suite (par l'effet combiné de l'ouverture des négociations de Genève sur les euromissiles, de la proposition américaine d'option zéro en novembre 1981 et par le coup du 13 décembre en Pologne), ceux-là ont dû déchanter. Dès le mois de juin suivant, on assistait en moins d'une semaine, à la grande manifestation « historique » de New York le 12 juin (un million de personnes à l'occasion de la deuxième session spéciale des Nations Unies sur le désarmement) ; et le 17, 350 000 personnes défilaient à Bonn contre le sommet des pays de l'Alliance et la visite de Ronald Reagan en RFA.

Là aussi, on aurait tort de se contenter de conclusions hâtives : les conditions météorologiques (il est vrai que le printemps et l'automne sont des saisons de « manifs ») n'expliquent pas tout, et surtout pas la longévité et la capacité de remobilisation des différents mouvements, quoi que fassent les Soviétiques en Pologne, en Afghanistan, ou même dans le déploiement de leurs

---

1. J'aurai l'occasion de revenir sur ce point dans la troisième partie, voir p. 167 sqq.

SS-20. De sorte que la prudence impose, même au lendemain du déploiement des Pershing et alors que les « mouvements de paix » paraissent une nouvelle fois moribonds, de ne pas sous-estimer les capacités de remobilisation autour des thèmes de la « paix » (ou plus simplement autour de la peur), dans la phase qui suivra la reprise des négociations soviéto-américaines sur les armements. Surtout si cette peur se trouve entretenue (comme cela semble le cas depuis l'automne 1984) par une intensification des actions terroristes partout en Europe, actions remarquablement ciblées contre l'OTAN, la coopération franco-allemande dans le domaine militaire, et la politique de défense occidentale en général[1].

Troisième constatation enfin, toujours dans le sens de la fluidité et de la complexité du phénomène : les différents courants de contestation ne cessent d'osciller entre la volonté de rester « purs », donc apolitiques ou même en marge du « système », et la tentation de jouer le jeu démocratique pour atteindre plus rapidement leurs objectifs. Qu'on pense au noyautage de certains grands partis politiques par des militants qui sont aussi des « militants de la paix », ou au travail inverse de récupération des électeurs contestataires par ces mêmes organisations politiques, l'interaction des mouvements de paix et du système politique établi offre là aussi une image contrastée, mouvante et complexe. Tout au plus pourrait-on la résumer — pour ce qui concerne la phase actuelle — en observant que les différents mouvements de paix sont parvenus jusqu'ici à « gagner sur tous les tableaux » ; leur influence dans certains partis — surtout sociaux-démocrates — comme en Angleterre, en Allemagne par exemple, n'a cessé de croître. Ce qui, soit dit en passant, accroît l'impact à long terme du phénomène, dans la mesure où les thèmes pacifistes ont désormais pénétré dans ces pays ce que les Anglo-Saxons appellent le *Body-Politics,* leur conférant ainsi, dans le débat national, une légitimité égale aux concepts de défense admis jusque-là.

En dépit de leur imprégnation des structures institutionnelles des différentes démocraties, ces mouvements ont néanmoins réussi le tour de force de conserver une autonomie propre qui échappe aux partis établis (cas des Verts en RFA, du *Freeze* qui

---

1. Le phénomène, appelé désormais « euroterrorisme », n'a évidemment rien de fortuit ou de spontané. Il s'inscrit, un an après le premier déploiement des Pershing, dans une nouvelle phase de la stratégie de déstabilisation de l'Europe. A la question « à qui profite le crime ? » la réponse est on ne peut plus évidente. A-t-on jamais constaté le moindre attentat contre une installation du Pacte de Varsovie ou contre un quelconque officiel soviétique ?

est bipartisan aux États-Unis malgré les efforts des candidats démocrates à la présidence pour récupérer le mouvement), et même d'éviter l'éclatement à l'occasion d'affaires aussi « délicates » que le coup du 13 décembre en Pologne, ou l'anéantissement par la chasse soviétique du Boeing de la *Korean Airlines*.

Quelles sont les causes profondes du phénomène pacifiste ? Et quelles conséquences faut-il en tirer quant à l'avenir du système de sécurité européen ?

En ce qui concerne la première question j'avancerai pour ma part deux types complémentaires d'explication. Le premier tient à la nature même des sociétés occidentales : en ce sens, le pacifisme apparaît comme la « maladie chronique » de la dissuasion dans les démocraties. La seconde explication touche à la transformation en profondeur du système de sécurité européen, objet de cet essai, et qui est bien sûr confusément ressenti (et exprimé par la peur) dans l'opinion. Mais voyons d'abord le premier point.

Sur le plan général, la contestation pacifiste trouve son origine dans ce que nous pourrions appeler les données socioculturelles permanentes des sociétés occidentales.

La première d'entre elles concerne le problème du renouvellement des générations ou, plus exactement, de l'attitude de chaque nouvelle génération face au fait nucléaire. Les gouvernants — et tous ceux qui s'y sont essayés — le savent bien : il n'est pas facile de « vendre » le concept de dissuasion et la notion d'équilibre de la terreur à l'opinion publique, surtout quand il s'agit de jeunes générations qui n'ont connu ni la Seconde Guerre mondiale, ni même les années de guerre froide. Les générations nées après 1945 ont du mal à admettre que le monde ne retrouvera jamais sa virginité prénucléaire et que la défense des valeurs occidentales de « liberté » (par définition abstraite pour ceux qui ont eu la chance de ne pas avoir à la conquérir), passe par la menace permanente d'annihilation de la civilisation humaine. Cette réalité-là est d'autant plus difficile à faire « passer » que les valeurs à défendre sont celles-là mêmes que l'on conteste (remise en cause du matérialisme des sociétés industrielles, surtout en période de crise économique et de chômage, critique du sous-développement qu'engendrerait dans le reste de l'humanité la richesse d'un petit nombre d'États privilégiés, etc.) Quand, de surcroît, la protection de ces valeurs implique une compétition nucléaire sans fin, le « système » dans son ensemble paraît alors à la fois amoral, absurde et mortellement dangereux pour des générations entières qui découvrent un monde nucléarisé, capable de s'autodétruire à tout instant, un monde pourtant dans lequel ils devront vivre et procréer. Winston Churchill a certes eu raison de prédire qu'à l'âge nucléaire, « la sécurité sera le robuste enfant de la terreur et la survie, le frère jumeau de l'annihilation ». Ce qu'il n'avait pas prévu, c'est qu'une équation aussi terrifiante ne peut fonctionner que si elle est acceptée par le corps social qu'elle est censée protéger : faute de quoi, la terreur risque fort de jouer en sens inverse, à savoir davantage contre ceux qu'elle doit défendre que sur l'adversaire qu'elle est supposée dissuader.

Nous touchons là — et c'est la seconde donnée importante du problème — à ce qui est au fond l'asymétrie stratégique fondamentale entre l'Est et l'Ouest. A la différence des régimes totalitaires contrôlés par l'URSS, dont on connaît les recettes « radicales » contre ceux de leurs sujets que tenteraient des velléités pacifistes, les démocraties occidentales doivent, quant à elles, effectuer un travail permanent d'explication auprès de leurs opinions publiques. Travail d'autant plus difficile que les mots les mieux choisis, les discours les plus précis sur la dissuasion ne résistent pas une seconde devant l'image d'une explosion nucléaire sur un écran de télévision. Oui, la dissuasion *se vend mal*. Les organisateurs des mouvements pacifistes le savent bien : il est infiniment plus facile de faire peur aux gens (en réveillant en eux l'instinct de conservation), que de tenter de les rassurer par des discours savants sur un système de dissuasion nucléaire dont la validité ne pourra jamais être parfaitement démontrée. Même si, et c'est bien là le paradoxe de l'ère nucléaire, la paix est vécue jour après jour depuis quarante ans. Lassés de la « non-guerre » imposée par l'atome, les contestataires aspirent à la « vraie paix » : celle de la dénucléarisation unilatérale ou négociée (comme le veulent les pacifistes européens), ou bien même celle que Ronald Reagan a promise à ses concitoyens en mars 1983 avec son bouclier spatial antimissiles.

Parce qu'elle *se vend mal* — tandis que le thème de la peur fait recette dans les médias — la dissuasion trouve peu d'avocats dans la classe politique pour monter en ligne devant l'opinion publique. Il est en effet plus facile de gagner des voix ou, pour un patron de presse, de gagner des lecteurs —, sur le thème de la « paix » et du « désarmement », ou aujourd'hui sur « l'espace » —, que de tenter de vanter les mérites de l'équilibre de la terreur. D'autant qu'un tel équilibre passe nécessairement, compte tenu de l'irréductible confrontation entre l'Est et l'Ouest, par l'acquisition incessante d'armes toujours plus sophistiquées.

C'est ainsi qu'on assiste depuis peu à une très large démission des responsables politiques face au travail d'explication qu'ils auraient dû effectuer auprès de leurs opinions publiques, voire même au ralliement pur et simple de certains d'entre eux aux thèmes « à la mode » à des fins purement électorales. En Allemagne, en Grande-Bretagne, aux États-Unis, certains leaders politiques n'ont pas hésité à prendre le train pacifiste en marche et à jouer carrément la carte de la peur. Pour ne citer que deux exemples : la récupération par Willy Brandt en RFA du thème pacifiste pour se refaire une nouvelle carrière au sommet du SPD, ou les manœuvres du sénateur Ted Kennedy en direction du *Freeze* aux États-Unis, sont des modèles du genre. Reste que, une fois repris par les grands partis politiques, le courant de contestation, d'abord spontané et très localisé, a acquis une tout autre dimension..., dont on a pu mesurer les résultats depuis.

La classe politique occidentale en général porte donc une part importante de responsabilité dans le dérapage de l'opinion publique ces dernières années, même si — c'est là toute l'ironie de la situation — les sondages, comme les résultats électoraux récents (y compris bien entendu la réélection de M$^{me}$ Thatcher, puis l'élection de Helmut Kohl en mars 1983), montrent que les responsables politiques ont surestimé l'importance « électorale » du débat nucléaire. La préoccupation majeure des électeurs reste en effet l'avenir de leur situation économique, les « missiles » venant loin après[1].

La structure même de nos sociétés porte en elle un autre élément qui aggrave la tendance que l'on vient de décrire : la procédure d'allocation des crédits militaires. Dès lors qu'un budget de défense doit être voté (ce qui n'est évidemment pas le cas en URSS, où la part du PNB affectée aux militaires n'a guère varié depuis vingt ans), les crédits alloués à la défense dépendent évidemment de la conjoncture économique et ont donc tendance à évoluer, parfois de façon considérable. Obtenir des crédits militaires supplémentaires — surtout en période de crise économique — implique la sensibilisation de l'opinion publique à la menace adverse avec le risque que, ce faisant, l'on accroisse le sentiment de peur dans l'opinion. Les États-Unis fournissent ici

---

1. Voir les sondages réalisés sur ce point par l'Institut Atlantique (en 1982-1983) et le rapport *Ramses* 1983-1984, *op. cit.*

l'exemple le plus spectaculaire. Entre 1968 et 1978, c'est-à-dire pendant la période de détente et de l'après-Viêt-nam, le budget de défense américain a continuellement régressé en termes réels : la « parité » avec l'URSS semblait immuablement protégée par l'*Arms Control,* et rares étaient les parlementaires qui osaient investir leur capital politique sur le thème du réarmement. Quand, à la fin des années 70, les États-Unis ont mesuré les changements intervenus dans l'équilibre global des forces avec l'Union soviétique, la seule façon de relancer la machine budgétaire a été de tirer le signal d'alarme devant l'opinion publique, en soulignant le retard pris par les forces américaines au cours de la décennie précédente. On se souvient du rôle du *Committee on the Present Danger* et des thèmes de la campagne de Ronald Reagan à l'époque. Mais à crier ainsi « au loup », à force de souligner, comme le fit le nouveau président (surtout pendant la première année de son mandat), la « supériorité nucléaire soviétique » et la nécessité pour les États-Unis de « gagner » *(Prevail)* au besoin une guerre nucléaire future, l'Administration Reagan devait littéralement traumatiser non seulement l'opinion publique européenne, mais également *sa* propre opinion publique. De telle sorte que le *Freeze,* tout autant que le mouvement contre les euromissiles en Europe, a largement été alimenté par la rhétorique et les oscillations extrêmes du débat politico-budgétaire à Washington.

J'ajouterai enfin, pour clore cette discussion des facteurs inhérents à nos sociétés démocratiques, que l'URSS — et c'est ici un autre aspect de l'asymétrie fondamentale entre l'Est et l'Ouest — a accès à l'opinion publique occidentale et ne se prive pas d'exploiter ces différents éléments à son avantage, tandis que la réciproque est évidemment exclue. Passé maître en la matière, le Kremlin sait parfaitement entretenir le climat de peur (en insistant sur le thème de la « guerre » quasi imminente par exemple), tout en « travaillant » directement ou indirectement les divers canaux qui lui sont offerts : médias, milieux politiques, associations médicales ou scientifiques et même les milieux religieux. La diplomatie soviétique sait aussi parfaitement utiliser la mécanique des négociations de « désarmement » pour influencer de façon continue l'opinion publique occidentale, en distillant au moment voulu, les thèmes que les Occidentaux ont envie d'entendre, qu'il s'agisse de « moratoire » ou de « gel », ou encore d' « interdiction du premier emploi de l'arme atomique ».

Aux aspects généraux que nous venons d'analyser, il convient d'ajouter les facteurs issus de la spécificité nationale des différentes démocraties occidentales : on aura l'occasion d'y revenir pour ce qui concerne l'Allemagne et les États-Unis. Je me bornerai donc à mentionner, pour mémoire, certains d'entre eux, comme la tradition neutraliste et moralisatrice dans certains pays (Hollande, Danemark), la taille et l'éloignement géographique aussi (dans le cas des pays scandinaves).

Ces données liées à la nature même de nos sociétés constituent ce que nous pourrions appeler le « terrain » du pacifisme. Leur permanence fait que le pacifisme apparaît comme une sorte de maladie chronique de la dissuasion, ce qui explique l'aspect récurrent du phénomène à chaque génération (la première vague de contestation « anti-bombe » s'est produite dans les années 50, soit vingt ans avant le débat sur la bombe à neutrons qui a été le point de départ de la vague actuelle). Pourtant, ces mêmes facteurs n'expliquent que très incomplètement le phénomène. Et surtout, ils n'expliquent pas pourquoi celui-ci s'est déclenché dans les années-charnières entre les décennies 1970 et 1980.

Il nous faut donc approfondir davantage l'analyse et faire appel à une seconde série de facteurs, liés non plus à la nature de nos sociétés, mais à la transformation radicale qu'est en train de subir le système stratégique international dans son ensemble, et le système européen en particulier.

La première manifestation de cette mutation, en même temps que l'une des causes principales de la grande frayeur des démocraties ces dernières années, tient à la rupture de la détente entre les deux grands dans les années 70.

L'impact sur l'opinion de ce qui apparaissait comme « une nouvelle guerre froide » fut d'autant plus fort que la détente avait eu un effet démobilisateur en Europe comme aux États-Unis pendant la décennie précédente. Au début des années 70, le problème de la sécurité de l'Europe semblait réglé à jamais, grâce aux grands traités sur les frontières, grâce aussi à l'ouverture des négociations entre les deux blocs (MBFR[1] et CSCE). Quant à la course aux armements nucléaires stratégiques, elle resterait, pensait-on alors, figée au niveau de la parité, celle-ci étant elle-même contractualisée dans le processus SALT. Pour la plupart des analystes stratégiques, pour les gouvernants comme pour

---

1. *Mutual and Balanced Force Reduction* (négociations de Vienne sur la réduction des armes conventionnelles en Centre Europe).

l'opinion occidentale en général, les problèmes de sécurité s'étaient déplacés de l'Europe — où ils ne se posaient plus — vers les régions du tiers monde, nouveaux théâtres de la compétition entre les deux grands. Signe révélateur de l'état d'esprit de l'époque, les observateurs français avaient accueilli les accords SALT I de 1972 plus que froidement, en y voyant la preuve du « duopole » des deux grands. Telle n'était pas pourtant, on l'a vu, l'interprétation *soviétique* de la détente. En fait, ce que les démocraties vont payer au début des années 80, en basculant dans la peur, c'est une décennie entière d'illusions autocréées en quelque sorte par les Occidentaux eux-mêmes, et totalement déconnectées de ce que disaient et faisaient les Soviétiques. Même si, aujourd'hui, bon nombre d'observateurs et de responsables politiques, instruits par l'expérience des quinze années écoulées, s'accordent à penser que « détente » et « guerre froide » ne sont en réalité que les deux faces d'une confrontation permanente [1], la croyance la plus largement répandue pendant les années 70 était que l'on était entré, *qualitativement,* dans une phase historique nouvelle des relations avec l'URSS.

Si bien que lorsque ce système de détente, que chacun croyait si fermement établi, s'effondra brusquement en l'espace de quelques mois en 1979-1980, la « chute », en Occident — et en Europe surtout — n'en fut que plus dure. Le climat changea subitement du tout au tout. La peur s'installa dans l'opinion, aggravée par plusieurs déclarations de chefs d'États européens évoquant, au début de 1980, le « risque de guerre » ou bien le précédent de « 1914 ».

Soudain, en effet, une succession rapide de crises graves en Iran, en Afghanistan (puis en Pologne) va précipiter une brusque cassure de la détente, dont les signes avant-coureurs avaient commencé à poindre — dans les relations soviéto-américaines surtout —, depuis le milieu des années 70. Le processus SALT est interrompu, tandis que l'accord SALT II signé en juin 1979 sera finalement « enterré dans les sables de l'Afghanistan » — pour reprendre la formule de Brzezinski. Jimmy Carter puis Ronald Reagan annoncent un programme de réarmement conventionnel et nucléaire. La course aux armements est donc relancée, alors que, pour la première fois depuis de longues années, le processus permanent de négociations sur les armes nucléaires se trouve

---

1. Encore qu'il reste, même en 1985, beaucoup de nostalgiques de la « détente parfaite » du début des années 70, qui ajoutent à l'aveuglement une autre maladie classique des démocraties : l'amnésie.

interrompu. Circonstance encore aggravante pour les Européens, car la « double décision » sur les euromissiles, difficilement adoptée en décembre 1979, malgré d'intenses pressions soviétiques, ne s'appuie plus alors sur aucune négociation avec Moscou. En fait, il faudra une année entière de pressions européennes — et allemandes en particulier — pour que la négociation INF[1] sur les euromissiles puisse s'ouvrir en novembre 1981.

Ce contexte-là aura une influence déterminante sur l'accélération du courant pacifiste en Europe tout d'abord, aux États-Unis par la suite. On le sait aujourd'hui, chacun a la détente de sa géographie. Confrontée à la rupture consommée des relations entre les deux grands, l'Europe restera déchirée — elle le demeure encore aujourd'hui — entre la fidélité à l'allié américain qui lui demande de réarmer et de durcir sa position à l'égard de l'URSS, et le souci de préserver les « acquis » de la détente sur le Vieux Continent. Entre le « néo-*Containment* » à l'échelle globale prôné par l'Amérique de l'après-Afghanistan, et la détente divisible conseillée par Moscou, les Européens choisiront la seconde voie sans jamais le dire clairement. Avec toutefois, pour témoigner leur solidarité avec Washington, ce double geste : le boycott des Jeux Olympiques et l'acceptation « à l'unanimité » de la décision du 12 décembre 1979 sur les euromissiles.

Pour les opinions publiques européennes, la rupture de la détente accroît le sentiment de peur de la guerre tout en légitimant les thèses des pacifistes sur les risques de « guerre nucléaire limitée » dont l'Europe ferait les frais en cas de déploiement des euromissiles. La nostalgie de la détente produit alors d'autres courants : la tentation de placer les deux grands sur le même plan, cette « équidistance » (Afghanistan = Salvador) conduisant à son tour à la tentation neutraliste ; la résurgence aussi d'une forme de nationalisme européen, à la fois utopique et désespéré, nationalisme fait non pas d'ambition mais de démission, qui aspire au fond à une paix séparée entre Européens à l'abri des soubresauts dangereux des deux grands.

Ce « national-neutralisme », qui s'exprime aussi bien à l'échelle nationale que régionale, n'a que faire des distinctions jugées académiques entre le système démocratique américain et le totalitarisme soviétique. La différence de *nature* entre l'allié et d'adversaire disparaît, remplacée par une autre échelle de priorités. Qu'importe l'idéologie (donc la répression en Pologne),

---

1. *Intermediate Nuclear Forces* (forces nucléaires à portée intermédiaire).

puisque le véritable ennemi de l'Europe c'est la « course aux armements » nucléaires et plus particulièrement, la course *américaine* aux armements nucléaires ? Mieux, l'URSS se présente — et est souvent acceptée — comme le « voisin européen », donc la victime au même titre que l'Europe de l'Ouest, des menées du Pentagone.

Enfin, cette nostalgie de la détente, ce fantasme d'une sécurité divisible et régionale conduisent nombre d'Européens à voir dans les Américains les fauteurs de guerre, ceux dont la réaction exagérée (*Overreaction*) dans l'affaire d'Afghanistan par exemple, ou plus tard dans celle de la Pologne, est la cause de tout. D'où l'émergence d'une nouvelle forme d'anti-américanisme chez ceux qui étaient jusque-là les premiers de la classe atlantiste : Hollandais, Britanniques, Allemands. L'image du « cowboy » Reagan prêt à appuyer sur la gâchette atomique en est un exemple frappant. A l'exception de la France où, pour des raisons particulières, le phénomène inverse se produit[1], l'opinion refuse tout simplement de voir les actions de l'URSS dans le tiers monde ou même de mesurer l'étendue de son réarmement. Syndrome d'autant plus révélateur, l'URSS reste perçue dans tous les sondages comme « dangereuse » ; par contre, ses actions, particulièrement dans le tiers monde, ne sont pas jugées « déstabilisatrices[2] ».

Ce climat de peur issu de la rupture de la détente va se nourrir d'un autre phénomène concomitant : l'approfondissement d'une crise économique sans précédent (depuis l'après-guerre) dans l'ensemble du monde occidental. Crise d'autant plus mal ressentie que, depuis la fin de la guerre froide et la reconstruction en Europe, les démocraties avaient connu ce que Thierry de Montbrial appelle justement les « Vingt Glorieuses[3] » : période véritablement exceptionnelle dans l'histoire de nos pays puisque réunissant à la fois la paix, assurée par la toute-puissance américaine au plan nucléaire, et le « boom » économique, lui aussi alimenté par la puissance de l'Amérique et les règles

---

1. D'un anti-américanisme bon teint mâtiné de philo-soviétisme pendant les années 50, l'intelligentsia française est passée, à partir de la fin des années 60 (le coup de Prague, puis Soljenitsyne ayant joué le rôle de détonateur), à l' « antitotalitarisme » au cours de la décennie suivante. L'URSS perdait son aura de pureté progressiste, tandis que l'image de l'*Ugly American* impérialiste (lors de la guerre du Viêt-nam surtout) était supplantée par celle d'une Amérique faible, avec qui la France pouvait traiter d'égale à égale. Ce parcours, qui vit finalement triompher (bien tardivement) Raymond Aron sur Jean-Paul Sartre, la France l'a effectué alors que les autres Européens prenaient un chemin exactement inverse ! J'ai analysé ce paradoxe dans « France and the Euromissiles : the Limits of Immunity », *Foreign Affairs*, hiver 1983 ; voir aussi Dominique MOÏSI, « Les Limites du consensus » et Nicole GNESOTTO, « La France, fille aînée de l'Alliance », *Pacifisme et dissuasion, op. cit.*
2. Sondage Louis Harris-Institut Atlantique, novembre 1983.
3. Thierry de MONTBRIAL, *La Revanche de l'Histoire*, Julliard, « Commentaires », 1985.

financières et commerciales (FMI, GATT) érigées par elle au lendemain de la Seconde Guerre mondiale.

En ce sens, les années 70 vont être celles de la révolution de l'ordre stratégique et économique mondial, dans la mesure où la fin de la toute-puissance militaire américaine va coïncider avec la fin de la convertibilité du dollar (1971), les chocs pétroliers et le dérèglement global de l'économie mondiale [1].

La vague pacifiste de la fin des années 70 a été l'expression de la prise de conscience de cette transformation structurelle, au niveau de l'opinion, avec (comme il est normal) un temps de retard sur les événements eux-mêmes. Quelque chose de profond a changé. Jusque-là, pour les générations nées en 1945 et après, la paix et le bien-être matériel semblaient être l'*état naturel* des sociétés occidentales et européennes en particulier. Pour ces générations, l'antimilitarisme, le refus des « sales guerres » (Algérie, Viêt-nam) étaient la règle : le thème de la guerre (et de la défense) était non seulement absent, mais évacué. Par réaction contre cette période pourtant « idéale » de paix et de prospérité, les enfants de Mai 68 [2] rejetteront la société de consommation et la « paix des riches » dont ils jouissaient pourtant, pour s'investir dans l'idéalisme de la croissance zéro (qui mènera plus tard à l'écologisme) et dans le soutien aux luttes anti-impérialistes, donc « justes », des peuples du tiers monde (ce qui deviendra plus tard l'idéologie tiers mondiste [3]). Le clin d'œil de l'Histoire veut qu'au moment même où les jeunes Occidentaux de 68 rejetaient leurs sociétés trop douillettes et trop tranquilles, ils ne savaient pas eux-mêmes — nul ne savait ! — qu'ils vivaient la fin d'une période exceptionnelle dans l'histoire des démocraties. Qu'à la prospérité et à la paix assurée feraient bientôt place la crise et la confrontation. Bref, que de nouveau, nous retomberions tous dans notre normalité historique : celle des crises économiques récurrentes et des tensions.

Quinze ans plus tard, ce malaise économique persistant (30 millions de chômeurs dans les pays de l'OCDE, une croissance très ralentie, surtout en Europe), en engendrant un sentiment de pessimisme, rejaillit très naturellement sur l'attitude globale du public face à l'avenir général du monde et du risque de guerre en particulier. La mémoire collective joue son rôle, entraînant les analogies désormais très répandues entre la situation économique

---

1. On se reportera sur ce point à la deuxième partie du livre précité de Thierry de MONTBRIAL.
2. Dont l'auteur de ce livre.
3. Laquelle commence tout juste à être battue en brèche aujourd'hui, en France notamment.

et politique actuelle et celle de l'entre-deux-guerres. A l'égard des jeunes — les plus durement touchés par le chômage —, la crise a également contribué à la remise en cause du « système » dans son ensemble, renforçant du même coup le rejet de la dissuasion : comment légitimer la défense, par la menace de l'Holocauste nucléaire, d'un monde fondé sur l'injustice, la crise et « l'exploitation » du tiers monde ?

La crise économique a eu également un impact non négligeable sur les budgets de défense et l'attitude plus générale de l'opinion face à l'effort de défense. Cet impact a été particulièrement sensible en Europe, où la plupart des budgets sont en régression et en général très en dessous du fameux objectif des 3 % adopté par l'OTAN en 1978. Aux États-Unis, l'effet de la crise a été tout aussi sensible. Malgré la publicité faite autour du programme de réarmement de l'Administration Reagan, l'analyse des chiffres fait apparaître que la croissance du budget de défense réalisée depuis 1981, quoique très supérieure à la moyenne européenne (6 à 7 % contre 2 % en Europe), reste dans l'épure prévue par l'Administration Carter (pourtant moins « guerrière » — voir tableau p. 138). Rien de comparable en tout cas avec le *Crash Program* de la guerre de Corée ( + 20 % en un an), pour la bonne et simple raison que la part du budget fédéral affectée aux dépenses sociales a augmenté considérablement depuis les années 50, et que ces dépenses s'avèrent en fait, même aux États-Unis, quasi incompressibles. D'où un déficit fédéral d'un volume comparable (200 milliards de dollars) à la taille du budget de défense.

Autre élément révélateur, sur lequel je reviendrai par la suite : l'évolution spectaculaire de l'opinion américaine à l'égard des sacrifices financiers nécessaires à la défense. Choqué par l'Iran (affaire des otages) et l'Afghanistan, le public américain soutint en 1980-1981 une forte augmentation du budget de défense. Toutefois, dès les *Mid-Term Elections* de novembre 1982, un courant inverse va s'amorcer : un sondage publié dans *Business Week* du 15 novembre 1982 révélait déjà que la proportion des Américains favorables à l'augmentation des crédits militaires était tombée de 71 % au lendemain de l'Afghanistan à 43 % au printemps 1982 et à 17 % à la fin de cette même année ! C'était le niveau le plus bas enregistré depuis 1971 (c'est-à-dire la période de l'après-Viêt-nam, marquée par une profonde aversion de l'opinion publique américaine à l'égard des affaires militaires en général et du budget de défense en particulier). Depuis lors,

**Evolution des dépenses militaires
américaines 1981-88**
*(en milliards de dollars)*

| Prévisions de l'Administration Carter et dépenses effectives et prévues sous Reagan | 1981 | 1982 | 1983 | 1984 | 1985 | 1986 | 1987 | 1988 |
|---|---|---|---|---|---|---|---|---|
| Reagan, Fév. 1984 | | | | 231,0 | 264,4 | 301,8 | 339,2 | 369,8 |
| Reagan, Fév. 1983 | | | 208,9 | 238,6 | 277,5 | 314,9 | 345,6 | 377,0 |
| Reagan, Janv. 1982 | | 182,8 | 215,9 | 247,0 | 285,5 | 324,0 | 356,0 | |
| Reagan, Mars 1981 | 158,6 | 184,8 | 221,1 | 249,8 | 297,3 | 336,0 | | |
| Carter, Janv. 1981 | 157,6 | 180,0 | 205,3 | 232,3 | 261,8 | 293,3 | | |
| Dépenses effectives | 156,1 | 182,9 | 205,0 | | | | | |

malgré la confirmation de la reprise de l'économie, c'est ce sentiment qui domine aux États-Unis : à tort, les Américains sont convaincus qu'ils ont *déjà* réarmé et qu'il est temps de demander aux Européens d'en faire plus — et surtout de se « mettre d'accord » avec les Soviétiques dans le domaine de l'*Arms Control* pour stabiliser et, espère-t-on, réduire le budget de défense.

J'ai évoqué la rupture de la détente et l'effet concomitant de la crise économique comme deux des principales causes du phénomène pacifiste. Il est temps maintenant d'appréhender un troisième élément, qui participe lui aussi de cette transformation globale du système stratégique international. Je veux parler de l'évolution de la notion même de dissuasion nucléaire sous l'impact des révolutions technologiques effectuées en matière militaire à partir des années 60.

Je reviendrai plus loin[1] sur les aspects proprement techniques et stratégiques de ce dossier. Mais il est opportun ici d'en comprendre l'impact sur l'opinion, dans la mesure où celle-ci a perçu, certes confusément, que « quelque chose » là aussi avait changé dans les règles du jeu de l'équilibre de la terreur.

A un premier niveau, la contestation pacifiste, et avec elle le courant désormais dominant de remise en cause de la dissuasion nucléaire (comme condition de la paix, mais aussi dans son éthique même), sont le produit de la prise de conscience du changement de la corrélation des forces militaires entre les deux grands. En ce sens, *la vague pacifiste est fille de la parité nucléaire,* c'est-à-dire de la neutralisation réciproque des arsenaux stratégiques des deux super-puissances. Désormais, l'Europe — et particulièrement l'Europe non nucléaire — n'a plus la faculté de se rassurer à l'ombre de la supériorité nucléaire américaine, comme ce fut le cas à l'issue du premier « grand débat » sur la stratégie de l'Alliance, entre 1957 et 1967. Le délicat compromis de la « riposte graduée » élaboré alors à partir du déploiement de plusieurs milliers d'armes nucléaires tactiques (ANT) en Europe, comme symbole du « couplage » avec l'arsenal stratégique américain, s'est effondré. Les ANT sont non seulement devenus vulnérables et opérationnellement inadaptées pour la plupart d'entre elles, mais les Européens découvrent aussi que leur emploi détruirait avant tout l'Europe elle-même. Dans le même temps, les Américains — qu'ils soient conservateurs ou « libé-

---

1. Voir la troisième partie.

raux » —, tirant les conséquences de la parité stratégique obtenue par l'URSS, déclarent publiquement qu'ils ne toucheront pas à leur arsenal stratégique pour défendre l'Europe, les conséquences d'un tel acte étant incalculables. Tandis que, toutes opinions politiques confondues, les responsables américains — on l'a vu — pressent les Européens de renforcer leurs forces conventionnelles (notamment en adoptant le fameux « plan Rogers »), certains et non des moindres, prônent l'abandon pur et simple par l'OTAN du premier emploi de l'arme atomique, lequel était pourtant la clé de voûte de tout le système de riposte graduée [1]. Ainsi, l'Europe découvre-t-elle que non seulement la « garantie » américaine n'est nullement absolue, mais que les conditions du maintien de ce qui reste du « parapluie » américain passent, soit par le réarmement conventionnel (qui impliquerait le risque d'une guerre conventionnelle totale en Europe), soit par le déploiement d'armes nucléaires de « théâtre » capables de limiter la guerre nucléaire au seul continent européen. Aucune de ces deux options n'est évidemment de nature à rassurer une Europe qui, jusque-là, avait tout simplement « évacué » la guerre hors de ses frontières.

Au fond, toute la question posée par l'affaire des euromissiles se résumait à cela : le risque nucléaire engendré pour l'Europe par le déploiement de ces nouvelles armes valait-il la « chandelle » d'une garantie nucléaire qui resterait· nécessairement conditionnelle, donc imparfaite ? Ou bien était-il préférable, au contraire, d'accepter la supériorité nucléaire soviétique en Europe, comme l'on s'était déjà habitué à sa supériorité conventionnelle ? Quitte à espérer que, malgré tout, les Américains interviendraient quand même en cas de besoin..., l'Europe étant trop importante pour qu'ils la perdent. Ou, au pire, que l'on devienne finalement « rouge » mais que l'on reste « vivant ». Ainsi l'évolution du rapport des forces au profit de l'URSS et la stratégie de contre-dissuasion délibérément menée par Moscou depuis vingt ans pour briser chacun des barreaux de l'escalade de la doctrine de l'OTAN, revêtent-elles, à mon sens, un rôle essentiel dans la crise d'insécurité qui s'est soudain· emparée des Européens depuis la fin des années 70.

Si l'Amérique disposait aujourd'hui d'une marge de supériorité nucléaire comparable à celle des années 60, il y a fort à parier que l'inquiétude n'aurait sûrement pas pris les mêmes proportions. Or, et c'est là un point fondamental pour l'avenir, la parité est

---

1. Voir sur ce point, la première partie, pp. 82-83.

désormais une donnée irréversible du jeu stratégique entre les deux grands. Et elle le restera, malgré l'irruption récente des armes spatiales dans cette équation. En conséquence, c'est l'ensemble de la stratégie de l'OTAN qui doit être repensée. Faute de quoi le consensus social, tant en Europe qu'aux États-Unis, continuera à lui faire défaut.

Ceci nous conduit à un second aspect de la crise de la dissuasion, lié cette fois à l'évolution technologique des armements. Le point essentiel ici est que l'étonnante progression qualitative des armements nucléaires réalisée depuis vingt ans a profondément transformé les doctrines stratégiques, ainsi d'ailleurs que le concept même de dissuasion. L'analyse de cette double évolution montre en effet[1] que *la technologie dicte la stratégie et non l'inverse*. Ainsi, les percées technologiques, réalisées notamment en matière d'ogives multiples, de précision, de miniaturisation des charges et de mobilité des vecteurs ont fait que l'ancien concept de dissuasion « pure » au moyen de frappes massives et anti-cités s'est transformé en un concept proche de la bataille : désormais, la capacité opérationnelle de frapper les cibles *militaires* de l'ennemi est devenue, à tort ou à raison, la condition *sine qua non* de la crédibilité de la posture de dissuasion annoncée. En bref, la dissuasion a cessé d'être une simple stratégie de non-guerre, pour devenir au besoin une posture de combat, étayée par des armes capables de telles missions.

Bref, « dissuasion » et « défense » ne sont plus — comme on veut continuer à le croire en France — des concepts antinomiques, mais complémentaires. On ne dissuade plus par la seule force du verbe, ou par la menace du suicide collectif au moyen de frappes anti-cités, mais par un éventail le plus large possible d'options opérationnelles de combat, y compris au niveau nucléaire.

Cette évolution est source d'une contradiction fondamentale du côté occidental entre :

— d'une part, la crédibilité des doctrines de dissuasion, qui impliquent désormais non seulement « l'affichage » de la volonté de franchir le seuil nucléaire en cas de besoin, mais aussi — et peut-être surtout — la *capacité opérationnelle* de parer toute attaque si violente soit-elle et où qu'elle se produise, et

— d'autre part, l'adhésion du corps social à ces mêmes doctrines, dès lors que la notion de dissuasion qui en résulte

---

1. Voir mon introduction à *Science et désarmement*, IFRI, Éd. Economica, 1981.

implique que la guerre nucléaire est à tout le moins redevenue pensable, sinon possible.

Cette contradiction pourrait être exprimée dans le théorème suivant :

*A l'âge de la parité stratégique et des armements nucléaires modernes le degré d' « acceptabilité » sociale de la dissuasion est inversement proportionnel à celui de sa crédibilité opérationnelle.*

En d'autres termes : plus une posture de dissuasion est massive et radicale par ses effets, plus elle est abstraite, donc plus elle est acceptable par l'opinion. A l'inverse, plus une posture est « raffinée » dans ses options militaires, plus elle a de chances d'être opérationnellement crédible par l'adversaire, mais plus elle a de chances aussi de terrifier le corps social qu'elle est censée protéger. Ce paradoxe a été vérifié dans les faits à l'occasion du débat sur la bombe à neutrons et plus tard dans le cas des euromissiles. Ainsi, l'opinion publique occidentale, dans sa majorité, a condamné l'arme à neutrons, pourtant conçue pour limiter au maximum les dommages « collatéraux » (aux populations civiles), précisément parce qu'une telle arme signifiait « emploi » et non pas « dissuasion » (au sens de non-guerre).

Mais est-il réellement plus « moral » — et surtout plus crédible au plan de la dissuasion — d'annihiler sans discrimination une unité de chars adverse et toutes les populations civiles environnantes ? Ou, mieux encore, de n'avoir rien d'autre à opposer aux 50 000 chars soviétiques que l'emploi d'armes tactiques très destructrices sur son propre sol[1] ? Ou la menace, moins crédible et moins morale encore, d'incinérer les populations civiles adverses ?

Lorsque dans une interview télévisée restée célèbre, Ronald Reagan, au début de son mandat, laissa entendre qu'il n'était pas sûr « d'appuyer sur le bouton » en cas de guerre nucléaire commencée en Europe, l'opinion occidentale poussa des hauts cris en y voyant la preuve que les États-Unis cherchaient à mener une guerre nucléaire « limitée » sur le Vieux Continent. Par contre, lorsque quelques jours plus tard, Leonid Brejnev déclara tranquillement que le lancement d'un seul Pershing déclencherait une guerre nucléaire totale à l'échelle de la planète, tout le monde trouva ses propos parfaitement rassurants !

---

1. Ce qui est le cas, nous l'avons vu, de la plupart des armes tactiques de l'OTAN, vu leur très courte portée. Les leçons de l'exercice « Carte blanche » des années 50, déjà mentionné, restent en effet toujours valables ! Les Allemands en particulier le savent bien.

Une telle situation est évidemment lourde de conséquences pour l'avenir. Seule en effet la France, grâce à une situation géostratégique particulière, peut se permettre — mais pour combien de temps encore ? — d'afficher une dissuasion anti-cités « du faible au fort » qui a l'avantage de dissuader l'adversaire, tout en rassurant les Français[1]. Mais la recette n'est nullement valable pour les États-Unis, et encore moins pour ce qui concerne la crédibilité de la dissuasion élargie des États-Unis au profit de l'Europe. A l'avenir, le maintien d'un équilibre délicat entre les exigences opérationnelles de cette dissuasion et son acceptabilité par l'opinion publique européenne s'avérera sans doute comme la tâche la plus difficile pour les responsables politiques et militaires de l'Alliance.

Un dernier élément de la crise de la dissuasion mérite d'être mentionné ici : la crise parallèle du processus d'*Arms Control*. En fait, si l'interruption brutale des grandes négociations de limitation des armements entre 1979 et 1981 a, comme on l'a noté plus haut, fortement contribué à accroître l'inquiétude dans l'opinion publique, cette rupture créait aussi l'occasion d'une remise en cause souvent radicale de l'approche même de la « maîtrise des armements » définie plus de vingt années auparavant.

Déjà, le débat sur la ratification du traité SALT II en 1978-1979 aux États-Unis, avait permis de dégager les principaux thèmes de cette critique. L'opinion publique découvrait en effet que sept années de négociations n'avaient servi à rien, puisque la progression tant quantitative que qualitative des arsenaux, loin d'avoir été limitée, s'était en fait poursuivie sans encombres pendant que les diplomates discutaient à Genève. D'où l'impression de l'opinion d'avoir été flouée par les gouvernants, et une critique en règle contre un processus jugé insuffisant et même parfois pervers par ses effets sur la dynamique de course aux armements. Cette critique allait conduire à la réapparition du thème du *désarmement* (négocié ou unilatéral, comme dans le cas du Labour en Grande-Bretagne), ainsi qu'à l'émergence de toute une série d'approches plus ou moins nouvelles pour se substituer aux insuffisances de l'*Arms Control* traditionnel. C'est ainsi, par exemple, que l'on vit apparaître les idées de « moratoire » (sur les euromissiles, puis sur les armes spatiales), de « gel » (sur les arsenaux stratégiques), ainsi que divers projets de « dénucléarisation » régionale (en Scandinavie, dans les Balkans ou en Europe

---

1. Je reviendrai sur ce point dans le chapitre final de ce livre.

centrale). Bien entendu, l'URSS profita de ce courant d'opinion pour ressortir de ses tiroirs toute une série de propositions (moratoire, puis gel « unilatéral » sur les euromissiles, accord de non-recours à la force et de non-agression entre les deux blocs, etc.).

Bien que cette contestation des négociations traditionnelles d'*Arms Control* se soit quelque peu calmée avec la reprise des négociations (INF et START entre 1981 et 1983, puis sous une autre forme, après la rencontre Shultz-Gromyko de Genève de janvier 1985)[1], il n'en reste pas moins que le processus de négociations — malgré toutes ses lacunes — est appelé à jouer à l'avenir un rôle tout à fait essentiel dans la conduite des politiques de sécurité en Occident. La leçon des euromissiles, en effet, est que l'opinion publique occidentale, telle le malade imaginaire, a constamment besoin d'être rassurée sur son état de santé nucléaire. Que les médecins de Genève (qui ne sont évidemment jamais d'accord sur rien) s'arrêtent de discuter, et la voilà qui panique et crie à l'agonie. On a pu le constater entre novembre 1980 et novembre 1981 lorsque le dialogue de Genève fut interrompu. On le vérifia à nouveau en 1984 après que les Soviétiques eurent claqué la porte des négociations INF au lendemain de l'arrivée des Pershing. L'ennui, c'est que la « sécurité négociée » reste un mythe, l'expérience de l'*Arms Control* de ces vingt dernières années le démontre amplement. Un mythe qui contribue à diluer la volonté de défense des démocraties : pourquoi réarmer si l'on peut négocier à l'amiable ? Et pourquoi ne pas soumettre (comme ce fut le cas avec les Pershing) la décision de déployer tel type d'armes à des conversations préalables avec l'adversaire ?

L'affaire des Pershing constitue ici un exemple à méditer. Beau précédent en effet que cette méthode de la « double » décision adoptée pour la première fois par l'OTAN en 1979, liant étroitement l'engagement d'acquérir certains armements à l'issue de négociations avec l'adversaire. Négociations qui, de surcroît, devaient s'étaler sur une période d'au moins quatre ans..., le temps que les armes en question (Pershing et Cruise) soient prêtes !

Naïvement, les leaders de l'Alliance pensaient forcer la main aux Soviétiques, en les menaçant de s'armer si eux-mêmes ne désarmaient pas. C'était oublier qu'on ne négocie pas des missiles

---

1. Voir sur ce point, troisième partie, pp. 186-187.

virtuels contre des missiles bien réels, eux. Plus grave encore :
c'était ignorer le fait pourtant évident que seuls les Occidentaux
ont une opinion publique, à laquelle les Soviétiques ont largement
accès, tandis que la réciproque n'est bien sûr pas vraie ! La
« générosité » d'une telle approche — dont Valéry Giscard
d'Estaing revendiqua imprudemment à posteriori la paternité —
n'a d'égale que son irréalisme. Non seulement elle revenait à
conférer à l'URSS une sorte de droit de regard préventif sur une
décision militaire prise par l'Occident, mais elle invitait le
Kremlin à tout faire, pendant les quatre années suivantes, pour
intervenir directement auprès des opinions publiques occidentales
dans le but de contraindre les gouvernements à revenir sur leur
décision. Bref, un piège parfait, autofabriqué en quelque sorte
par les Occidentaux eux-mêmes ! On connaît la suite : l'URSS ne
se fit pas prier et déclencha une campagne de propagande sans
précédent. Très vite, le débat se trouva rapidement déplacé
depuis la table des négociations de Genève, à la rue..., et aux
écrans de télévision.

Il devint alors évident pour toutes les parties concernées —
gouvernements et organisations pacifistes — que ce qui allait en
fin de compte déterminer l'issue de cette affaire, n'aurait que peu
de choses à voir avec l'évolution des négociations — extrêmement
complexes — entre les deux parties à Genève, mais bien
davantage avec la bataille de propagande à laquelle allaient se
livrer les deux grands pour gagner « les cœurs et les âmes » des
Européens.

Ce qui devait être au départ une négociation sur la réduction
des armements se transforma donc en une bataille politique pour
le maintien ou la modification des sphères d'influence respectives
des deux grands sur le Vieux Continent.

Et lorsque, au bout de quatre années de cette interminable
lutte, les missiles furent finalement déployés, ce ne fut pas sans
laisser de séquelles profondes dans nos opinions. Quant aux SS-20
que la « menace » occidentale de réarmement devait faire disparaître, leur nombre passa de 18 (fin 1979) à près de 300 fin 1983 !

Compte tenu de l'asymétrie existant entre des sociétés démocratiques totalement ouvertes et le système totalitaire, l'exemple
des euromissiles devrait nous faire réfléchir. Comment, dans ces
conditions, éviter que des négociations, utiles à certains égards,
ne basculent dans la bataille de propagande ? Ou plutôt dans une
propagande unilatérale, à destination de *nos* opinions, dans le

cadre d'une stratégie globale qui, nous l'avons vu, consiste à contrôler l'Europe, si possible sans tirer un coup de feu?

Dans cette optique, s'il devait se confirmer, au lendemain de l'affaire des euromissiles, que la négociation demeure la condition *sine qua non* de toute nouvelle décision occidentale en matière nucléaire, alors une telle situation entraînerait de très sérieux problèmes sur lesquels nous reviendrons dans la dernière partie de cet essai.

# III

# Un « divorce progressif » ?
## Question nationale allemande
## et « unilatéralisme » américain

La cassure du consensus interne évoquée dans le chapitre précédent, ne représente, malgré sa gravité, que l'un des aspects de la mutation qui est en train de se produire au sein des démocraties dans le domaine de la sécurité.

A ces divisions internes, se superpose en effet une cassure politique et psychologique non moins profonde entre les pays membres de l'Alliance Atlantique, et particulièrement entre ses deux piliers, les États-Unis et l'Europe, avec à sa tête, en l'occurrence, l'Allemagne fédérale.

A cet égard, la grande vague pacifiste de ces dernières années a été à la fois le catalyseur, mais aussi l'un des facteurs essentiels d'aggravation d'une crise qui couvait en fait depuis une quinzaine d'années.

L'heure n'est plus aujourd'hui — comme c'était le cas il y a encore quatre ou cinq ans — aux débats académiques sur le point de savoir si cette crise est historiquement et qualitativement nouvelle, ou bien au contraire si les divergences actuelles ne constituent qu'un épisode de plus dans les interminables « malentendus transatlantiques » qui ont jalonné l'histoire de l'Alliance depuis 1949.

A l'inverse des thèses optimistes d'un Stanley Hoffmann — pour ne citer que lui —, et des communiqués lénifiants mais insipides régulièrement publiés à Bruxelles, je tiens pour ma part que l'Alliance vit en ce moment une mutation fondamentale, produit d'une série d'évolutions historiques commencées bien avant la querelle des Pershing. Cette mutation se traduit par une double fracture ouverte sur chacun des deux piliers essentiels de cette Alliance, à savoir :

— la définition d'une stratégie militaire crédible et acceptable par tous ses membres. On a vu dans la première partie de cet essai ce qu'il est advenu de la doctrine de l'OTAN ces dernières années : érosion de plus en plus nette de la dissuasion et remise en cause du rôle des armes nucléaires dans la posture militaire de l'Alliance ; absence de consensus sur une doctrine de substitution « conventionnelle » ;

— la définition d'une stratégie politique cohérente face à l'Union soviétique, qu'il s'agisse des problèmes de sécurité au sens large (y compris des négociations sur les armements), du commerce Est-Ouest, du type de relations politiques devant être mené (détente ou pas). Et plus généralement de l'appréciation de la *nature* de l'URSS, de ses ambitions en Europe et dans le monde.

La réalité de cette fracture politique — qui nous intéresse plus particulièrement dans ce chapitre — n'est plus à démontrer, tant elle est apparue de façon spectaculaire ces dernières années. Et notamment dans le lamentable chaos qui a caractérisé les réactions occidentales au lendemain de Kaboul : querelles sur le boycott des Jeux Olympiques de Moscou, affrontement dans l'affaire du gazoduc de Yamal, et plus généralement sur les questions de commerce et de transferts de technologie à l'Est (COCOM), divergences sur l'appréciation du rôle de l'URSS dans certaines crises du tiers monde (Amérique centrale, Afrique et Moyen-Orient notamment)[1]. Le tout émaillé de récriminations américaines contre la « mollesse » de l'attitude européenne (les néo-conservateurs de Washington parleront de « hollandite » et de « quasi-finlandisation »), et, en sens inverse, d'accusations européennes contre « l'irresponsabilité » des actions américaines dans chacune des affaires citées.

Comme toujours en pareil cas, les extrêmes se renforçant mutuellement, les pacifistes européens ont tout naturellement conforté dans leurs convictions (et leurs accusations) les milieux américains les plus conservateurs décidés à lâcher une Europe jugée « finie » économiquement et de toute façon en voie de finlandisation avancée. Inversement, les neutralistes européens

---

1. Sans parler bien entendu des querelles sur la stratégie nucléaire américaine et les négociations d'*Arms Control*, évoquées longuement dans le chapitre précédent.

tiraient argument de la vague unilatéraliste américaine pour réclamer une transformation radicale du système de sécurité européen (dans le sens, bien entendu, d'un système de sécurité « collective » avec l'URSS).

Au cours des cinq ou six dernières années, cette succession de querelles, que les gouvernements ne prenaient même plus la peine de masquer, a fait naturellement la une des journaux et le bonheur des éditorialistes. Pendant cette période, il n'est pas un hebdomadaire occidental qui n'ait consacré au moins une couverture à la question : « Peut-on encore sauver l'Alliance ? » Et pas un homme politique de quelque envergure qui ne se soit exprimé sur ce sujet, pour évoquer tantôt la nécessité d'une « réforme » de l'OTAN (François Mitterrand[1]), ou des propositions d'amendements à la Charte de 1949 (Henry Kissinger).

Plutôt que de reprendre dans le détail l'historique des querelles récentes, il me paraît plus utile de réfléchir aux causes profondes de ces divergences, afin d'évaluer les chances de survie de l'Alliance dans les années à venir.

Mais qu'on se rassure ! Mon propos ne sera pas de démontrer que l'Alliance est « condamnée ». Thème qui, nous l'avons déjà noté au début de cet essai, constitue un leitmotiv du débat français en politique étrangère puisque justifiant le choix de « l'indépendance » de 1966.

En vérité, toutes les alliances, par définition, sont condamnées à disparaître un jour ou l'autre. Mais ce n'est pas la question qui se pose aujourd'hui à l'Alliance. A l'exception en effet d'une toute petite minorité de néo-isolationnistes outre-Atlantique, et d'une semblable minorité de vrais neutralistes en Europe, personne — surtout pas en France ! — ne remet en cause l'importance capitale qui s'attache au maintien de l'Alliance occidentale pour la sauvegarde de la paix en Europe — tout au moins en l'absence d'un système d'alliance suffisamment crédible entre Européens, que l'on ne voit guère se matérialiser pour l'instant. Il est révélateur à cet égard que, même dans les périodes les plus tendues dans les relations transatlantiques de ces dernières années, une très large majorité de l'opinion publique, tant aux États-Unis qu'en Europe (et surtout en RFA), affirme son soutien aux engagements contractés dans l'Alliance.

Le problème qui se pose à l'Alliance n'est donc pas celui de sa

---

1. Avant son élection, il est vrai. L'expression de « divorce progressif » retenue pour l'intitulé de ce chapitre est de Claude Cheysson, alors ministre des Relations extérieures.

dissolution volontaire, par l'effet de décisions prises par les gouvernements concernés. Il s'agit plutôt de savoir si les changements qu'a déjà subis et que subit encore aujourd'hui le réseau de relations entre les Alliés, pourront être gérés de façon telle que l'Alliance puisse retrouver sa substance, à la fois politique et militaire, selon des modalités qui restent à définir. Faute de quoi, celle-ci risque fort de ne devenir qu'une coquille vide, une façade périodiquement replâtrée derrière laquelle les liens politiques et militaires entre les démocraties se seront en fait peu à peu dissous. L'alternative n'est donc pas entre le maintien de l'Alliance ou sa dissolution formelle, mais bien entre sa transformation nécessaire ou son dépérissement.

Or ce dépérissement — il ne sert à rien de le nier, bien au contraire ! — est déjà fortement entamé. Les raisons en sont maintenant claires pour tout le monde, et il n'est guère besoin de s'y attarder trop longtemps. Mentionnons seulement les principales d'entre elles, à commencer par le changement historique intervenu dans ce que j'appellerai le rapport des forces internes à l'intérieur même du camp occidental.

Entre l'alliance de 1949 résultant de la prise de conscience d'un péril quasi immédiat venant d'URSS, et se traduisant en fait par la protection accordée par le vainqueur américain sur une Europe encore en ruine, et la situation actuelle, tout ou presque a changé. Au plan économique d'abord, où, malgré la crise, le PNB global de l'Europe est aujourd'hui supérieur à celui des États-Unis. Au plan politique ensuite, où la création de la RFA, suivie du processus de construction européenne ont mis fin au chaos de l'après-guerre. Au plan des sociétés elles-mêmes enfin : avec l'apparition des deux côtés de l'Atlantique de générations nouvelles qui n'ont connu ni la guerre (ou le combat pour la liberté), ni les années de reconstruction (plan Marshall). Tout a changé, donc. Sauf l'essentiel : l'Europe redevenue adulte politiquement et économiquement, reste mineure et vassale du point de vue de sa sécurité. Comme en 1949, l'essentiel de la dissuasion face au défi politique et militaire de l'URSS, réside encore dans la protection que lui accorde l'Amérique, et que symbolise la présence physique en Europe de 350 000 GI's.

Comment s'étonner alors qu'un tel déséquilibre, aussi instable que malsain, n'entraîne aujourd'hui les crises évoquées plus haut. Le plus surprenant, à la vérité, n'est pas que ces crises se produisent, mais que le système ait pu les surmonter et leur survivre... tout au moins jusqu'ici !

L'autre élément fondamental du changement intervenu dans l'Alliance tient aux facteurs externes et plus particulièrement au clivage de plus en plus net qui est apparu, au fil des années, entre les deux visions des relations avec l'URSS, de part et d'autre de l'Atlantique. Historiquement, ce clivage s'est en fait révélé avec la détente, politique pourtant adoptée à l'unanimité par les membres de l'Alliance en 1967.

Pour les États-Unis, la détente lancée par Nixon et Kissinger s'expliquait avant tout par les retombées du Viêt-nam et la nécessité, pour une Amérique traumatisée et affaiblie par sa défaite en Extrême-Orient, de renoncer à une politique désormais trop onéreuse d'endiguement (*Containment*). A la confrontation stratégique du passé, sur tous les continents, appuyée sur un réseau mondial d'alliances, Kissinger espérait substituer un régime beaucoup moins coûteux de « cogestion » des affaires du monde, l'URSS étant « contenue » non plus seulement par la force des armes, mais aussi par ses intérêts propres dans le commerce avec l'Ouest et dans la négociation, à parité, sur les armements. En fait, ce système délicat de *Balance of Power* fondé sur un jeu tout aussi subtil entre la « carotte et le bâton », ne résista ni aux lendemains du Viêt-nam et du Watergate, ni à la poussée de l'URSS. En phase de repli sur elle-même, désireuse d'en finir avec le « gendarmisme » mondial des années 50 et 60, de réduire ses dépenses militaires et de garder ses « Boys » à la maison, l'Amérique embrassa la détente comme une sorte d'endiguement à l'économie (*Containment on the Cheap*). Du bâton, il ne resta rapidement plus rien (avec la réduction du budget militaire, la *War Powers Resolution*[1] et l'émasculation de la CIA) ; seule la carotte se maintint, sous la pression des lobbies du commerce avec l'Est (les banquiers qui prêtèrent 150 milliards de dollars à l'Est et les paysans du Middle-West qui vendirent des centaines de millions de tonnes de blé). Tout cela, cependant, ne devait durer qu'une dizaine d'années : entre l'offensive du Têt en 1968 et l'invasion soviétique de l'Afghanistan en 1979.

Tirée peu à peu de sa léthargie par les humiliations infligées pendant les années Carter (en Iran en particulier), l'Amérique devait finalement se réveiller avec le coup de Kaboul en décembre 1979. Ce fut, en réaction, l'élection de Ronald Reagan et, avec

---

1. Qui soumet à l'approbation du Congrès l'engagement de moyens militaires à l'étranger (on en voit encore les conséquences en Amérique centrale, ou au Liban).

lui, le retour d'une idéologie que l'on avait pourtant crue à jamais révolue dix ans plus tôt. De nouveau, l'Amérique s'affirmait comme porte-drapeau du capitalisme pur et dur, cherchait à rétablir sa puissance militaire (au moyen du plus ambitieux effort de réarmement accompli depuis les guerres de Corée et du Viêt-nam), et n'hésitait pas à recourir aux vieilles méthodes du *Containment* là où cela s'avérait nécessaire (mais sans trop de risques : à la Grenade par exemple). La grande victime de tout cela fut évidemment la détente (et son corollaire, l'*Arms Control*), ou plutôt le rêve américain de la détente, remplacé par le retour à la foi dans la puissance américaine.

C'est une trajectoire toute différente que devaient suivre les Européens pendant cette période. Tandis qu'aux États-Unis la détente se limitait surtout à la chose stratégique, avec une dimension économique modeste (sauf dans le cas de l'agriculture céréalière) et de très faibles retombées sur la société américaine dans son ensemble, la détente eut dès le départ une signification beaucoup plus profonde pour les Européens — et pour les Allemands en particulier. Chacun ayant la détente de sa géographie, celle-ci revêtit en Europe une signification non seulement économique [1] et humaine (en termes d'échanges de biens et de personnes), mais véritablement historique, s'agissant de l'évolution ultérieure de l'ordre politique européen. En ce sens que seule une politique de dialogue permanent avec l'URSS — certes couplée au maintien de la protection américaine — permettrait de sublimer le clivage de « Yalta », en maintenant, malgré le rideau de fer, les liens entre les deux Allemagnes et au-delà, entre les deux Europes. De plus, pensait-on, seule cette politique pouvait éviter à l'Europe de faire les frais d'une guerre décidée en dehors d'elle mais qui se déroulerait sur son sol. C'est à cela que les Européens — Allemands en tête — devaient se référer lorsqu'ils évoquèrent, pour les défendre contre les pressions de Washington, « les acquis de la détente », ou lorsqu'ils affirmèrent sans ambages « qu'il n'y a pas d'alternative à la détente ».

L'ennui c'est qu'ayant dit cela, l'Europe donnait à l'Union soviétique une sorte de chèque en blanc sur sa conduite ultérieure — en Europe et dans le reste du monde —, en même temps qu'un moyen de chantage quotidien sur les démocraties européennes.

---

1. Bien que la part du commerce avec l'URSS et les pays de l'Est demeure modeste dans le commerce extérieur global des pays européens, l'essentiel de ces transactions est constitué de biens industriels (par opposition aux livraisons surtout agro-alimentaires des États-Unis). Du point de vue soviétique, le commerce avec l'Europe occidentale est donc particulièrement important pour son économie.

Les « acquis de la détente » devant être préservés à n'importe quel prix (Afghanistan ou pas, Pologne ou pas), une telle attitude revenait à accepter le concept soviétique de « divisibilité de la détente » : l'Europe échangeant sa paix contre les mains libres pour Moscou partout ailleurs. C'est cette conception qui devait entrer en collision avec la réaction américaine au lendemain de l'affaire de l'Afghanistan. Subitement confrontée à la rupture des relations entre les deux grands, l'Europe se trouva déchirée entre les deux pôles de cette double allégeance nouvelle : solidarité avec le protecteur américain d'une part, tentative d'autre part de sauver ce qui pouvait l'être encore de sa détente régionale avec l'Est.

C'est cet ensemble de facteurs nouveaux, à la fois internes et externes, qui devait déclencher à partir de 1979 la série de querelles évoquées plus haut (Afghanistan, Pershing, Pologne, commerce avec l'Est, Amérique centrale, etc.), querelles dont les séquelles marquent désormais d'une empreinte profonde le tissu même de l'Alliance occidentale. En effet, l'essentiel ici tient moins à ces divergences elles-mêmes (malgré toute leur gravité) qu'au fait qu'elles ont peut-être permis de libérer des forces qu'il sera à l'avenir extrêmement difficile de contenir : je veux parler du nationalisme, ou plutôt *du retour* du phénomène national, longtemps bridé par les contraintes issues de l'Alliance[1].

De façon très significative, ce phénomène s'était d'abord manifesté le plus clairement à partir du début des années 70, dans la sphère économique. Avec l'effondrement des règles du jeu monétaires et commerciales érigées dans l'immédiat après-guerre, la crise de l'énergie, puis la crise tout court, la politique du « chacun pour soi » (y compris au sein de la CEE, on peut le constater tous les jours) s'est rapidement imposée comme la normalité nouvelle du comportement des démocraties dans la gestion de leurs économies. L'exemple le plus spectaculaire ici nous est fourni par les États-Unis qui, malgré l'immense impact de leur économie sur le reste du monde conduisent leur politique financière et commerciale exactement comme s'ils étaient situés sur une autre planète, laissant s'accumuler notamment une dette extérieure colossale et finançant par la planche à billets un déficit sans précédent de leur budget et de leur balance commerciale.

De même que l'on assiste à un retour au nationalisme économique et au protectionnisme, de même voit-on se manifester, à

---

1. Et, dans une moindre mesure, de la CEE.

partir de la décennie 70, des tendances similaires dans la sphère stratégique. Tandis qu'il y a vingt ans, la France de de Gaulle, en affirmant son indépendance et ses intérêts nationaux propres, faisait figure de dangereuse délinquante dans l'ensemble atlantique, chacun aujourd'hui redécouvre à sa manière sa propre forme de « gaullisme ». La vision prioritaire des intérêts nationaux, plutôt que des intérêts collectifs de l'Alliance, est redevenue la normalité du comportement des démocraties dans la sphère de la sécurité. Du Danemark à la Hollande qui ont redécouvert grâce aux Pershing les racines neutralistes de leur histoire (toujours cette même amnésie face aux leçons du passé !), au « gaullisme californien » d'un Ronald Reagan qui n'aspire qu'à agir selon les intérêts propres de l'Amérique sans trop se préoccuper d'Alliés de toute façon trop « mous », sans oublier bien sûr, la réapparition de la question nationale en Allemagne, illustrée elle aussi au cours de l'affaire des Pershing, toutes ces évolutions procèdent du même phénomène.

C'est finalement sur ce point essentiel que se jouera, à mon sens, l'avenir de l'Alliance : entre la tendance profonde à un retour aux sources de l'isolationnisme aux États-Unis (quoique sous des formes nouvelles), et la réapparition de la question nationale de l'autre côté du Rhin, le binôme germano-américain sur lequel était fondé tout le système atlantique est aujourd'hui profondément ébranlé. La vraie question qui se pose donc ici est de savoir — si, comme il est probable, ces tendances sont appelées à se développer dans l'avenir — quelle pourra être la place du système de sécurité collective occidental dans un tel contexte. On comprendra donc que je m'y attarde quelque peu dans les pages qui vont suivre.

Les Allemands n'aiment guère évoquer publiquement leur dilemme national. Pendant les quatorze années de gouvernement SPD, qui virent pourtant l'éclosion de cette tendance à l'affirmation nationale (le non allemand au pont aérien américain vers Israël en 1973 marque à cet égard un tournant[1]), le problème était même carrément nié. La fameuse « question allemande », aime à dire Karsten Voigt, l'un des plus brillants responsables du SPD, à ses interlocuteurs français, « n'existe que dans l'imagination des

---

[1]. L'autre élément important étant l'affirmation, sous Schmidt, de la personnalité allemande sur la scène internationale : le point culminant fut atteint pour la première fois en janvier 1979 lors du sommet de la Guadeloupe, l'Allemagne rejoignant les 3 « nucléaires » — États-Unis, France et Royaume-Uni — à égalité de droits.

Français. La question allemande n'est en fait qu'une question française. »

L'explication classique peut se résumer comme suit : « La réunification, entendue au sens de la réunification des deux États, est impossible, du moins tant que l'URSS n'en aura pas décidé autrement. Or, comme l'Allemagne a fait clairement le choix de l'Occident en adhérant à l'OTAN il y a trente ans et qu'elle ne sortira pas de l'Alliance, il n'est donc pas question pour nous, Allemands, d'échanger une hypothétique réunification contre notre neutralité. Seuls quelques Français (communistes et " paléo-gaullistes " sont visés) peuvent encore penser cela. » Vient alors la deuxième partie du raisonnement : « Cela étant, les Allemands forment un seul peuple. Et il est donc parfaitement normal que la RFA tisse le maximum de contacts possible avec les Allemands de l'autre côté. Ce faisant, elle s'appuie délibérément sur l'OTAN, car le maintien de sa sécurité par l'Alliance constitue la condition *sine qua non* de sa " politique à l'Est ". OTAN et *Ostpolitik* sont donc inséparables, ce principe étant lui-même incorporé dans la politique d'ensemble de l'Alliance grâce au binôme défense-détente inscrit dans le rapport Harmel. »

Ce raisonnement, que j'ai entendu à plusieurs reprises de la bouche d'Helmut Schmidt et de bien d'autres responsables politiques allemands, est également celui d'Helmut Kohl et de la CDU, à deux nuances près cependant : Kohl (et d'autres membres de son gouvernement, comme Aloïs Mertes) n'hésitent plus aujourd'hui à évoquer publiquement l'objectif de réunification (y compris à Moscou). Cet objectif étant inscrit dans la constitution, la CDU se trouve donc en flèche sur la question des frontières (par opposition au SPD, beaucoup plus discret sur ce point). L'autre nuance tient au « climat » des relations avec Washington et l'OTAN : la RFA de Kohl est moins critique, moins hostile dans la forme que ne l'était le gouvernement Schmidt (surtout entre 1978 et 1982). Sur le fond cependant, les priorités allemandes, on va le voir, restent les mêmes.

En réalité, cet argumentaire, d'une rigueur toute germanique, est moins « carré » qu'il n'y paraît au premier abord. Quelque chose de fondamental est en train de se passer en Allemagne. Chacun le sent bien, à commencer par les Allemands eux-mêmes bien sûr, même si rares sont ceux qui ont la franchise de le reconnaître et de se poser des questions sur ce point.

La première ambiguïté qui s'y dissimule touche à la notion même de réunification. Les Allemands ont beau jeu (et ils ne s'en privent pas) de railler les angoisses françaises face au spectre de la possible résurgence d'un super-État allemand réunifié de 80 millions d'âmes. Cela, on le sait à Bonn, n'est pas près d'arriver : les clés de Berlin sont entre les mains des maîtres du Kremlin. Par contre, ce qui intéresse les Allemands de l'Ouest, ce qui fonde même désormais toute leur politique étrangère, c'est la nécessité de garder ouverte cette option à très long terme, en empêchant la distanciation entre les deux États artificiellement créés sur les décombres du nazisme, par tous les moyens possibles. Cela va de l'aide économique massive accordée à la RDA[1], en passant par les canaux de télévision (regardés à l'Est), pour arriver bien sûr aux meilleurs relations possibles avec le régime communiste de Berlin-Est.

Une telle politique, au demeurant très normale pour qui (et je suis du nombre) ne refuse pas de voir la réalité de la nation allemande, comporte pourtant plusieurs dangers graves pour l'Europe tout entière (dangers que Pompidou et Kissinger comprirent d'ailleurs très vite dès le démarrage de l'*Ostpolitik* sous Willy Brandt).

Le premier, on l'a déjà noté, est de fournir à l'URSS un fantastique levier de chantage sur Bonn, pour couper la RFA à la fois des États-Unis, mais aussi du reste de l'Europe. Car tout se monnaye, bien sûr : pas seulement les citoyens de la RDA candidats à l'immigration et que Bonn « achète » littéralement en DM, mais aussi le maintien même de ce réseau de relations humaines, commerciales et culturelles. Où se terminent les « acquis » et où commencent la dépendance et le chantage ? Quel est le prix que Bonn est encore disposé à payer pour son ancrage à l'Ouest, par opposition à ses intérêts à l'Est ? D'où, les menaces de Moscou aux Allemands de l'Ouest au cours de l'affaire des Pershing, promettant en cas de déploiement, une « ère glaciaire » dans les relations entre les deux Allemagnes.

Le deuxième danger vient de ce que les Allemands ont à leur manière renégocié leur statut dans l'Alliance. Certes, il n'est toujours pas question (sauf peut-être pour Oskar Lafontaine, leader de l'aile neutraliste du SPD) de sortir de l'OTAN. Mais il n'est pas question non plus — et cela est nouveau — d'accepter n'importe quelle Alliance et n'importe quelle politique décrétée à

---

1. Plus que tous les prêts accordés récemment par Bonn (y compris par le très conservateur Franz Josef Strauss au cours d'un voyage à Berlin, l'été 1984) et qui se chiffrent en milliards de marks, je rappellerai deux faits qui donneront la mesure de ces liens. 1) On ne dispose d'aucune donnée chiffrée sur le commerce entre les deux Allemagnes : officiellement en effet celui-ci n'est pas recensé dans les statistiques du commerce extérieur de la RFA. 2) Pour les mêmes raisons, la RDA est *de facto* le treizième membre de la CEE.

Washington. Qu'il s'agisse d'armes nucléaires, de relations politiques ou de transferts de technologie en direction de Moscou, désormais l'Allemagne affirme ses intérêts et son droit à avoir voix au chapitre, au même niveau que les « nucléaires » français et britanniques. Au sein de l'Alliance Atlantique, l'Allemagne est donc devenue le partenaire le plus rétif à toute initiative américaine qui pourrait mettre en danger ses « acquis » avec l'Est. Toute la question désormais est de savoir jusqu'où cette évolution peut se concilier avec les intérêts globaux de l'Alliance. Et surtout, avec ceux des États-Unis (et de la France), qui n'ont ni les mêmes vulnérabilités à l'égard de l'URSS, ni par conséquent la même vision des relations avec Moscou. Comment faire en sorte, pour Paris et Washington, de soutenir l'Allemagne dans sa quête d'identité nationale (car la pire erreur consisterait à la laisser seule face au chantage de Moscou), sans pour autant laisser glisser l'Alliance tout entière vers une politique de quasi-apaisement à l'égard de Moscou ?

On touche là bien sûr à un troisième danger, qui est le jeu d'équilibrisme qu'entreprend désormais l'Allemagne entre les deux pôles de sa politique : l'appartenance à l'Alliance et l'*Ostpolitik.*

Tant que régnait la détente entre Washington et Moscou, l'équilibre pouvait être assez aisément maintenu : ce fut le cas des années 70. Mais dès lors que les relations entre les deux grands se dégradent, l'Allemagne se trouve comme déboussolée sur sa ligne de crête : d'un côté, le précipice d'une cassure avec l'Amérique ; de l'autre, l'abysse d'une rupture des liens si patiemment tissés avec l'Est. Dans l'affaire des Pershing, on l'a vu, l'Allemagne — Carter commit l'erreur de vouloir la forcer à se prononcer alors qu'elle ne pouvait le faire — ne trancha finalement pas. En mettant comme condition à l'acceptation des missiles la fameuse clause de « non-singularité » et en y ajoutant l'idée d'une négociation parallèle, elle transforma en fait *son* problème en un problème européen au sens large, tout en laissant à l'URSS le soin de décider en fin de compte (via la négociation) si les missiles seraient ou non déployés.

Mais ce jeu de bascule qui modifie radicalement le fonctionnement de l'Alliance, tout en faisant de la RFA le pivot des relations entre les deux grands, comporte aussi un autre péril : celui de voir se développer à l'intérieur même de l'Allemagne un ensemble d'attitudes très différentes de celles du passé, quant à la perception de l'allié et de l'adversaire.

Pour beaucoup de jeunes Allemands, le délicat équilibre entre détente' et défense, sur lequel reposait toute la stratégie de l'ouverture à l'Est, n'a strictement aucun sens. L'impératif de la défense (surtout quand celle-ci est fondée sur le risque nucléaire) est largement sublimé par la priorité absolue dont bénéficie le « combat pour la paix »[1]. Au-delà, bien sûr, c'est la différence de nature entre l'allié et l'adversaire qui peu à peu disparaît. Désormais méprisée en tant que modèle de société, autant que dans ses institutions (jugées erratiques), l'Amérique paraît même plus dangereuse que l'URSS, perçue comme faible et sur la défensive. La course aux armements, à laquelle se livrent les deux grands sur le sol allemand (à l'Est comme à l'Ouest) est alors vécue comme une sorte de punition, un nouveau « coup de poignard dans le dos » infligé par les grandes puissances. Comme si le prix de la division n'était pas suffisant. Comme si le fait que chaque moitié de l'Allemagne soit transformée en un véritable arsenal bourré d'armes atomiques et de « troupes étrangères » (Oskar Lafontaine parle de « troupes d'occupation ») n'avait pas suffi à payer le prix de l'Histoire. Voilà que les super-grands préparent à nouveau la guerre sur le sol allemand et qu'ils érigent entre les deux Allemagnes une « palissade de Pershing » !

Ces sentiments[2], qu'on ne s'y trompe pas, ne sont nullement l'apanage des Verts, ou des mouvements « alternatifs ». On les retrouve au SPD bien sûr[3], mais aussi chez les libéraux et au sein de la droite conservatrice. A gauche, ils s'expriment par l'idée d'un « partnership de sécurité » entre les deux Allemagnes, né d'une responsabilité, commune et historique, de sauver la paix de l'irresponsabilité des grands[4] et de dire non dans tous les cas à la guerre, puisque les Allemands des deux côtés seraient inévitablement les premiers à en payer ensemble le prix. Mais ces sentiments s'affirment aussi plus simplement dans le fait que,

---

1. Lors d'un colloque organisé par la fondation Friedrich Ebert (proche du SPD) à Bonn en juin 1982, Willy Brandt, en réponse à une question (française) sur le mouvement de la paix en Allemagne, a répondu : « Je fais partie d'une génération d'Allemands qui n'a pas su empêcher la guerre. En tant qu'Allemand et ancien militant antinazi, je préfère voir les jeunes Allemands d'aujourd'hui défiler pour la paix que sous l'uniforme des chemises noires. » Au-delà du combat contre les Pershing, le pacifisme en Allemagne vise plus profondément à exorciser l'histoire et la faute des pères. La pureté de ce nouveau combat sert d'absolution aux crimes commis par l' « autre » Allemagne, celle du passé.

2. Ces attitudes nouvelles en matière de sécurité n'ont bien sûr pas fait surface dans le vide. Elles vont de pair avec une remise en cause fondamentale, parmi les élites issues de la génération des années 60, de l'ensemble du modèle de société de la RFA (y compris au niveau de ses institutions démocratiques). André GLUCKSMAN (*La Force du vertige*, Grasset, 1983) et Joseph ROVAN (« Réflexions sur la crise allemande », *Politique étrangère*, 1983) ont, parmi d'autres, excellemment décrit ces phénomènes complexes où se retrouvent mêlées la tentation national-neutraliste, l'inspiration romantico-religieuse et la critique marxiste.

3. Voir notamment le document sur la défense issu du congrès d'Essen de mai 1984 ; et pour comprendre la philosophie nouvelle de la gauche allemande en matière de sécurité, le *Mémorandum à la gauche française pour un débat sur la paix en Europe*, élaboré par l'Initiative « Dites non aux armes nucléaires ! », Berlin, mai 1984.

4. Outre son inspiration clairement nationale, la notion fumeuse de « *Sicherheit Partnerschaft* » mène évidemment tout droit à l'apaisement puis au neutralisme, puisqu'elle exclut à priori toute notion de confrontation (idéologique et militaire), qu'elle vise précisément à transcender par l'idée de communauté de destin.

d'Helmut Schmidt à Helmut Kohl, la politique de sécurité de la RFA n'a pas changé fondamentalement (contrairement à ce qu'espéraient un peu naïvement les experts de l'Administration Reagan). Certes, le second a présidé au déploiement des Pershing (ce que le premier aurait fait s'il n'avait perdu le contrôle de son parti entre-temps). Mais fondamentalement, l'attachement reste le même à l'égard de l'*Ostpolitik* et de ce qu'elle implique : un processus continu, quoi qu'il puisse arriver entre Washington et Moscou, de négociations sur la sécurité, de dialogue politique et de commerce avec l'Est.

C'est face à cette réalité allemande nouvelle, qu'il convient maintenant d'apprécier l'évolution nationale, tout aussi profonde, survenue au même moment de l'autre côté de l'Atlantique.

J'ai rappelé, au début de ce livre, à quel point le retour de l'armée américaine en Europe à partir de 1950 et son maintien depuis lors, constituaient à l'époque (et constituent toujours) un renversement fondamental des options traditionnelles de la politique extérieure des États-Unis. Pendant près de trois décennies (jusqu'à la fin des années 70), cette imbrication étroite dans une alliance militaire permanente en Europe, bien que contraire à la tradition américaine, se trouvait largement compensée par d'autres gains — en termes stratégiques bien sûr, mais aussi en termes de leadership politique et économique sur le « monde libre ». D'autant plus que l'essentiel de la protection accordée par les États-Unis se cantonnait au domaine nucléaire, c'est-à-dire au moyen de défense le plus économique qui soit.

Bref, l'Amérique face à ses responsabilités nouvelles de super-puissance à l'échelle mondiale, face aussi aux réalités de l'interdépendance des économies modernes, avait semblé tourner définitivement la page isolationniste de son histoire. En réalité cependant, les tendances au repli demeuraient toujours sous-jacentes. Déjà dans les années 60, sous la houlette du sénateur Mansfield, un puissant mouvement en faveur du retrait des troupes américaines d'Europe s'était développé. (L'idée dominante à l'époque étant que l'Europe était devenue suffisamment riche pour se défendre seule, ou à tout le moins pour contribuer davantage au « fardeau » de la défense commune [1].) Mais c'est surtout à l'égard

---

1. Ironiquement, l'offensive mansfieldienne fut finalement enrayée grâce... aux Soviétiques. L'ouverture des négociations MBFR en 1973 était en effet largement destinée à convaincre le Sénat américain de n'effectuer le retrait des troupes américaines qu'en échange de retraits concomitants de divisions de l'Armée Rouge. L'artifice a fonctionné mieux que prévu : depuis douze ans, les MBFR sont au point mort...

de l'engagement américain dans le tiers monde que cette tendance au repli devait se manifester le plus spectaculairement, le tournant étant bien entendu la défaite du Viêt-nam.

Lorsque Jimmy Carter arrive à la Maison-Blanche en 1976, le réseau mondial d'alliances et d'installations militaires hérité de Foster Dulles s'est déjà presque entièrement effondré. Seule l'Europe reste clairement couverte par la garantie américaine. Viennent ensuite un tout petit nombre d'alliés épars, où l'Amérique reste formellement engagée. En Asie : le Japon surtout et, sur un autre plan, la Corée du Sud et les Philippines. Au Moyen-Orient : Israël (dans une catégorie à part bien sûr), mais aussi l'Iran du shah et l'Arabie saoudite. Pour le reste du tiers monde, Carter inaugure une nouvelle doctrine : celle des Droits de l'homme et du non-interventionnisme militaire (qui va même jusqu'à l'autolimitation en matière de ventes d'armes). La nouvelle philosophie américaine est alors celle du laisser-faire stratégique : l'URSS — les Américains en sont convaincus —, s'enlisera dans le tiers monde, de la même façon que les États-Unis le firent jadis au Viêt-nam (Andrew Young, alors ambassadeur à l'ONU, dira même que les 40 000 Cubains d'Angola sont une force de « stabilisation » en Afrique). On l'a déjà noté, l'affaire d'Iran et celle d'Afghanistan vont brusquement mettre fin aux théories baptistes de Jimmy Carter en matière de relations internationales[1]. Mais elles ne renverseront pas radicalement — pas plus que l'arrivée de Reagan — la tendance au repli, déjà dominante à l'époque. Sous Carter, ce repli était enrobé dans une phraséologie moralisatrice et vaguement tiers mondiste. Sous Reagan, la tendance au repli demeure, bien que masquée cette fois par une rhétorique très « guerre froide » centrée sur l'URSS ; elle prend aussi des formes nouvelles : celle de l' « unilatéralisme ».

Par opposition à l'isolationnisme traditionnel, l'unilatéralisme ne signifie pas un repli total de l'Amérique sur son continent. La volonté d'intervenir à l'extérieur, au besoin par la force, demeure. Elle est même à nouveau affirmée (d'où le contraste apparent avec Carter). Mais cette volonté se limite en fait aux seuls intérêts nationaux strictement définis comme tels par l'Amérique seule. Il ne s'agit donc plus de « gendarmisme » mondial, corollaire d'une vision mondialiste, mais de la défense d'intérêts immédiats (en Amérique centrale notamment), qui ne veut plus s'encombrer ni

---

1. Rappelons-nous cet aveu effarant du président Carter au lendemain de l'entrée de l'Armée Rouge à Kaboul : « J'ai appris plus en trois jours sur l'URSS qu'en trois ans d'exercice du pouvoir. »

d'alliances permanentes et contraignantes, ni d'alliés difficiles et hésitants. L'autre limite, essentielle aussi, est que l'Américain moyen, s'il garde la nostalgie de la toute-puissance des années 50, reste profondément marqué par les leçons du Viêt-nam : pas question donc « d'envoyer les Marines » à tort et à travers [1], sauf bien sûr quand il n'y a aucun risque (la Grenade étant sur ce point le prototype de la guerre idéale pour les États-Unis actuels [2]).

S'agissant de l'Europe, cette attitude générale de désintérêt à l'égard de l'extérieur devait se colorer d'une exaspération croissante vis-à-vis d'un continent jugé décadent et de toute façon de moins en moins important par rapport aux enjeux économiques et stratégiques nouveaux apparus dans d'autres régions (Amérique centrale, bassin Pacifique, golfe Arabo-Persique) [3]. D'où l'idée désormais ouvertement exprimée — y compris dans les milieux les plus pro-européens de Washington — que « les États-Unis doivent mettre fin à l'anomalie historique qui consiste à conserver, quarante ans après la guerre, 300 000 GI's en Europe », et que les Européens devraient se départir de leur attitude « nombriliste » et prendre en charge à tout le moins l'essentiel du fardeau de leur propre défense. D'où également certaines orientations à long terme des programmes militaires américains : réarmement naval d'abord (le fameux plan des 600 navires devant redonner à l'Amérique les moyens de sa vocation maritime), accent sur la mobilité des moyens conventionnels (pour intervenir ponctuellement partout où cela est nécessaire et non pas seulement en Europe), programme *Stars War* enfin (destiné à mettre l'Amérique à l'abri dans l'ère post-nucléaire).

Le message ressassé à longueur d'éditoriaux dans le *Wall Street Journal*, le *Chicago Tribune* et bien d'autres journaux et entendu maintes fois par le visiteur européen à Dallas, Houston ou San Francisco, est toujours le même : les États-Unis doivent cesser de centrer leur système de défense sur le seul continent européen ; ce système doit être redéployé en fonction des réalités économiques

---

1. Les sondages récents (1982-1983) sont à cet égard très éloquents : dans l'affaire de Pologne, seuls 5 % des Américains étaient disposés à envoyer des troupes ; dans le cas de la guerre des Malouines, 85 % étaient contre toute participation directe des États-Unis (53 % pourtant approuvaient l'aide accordée à la Grande-Bretagne). Plus révélateur encore, le cas du Liban : 32 % étaient partisans de ne rien faire, 20 % pour aider Israël, 20 % pour aider les Palestiniens, mais sans intervention directe là aussi. Enfin, dans l'affaire du Salvador, 64 % des Américains y voyaient une « menace communiste » contre les États-Unis, mais 79 % étaient résolument contre l'envoi des troupes. (Ces chiffres sont tirés de divers sondages et notamment de l'excellent volume du *Chicago Council on Foreign Relations : American Public Opinion and US Foreign Policy 1983*). Toujours sur cette question de l'emploi de la force à l'extérieur, on a pu noter à quel point elle divise l'Administration Reagan elle-même, par la série de déclarations contradictoires faites par MM. Weinberger et Shultz sur ce thème à la fin 1984 (à propos de la répression du terrorisme international).
2. Le cas contraire étant bien sûr le Liban où, sous la pression de l'opinion publique et du Congrès, l'Administration a achevé son expédition en une lamentable retraite après avoir perdu 250 hommes lors d'un attentat téléguidé depuis Damas.
3. Voir Laurence EAGLEBURGER « Les États-Unis entre l'Europe et le Pacifique », *Politique étrangère*, 1, 1984.

et stratégiques nouvelles, à commencer par le fait que le Japon occupe désormais la première place dans le commerce extérieur américain (*avant* la CEE) ; la tradition maritime et le bassin Pacifique constituent les racines historiques de l'Amérique moderne et de sa puissance ; quant à l'Europe, elle a le choix entre contribuer davantage à la défense des intérêts communs (ceci inclut sa propre défense et la protection de *son* pétrole), ou se débrouiller toute seule avec les Russes.

Je me bornerai à citer à cet égard deux éditoriaux significatifs parmi des dizaines et des dizaines d'autres parus ces dernières années dans la presse américaine.

En décembre 1981, un éditorial du *Chicago Tribune* intitulé « Avons-nous besoin d'une Alliance européenne ? » affirmait : « Les héritiers de Talleyrand, Bismarck et Disraeli (et de Pétain, Hitler et Chamberlain) nous disent que nous ne savons pas traiter correctement avec le colosse soviétique. Nous sommes lourds, disent-ils, peu subtils, simples d'esprit (...). Mais, voyez leur bilan. Ces maîtres de la diplomatie se sont arrangés pour plonger l'Europe à deux reprises au cours de ce siècle, dans un chaos tel qu'il a fallu que les États-Unis viennent à leur secours, en payant un prix immense de sang et d'argent. »

Plus récemment, un autre éditorial du *Wall Street Journal* (3 mars 1983) intitulé : « Il est temps de changer d'Alliance Atlantique » développait l'argument suivant, désormais bien connu : « Le système de défense gratuite *(Defense Free-Riding)* des Européens est un héritage de l'immédiat après-guerre, quand il s'avéra nécessaire de défendre nos alliés contre l'impérialisme soviétique à cause de la ruine de leurs économies. Aujourd'hui, cela ne se justifie plus. L'Europe et le Japon ont des taux de croissance comparables à celui des États-Unis (...) et cela doit les conduire à assumer davantage l'effort de défense (...). Confrontés avec la menace d'une finlandisation de l'Europe de l'Ouest, nos responsables politiques semblent croire qu'il vaut mieux, pour nous, laisser aux Européens leur système de défense gratuite, plutôt que de retirer nos troupes d'Europe. Mais, d'après nous, ces coûts ont été sérieusement sous-estimés. Nous n'avons considéré jusqu'ici que le coût financier de notre première ligne de défense en Allemagne plutôt qu'à New York ou sur le Rio Grande, et celui-ci a donc pu apparaître modeste. L'ennui c'est que nous avons omis de prendre en considération les " coûts d'incitation " qui en résultent, du fait de l'encouragement aux tendances pacifistes et neutralistes en Europe, et au commerce et aux crédits subventionnés entre l'Europe et l'URSS. Quand ces coûts auront été compris, alors il est douteux que la situation actuelle puisse se prolonger longtemps. »

Je le répète, on pourrait citer cent autres discours, articles ou éditoriaux de la même eau. Peu importe que ce message soit largement biaisé et souvent erroné [1], qu'il soit même contraire aux intérêts fondamentaux des États-Unis. Là n'est pas le problème. Non seulement ces thèmes sont une réalité, mais ils se répandent extraordinairement vite et en profondeur dans une Amérique qui, qu'on le veuille ou non à Paris ou à Londres, perd peu à peu ses racines européennes. Et l'on aurait tort en France (et en Europe) de croire que ce type d'arguments n'est que l'apanage du courant néo-conservateur. Cette attitude reflète, à mon sens, une mutation beaucoup plus profonde de la société américaine dans son ensemble, et que laissent transparaître certains indices comme la disparition des vieilles élites « européennes » de la côte Est (la génération des auteurs du plan Marshall), le désintérêt croissant des élites intellectuelles nouvelles à l'égard de l'Europe [2], et surtout l'évolution de la composition ethnique de la population américaine [3], ainsi que le glissement du centre de gravité économique et technologique des États-Unis (donc du pôle de croissance démographique) vers le Sud et la Californie [4]. Pour bon nombre de ces nouveaux Américains, l'Europe n'est plus qu'une sorte de curiosité historique, au mieux un lieu de vacances dont on ignore les traditions et les langues : mais que reste-t-il de la communauté de valeurs qui constitue, en dernière analyse, le fondement essentiel de l'Alliance ?

Les sondages reflètent clairement cet ensemble complexe de tendances. Pour l'heure, la vague conservatrice reaganienne fait que les Américains, dans leur majorité, continuent à soutenir l'OTAN et même un éventuel engagement des forces américaines

---

1. On peut en effet discuter à l'infini sur qui paye quoi dans l'OTAN (voir la troisième partie). On peut aussi douter de ce fameux concept de « communauté du bassin Pacifique » et de son intérêt pour les États-Unis. D'abord, ce bassin est surtout constitué d'eau ! Ensuite, il est extraordinairement hétérogène, politiquement et culturellement (bien plus que l'Europe). Enfin, il est davantage un pôle de concurrence pour l'économie américaine, donc une source de problèmes, que l'Europe, qui reste un marché essentiel pour l'industrie d'outre-Atlantique.

1. Un recensement effectué pour le compte de la fondation Rockefeller en 1983 a fait apparaître des chiffres tout à fait révélateurs à cet égard : sur quelque 1 100 universités et centres de recherche traitant de relations internationales, la part des études ou enseignements consacrés à l'Europe était tombée en vingt ans à 4 %, au même niveau que les études africaines.

3. On fait beaucoup de cas, à juste titre d'ailleurs, de l' « éclatement » démographique prévisible de l'URSS. Mais on oublie trop souvent aussi que des phénomènes analogues se produisent également aux États-Unis. Je rappellerai seulement ces quelques données (en me référant au bon livre de Jacqueline GRAPIN, *Forteresse America*, Grasset, 1984 : « En l'an 2000, un quart de la population américaine sera noire ou hispanique. Par ailleurs, le taux de progression démographique entre 1970 et 1980 révèle des contrastes saisissants entre les différents groupes : les blancs n'ont progressé que de 6 %, contre 17 % pour les noirs, 6 % pour les Hispaniques et 128 % pour les Asiatiques ! »

4. A eux seuls, les 15 États du Sud ont représenté pendant les années 70, 64 % de la création d'emplois nouveaux (voir sur ce point Jacqueline GRAPIN, *Op. cit.*)

pour la défense de l'Europe [1]. Mais, cet engagement, on l'a vu, est de plus en plus conditionnel : réticence très nette à employer l'arme atomique, volonté elle aussi très claire de réduire les dépenses militaires.

Dans ce contexte, le débat lancé ces derniers temps par le sénateur Nunn (parmi bien d'autres), risque de déclencher des forces qui pourraient s'avérer rapidement incontrôlables. A quoi assiste-t-on en effet, sinon à la convergence de deux critiques contre l'Europe : l'une, traditionnelle, met en cause le *Free-Riding* des Européens en matière de dépenses militaires ; l'autre, née du mouvement antinucléaire (chez les libéraux) et du glissement vers l'idée de *défense classique* (chez les conservateurs), reproche aux Européens leur dépendance excessive à l'égard de l'atome. Au point de rencontre entre les deux courants, on trouve l'idée que l'Europe, par son égoïsme, fait peser sur les États-Unis non seulement un fardeau financier excessif, mais aussi un risque nucléaire intolérable. D'où les pressions de Washington visant à rééquilibrer les dépenses militaires des deux côtés de l'Atlantique et à modifier la stratégie de l'Alliance dans le sens de la bataille conventionnelle.

Entre ces deux pôles — résurgence de la question nationale allemande et tentation d'un retour à la *Fortress America* aux États-Unis —, la place laissée à l'Alliance, on le voit, n'est nullement évidente. Une chose est sûre, cependant : la condition de la survie du système atlantique, ainsi que du rétablissement du consensus sur la défense dans les démocraties, passe par la refonte de l'Alliance dans le sens d'un rééquilibrage du rôle respectif des Américains et des Européens. Le système du protectorat est révolu : l'Europe n'en veut plus, les Américains non plus. L'heure est à un *Partnership,* à parité de responsabilité entre les deux côtés de l'Atlantique. Faute de quoi les tendances à la balkanisation interne et externe des démocraties finiront par l'emporter, fournissant ainsi à l'URSS une occasion inespérée d'atteindre ses objectifs en Europe. Et ce, malgré l'état de crise profonde que subit le système soviétique lui-même.

---

1. Voir *American Public Opinion and US Foreign Policy, op. cit.*

Le lecteur qui m'aura suivi jusqu'ici m'accusera peut-être de pécher par excès de pessimisme. Même s'il accepte l'idée centrale de ce livre, qui est que le système de sécurité européen subit en ce moment une mutation en profondeur, il réagira peut-être contre le bilan peu réjouissant auquel on vient de se livrer, quant à la situation militaire et politique des démocraties en cette fin de siècle.

Rassuré par les développements apparemment positifs de ces dix-huit derniers mois, tant dans les relations Est-Ouest que dans la situation politique à l'intérieur de l'Alliance, conforté par la reprise économique américaine, il brossera à son tour un tableau sans doute moins sombre des défis auxquels l'Occident, et l'Europe surtout, se trouvent confrontés. Mais laissons-lui la parole :

« Vous insistez trop, dira-t-il, sur les faiblesses de l'Occident et pas assez sur celles des pays de l'Est. Après tout les Pershing *ont* été déployés ; l'Allemagne a " tenu " et le mouvement pacifiste est moribond. Quant à l'URSS, celle-ci a dû ravaler sa rage et s'asseoir à nouveau à la table des négociations de Genève. Ce qui souligne ses craintes face à la technologie supérieure des États-Unis, surtout dans le domaine spatial.

« Quant à nos dilemmes militaires, conclura-t-il, et si Reagan avait effectivement raison ? Pourquoi, après tout, la technologie américaine ne permettrait-elle pas aux Occidentaux, finalement réconciliés (ayant supprimé la peur, on aurait aussi, bien entendu, réglé le problème pacifiste), de se libérer une fois pour toutes de la menace des armées et des missiles soviétiques, grâce à un immense bouclier spatial et électronique ? »

Le rêve, bien sûr, est tentant. Et tout le génie politique de Ronald Reagan (car il faut lui reconnaître le génie de la communication politique) aura été, surtout dans son fameux discours sur « La Guerre des étoiles » (du 23 mars 1983), d'insuffler cet espoir nouveau dans sa propre opinion publique, ainsi d'ailleurs qu'en Europe.

Mais avant de revenir sur l'horizon technologique qui s'annonce, qu'on me permette d'abord de répondre point par point aux remarques de ce lecteur imaginaire.

Commençons par l'accusation de « pessimisme ». L'analyse des choix politiques et militaires de l'Europe contenue dans les deux premières parties de ce livre ne visait à stimuler ni l'optimisme ni le pessimisme, mais tout simplement à mieux comprendre les faits. Je ne voudrais certes pas que cette compréhension des réalités parfois douloureuses conduise le lecteur à je ne sais quel désespoir de l'impuissance. « A quoi bon; tout est joué... » Un « mieux vaut rouge que mort » éduqué, en quelque sorte... Ce serait là le risque de ce type d'analyse catastrophiste que les Anglo-Saxons appellent les *Self-Fulfilling Prophecies.*

Tel n'est certes pas mon but ici. Au contraire, prendre la mesure des défis qui, par définition, sont difficiles et parfois pénibles, est la condition *sine qua non* des actions qu'il conviendra de mener dans l'avenir. Et ces actions existent, on le verra plus loin.

Cela étant, il faut également se garder me semble-t-il, de tomber dans l'excès inverse sous prétexte que les dix-huit derniers mois ont paru signaler une légère amélioration « climatique » tant dans les relations Est-Ouest, qu'à l'intérieur des pays de l'Alliance Atlantique. J'ai d'ailleurs évoqué, dès l'introduction de cet ouvrage, combien il est fréquent que les réflexions sur la situation internationale soient exagérément colorées par le climat du présent immédiat.

Ainsi, pour citer un exemple récent, lorsque MM. Shultz et Gromyko se réunirent à Genève au début janvier 1985, après quatorze mois d'un boycott soviétique consécutif au début du déploiement des Pershing, pas moins de 900 journalistes, dont 500 américains et les présentateurs vedettes des trois grands *Networks* de télévision d'outre-Atlantique, avaient fait le voyage pour couvrir l'événement. Subitement, le mot détente, pourtant banni du vocabulaire américain ces dernières années, refit surface et les journaux occidentaux débordèrent de commentaires optimistes annonçant un éventuel « retour à la détente » du début des années 70. Presque comme au bon vieux temps en quelque sorte... En fait, rien, ni dans le domaine des armements, ni au niveau des relations politiques entre les deux grands, n'avait été réglé au cours des deux journées d'entretiens entre Shultz et Gromyko. Le ministre soviétique des Affaires étrangères ne devait pas tarder à le rappeler publiquement dès son retour à Moscou, aspergeant du même coup d'une eau glaciale le bel optimisme des nostalgiques de la détente en Occident : l'URSS exigeait toujours l'arrêt du programme spatial américain, ainsi que le « gel » du déploiement des euromissiles...

La même constatation vaut pour l'évolution récente des relations transatlantiques : certes les premiers Pershing ont été déployés, ce qui constitue, je l'ai dit, un succès capital dans la lutte politique de ces dernières années. Mais cette lutte est loin d'être achevée, ne serait-ce que parce que les déploiements doivent s'échelonner jusqu'en 1989 et que la Hollande reste résolument hostile à l'implantation des missiles de croisière chez elle[1]. Et surtout parce que le malaise antinucléaire, mis en évidence par l'affaire des Pershing, est loin d'avoir disparu avec l'arrivée des premiers de ces missiles sur le sol européen.

Si les grandes manifestations de masse ont quitté la rue, la contestation antinucléaire et pacifiste n'en a pas moins accru son influence en pénétrant les forces politiques établies des pays concernés (partis, syndicats), en élargissant également sa cible : la critique, jadis cantonnée à un type de missile particulier (Pershing ou Cruise), atteint désormais un ensemble plus vaste : le principe même de la dissuasion dans son ensemble et, au sein de certains courants plus neutralistes, l'Alliance Atlantique elle-même. De la remise en cause de tel ou tel morceau de *Hardware,* on est donc passé à la remise en cause du *Software* tout entier. En somme, le pacifisme, en devenant « urbain » et respectable, est désormais accepté comme une normalité de nos sociétés : il n'en devient que plus dangereux. Des partis actuellement dans l'opposition comme le Labour ou le SPD, dont la dérive a été considérable sur tous ces points, reviendront inévitablement au pouvoir dans les prochaines années. Privant du même coup l'Europe et l'Alliance de la conjonction politique exceptionnelle entre les quatre leaders

---

1. Après moultes hésitations, la Belgique finissait par accepter son contingent de Cruise en mars 1985.

actuels (Mitterrand, Kohl, Thatcher et Craxi), d'accord sur l'essentiel en matière de sécurité, et dont le rôle a été crucial dans la bataille autour du premier déploiement des euromissiles, fin 1983.

Quant au sérieux bien réel de ce qu'il est convenu d'appeler pudiquement « la question allemande », on ne saurait à mon sens, sans commettre une grave erreur, tirer argument du meilleur climat régnant ces derniers mois entre le gouvernement CDU de Bonn et l'Administration Reagan, et en conclure que la question de l'identité nationale allemande est à nouveau enterrée pour quarante ans. Outre sa fausseté, une telle conclusion ne manquerait pas de piquant : car la CDU au pouvoir ne cesse de clamer publiquement son attachement à l'idée de réunification (bien plus que ne le faisait le SPD), tout en accordant à la RDA des « prêts » en milliards de DM plus généreux encore que les gouvernements d'Helmut Schmidt ! Et c'est sous ce gouvernement CDU qu'une majorité d'Allemands se déclarent aujourd'hui prêts à échanger leur neutralisation contre la réunification [1] !

Mais laissons là ce débat. Si j'ai invité sur la scène ce lecteur imaginaire, en lui prêtant des arguments bien réels, c'est précisément parce que ce type d'attitude me semble dominer aujourd'hui le débat public (et les médias) en Occident. Face à une situation que chacun au fond ressent comme difficile et menaçante, la réaction instinctive des démocraties consiste à se réfugier dans deux types de nostalgie. La première est celle de la détente retrouvée et de la *sécurité négociée par l'Arms Control*. C'est l'exemple frappant des 900 journalistes de Genève déjà mentionné : « Ouf ! les grands se reparlent ! Ils vont négocier sur les armements et peut-être débarrasser le monde de la menace atomique ! Les dangers de guerre s'éloignent. On peut se rendormir tranquillement ou penser à tout autre chose que ces missiles et ces mégatonnes déplaisants. »

Quant à l'autre nostalgie, elle se réfère à la supériorité militaire occidentale des années 50. Celle-ci domine bien sûr aux États-Unis (par opposition à la précédente, surtout répandue en Europe). Elle est fondée tout entière — autre réflexe typiquement américain — sur l'idée que la *supériorité technologique* de l'Occident finira par l'emporter sur l' « empire du mal ». Personne dans les démocraties civilisées (sauf peut-être les Français)

---

1. Un sondage tout récent de l'Institut Allensbach (cité dans *Newsweek*, 28 janvier 1985) indique que 53 % des Allemands de l'Ouest (contre 26 %) sont favorables à la réunification en échange de la neutralité de la RFA, et du retrait de la RDA du Pacte de Varsovie. Le pourcentage était de 38 % pour la réunification en 1978...

ne voulant plus de la dissuasion nucléaire, décidément trop immorale et trop dangereuse, il est temps de passer à autre chose. Et cet « autre chose » qui nous vient d'Amérique est constitué d'un mélange de parapluie spatial et d'armes « intelligentes », dont le point commun est précisément de continuer à empêcher la guerre (mais d'une autre façon : cette fois ce sera non pas par la menace de l'Apocalypse mais par sa négation [1]. Quant à la guerre classique, redevenue possible puisque l'atome est ainsi évacué, on en réduira les horreurs grâce à des armes très sophistiquées qui feront la guerre à distance, en ne frappant que les objectifs militaires et non pas les civils innocents. On le voit, la « guerre des étoiles », ou la guerre « propre » sur ordinateur, sans faire de « bobos » aux civils, issues de « technologies émergentes » classiques, se situent dans le droit-fil de ce qu'apportait jusqu'à présent le miracle atomique : cette notion de « la non-guerre au moindre coût » déjà évoquée dans la première partie. Seule la technologie change, mais la constante sociale et philosophique de la « non-guerre », chère à nos démocraties, demeure [2].

Nostalgie du désarmement et nostalgie de la supériorité technologique se rejoignent sur un point essentiel : la remise en cause du principe même du *fait nucléaire*. Les démocraties ne veulent plus de la dissuasion atomique : elles comptent sur les négociateurs de Genève et/ou sur les ingénieurs de Los Alamos pour nous fournir notre prochaine planche de salut.

Tristes et périlleux mirages ! Car en éliminant un peu trop vite l'atome, l'Occident et surtout l'Europe sont en train de scier la branche sur laquelle nous sommes tous assis. Certes, les conditions de la dissuasion ont changé : la corrélation des forces militaires et politiques et — on va le voir — les évolutions technologiques imposent de repenser la dissuasion et ses conditions. Mais gare à ne pas jeter le bébé avec l'eau du bain, en tombant dans les pièges tentants de la diplomatie et de la technologie.

C'est à mesurer, le plus précisément possible, les perspectives qui s'offrent à nous dans chacune de ces deux voies, qu'il nous faut maintenant nous essayer dans les chapitres qui vont suivre.

---

1. Puisque comme me l'a dit récemment George Keyworth, conseiller scientifique du président Reagan et chaud partisan de la *Strategic Defense Initiative* (SDI), l'objectif de ce bouclier spatial « est de rendre parfaitement inutile les armes nucléaires offensives ».

2. Philosophiquement, ce désir d'éviter la guerre, donc la souffrance grâce à la technologie, reflète une tendance plus générale de nos sociétés occidentales modernes, où tout ce qui peut faire mal (mais qui constitue pourtant la vie) est pareillement évacué, consciemment ou non. Qu'il s'agisse de la vieillesse et des vieux, de la maladie, et bien sûr de la mort. On se reportera ici aux développements que consacre à ces thèmes Claude IMBERT dans son *Ce que je crois*, Grasset, 1984.

# I

## L'illusion de la sécurité négociée :
## le mythe de l' « Arms Control »

En démocratie, on le sait, les illusions ont la vie dure et les peuples ont la mémoire courte. On a déjà pu le constater lors de la discussion des perceptions occidentales de l'URSS. On va le vérifier maintenant et de façon tout aussi flagrante, dans le cas de l'*Arms Control*.

Faisons une fois encore appel au brave Candide de Voltaire. Imaginons qu'à peine arrivé dans notre monde, on lui fasse lire (le pauvre !) les centaines de volumes et d'articles consacrés depuis vingt-cinq ans à l'*Arms Control*. Imaginons qu'ensuite, on l'expose aux déclarations politiques de nos gouvernants actuels (je parle de l'Occident dans son ensemble) et aux débats de nos opinions sur le moyen de contenir « la course aux armements nucléaires ». Que conclurait-il alors ? Ou bien que nous sommes parfaitement insensés, ou que nous sommes tous d'incorrigibles rêveurs, incapables de retenir la moindre leçon des expériences du passé.

Car l'expérience de ces vingt-cinq dernières années (aussi bien d'ailleurs que celle acquise au cours des deux précédentes phases de négociations sur la sécurité à la fin du XIX$^e$ siècle et dans l'entre-deux-guerres), montrent que l'*Arms Control*, en tant que processus visant à réduire le niveau des armements et, partant, à augmenter le niveau de sécurité, a *échoué* de façon flagrante. Ceci est aujourd'hui reconnu par tous les observateurs, de droite comme de gauche, favorables ou non au principe même de la négociation.

Voilà ce que notre Candide découvrirait à la lecture de la littérature stratégique occidentale [1].

Maintenant, voyons le débat public : ici, brusquement tout est différent, comme si l'on avait changé de planète. Citons quelques exemples récents. « Pas de nouvelles armes sans *Arms Control* » a-t-il été inscrit, à la demande des Européens, dans la double décision de l'OTAN de 1979 sur les euromissiles. « Pas de M-X sans *Arms Control* ; pas d'essai de système antisatellite sans négociations sur ce point », dit aujourd'hui le Congrès américain. « Pas de légitimité à la dissuasion, sans négociations vers le désarmement général », ajoutent les évêques d'outre-Atlantique. Et les gouvernements occidentaux unanimes, de se déclarer tous favorables aux négociations sur les armements avec l'URSS (jusque et y compris bien sûr l'Administration Reagan qui pourtant, au début de son premier mandat, ne voulait guère en entendre parler). Face à cet empressement occidental « à causer » (quand on cause, on ne se fait pas la guerre, n'est-ce pas ?), l'URSS chipote, boude, fait la difficile. En réaction contre la décision de l'OTAN du 12 décembre 1979, Moscou décide de ne plus négocier, « les bases de la négociation ayant été détruites par la décision occidentale ». Le mois de juin suivant, Helmut Schmidt revient triomphalement d'une visite dans la capitale soviétique (la première du genre après l'Afghanistan), en déclarant avoir arraché une « concession » aux Soviétiques : les risques de guerre s'éloignent, Moscou accepte de s'asseoir à la table des négociations ! Le spectre d'un « Sarajevo nucléaire » évoqué par le Chancelier allemand au début de l'année 1980 paraît s'estomper. Soulagement général... Entre-temps, l'Afghanistan est oublié et, loin de protester, les Occidentaux remercient publiquement Moscou de bien vouloir continuer à leur parler.

Mais il y a mieux. Lorsque trois ans plus tard, les Soviétiques à nouveau décident de boycotter les négociations de Genève, pour protester cette fois contre l'arrivée des premiers Pershing, Reagan et avec lui tous les chefs d'États européens multiplieront les gestes conciliants à l'égard de l'URSS pour que celle-ci veuille bien reprendre le dialogue. Ce qu'elle fera en janvier 1985, sans perdre le moins du monde la face. Bien au contraire : en boycottant les négociations, l'URSS s'était elle-même acculée dans une impasse tout en se coupant de l'opinion publique occidentale. Et voici que,

---

1. Pour une synthèse objective de cette littérature, voir Steven MILLER, *Politics and Promise : The Triumph of Impediments to Arms Control*, Harvard, avril 1983.

grâce à l'empressement des démocraties, L'URSS est à nouveau propulsée à Genève où elle retrouve une plate-forme de premier ordre d'où elle pourra jouer sur des opinions toujours tiraillées par la grande peur atomique.

Je ne reviendrai pas sur les raisons déjà analysées de cette fixation occidentale sur le dialogue, la détente et la négociation. En démocratie, les gouvernements doivent constamment rassurer, de crainte d'avoir à expliquer des vérités que personne ne veut entendre (François Mitterrand avec son : « Les SS-20 sont à l'Est, les pacifistes à l'Ouest », fait ici malheureusement exception). De plus, comme dans le cas de l'appréhension du système soviétique, le phénomène lui aussi déjà mentionné du « lapin aveugle et amnésique », joue à plein à l'égard du désarmement. Ainsi par exemple, l'idée de gestes unilatéraux de désarmement « pour donner l'exemple » que certains continuent à proposer aujourd'hui[1], et que Jimmy Carter pratiqua en son temps en supprimant sans contrepartie le bombardier B1[2] était déjà à la mode dans les années 30, en Grande-Bretagne notamment[3]. On connaît l'usage que fit Hitler de ces généreuses propositions. Mais qu'à cela ne tienne : cinquante ans plus tard le Labour britannique est aligné sur les mêmes thèses unilatéralistes !

En effet, la faillite de l'*Arms Control* n'est nullement une affaire récente, qui remonterait au traité SALT II non ratifié par les États-Unis (accusation soviétique), ou à l'Afghanistan (réplique américaine). S'il est vrai que le processus d'*Arms Control* tel que nous le connaissons aujourd'hui, a été conçu dans les universités américaines au cours des années 1958-1961, il est en fait l'héritier direct, bien que modernisé en fonction de notre ère nucléaire, de théories idéalistes et très « juridiques » datant du début du siècle. Certes, nos *Arms Controllers* d'aujourd'hui ne poussent pas l'idéalisme jusqu'à la « mise hors la loi de la guerre » comme ce fut le cas dans le pacte Briand-Kellog de 1928. Mais la notion que la paix est fonction du droit international, qu'elle s'appuie sur une série d'accords précis et vérifiables sur le contrôle des armements (tant au niveau quantitatif que qualitatif), et que l'impératif de paix transcende même la confrontation des systèmes, tout cela était déjà présent dans les deux conférences de La Haye (1899 et

---

1. Comme Paul WARNKE par exemple ou encore Christoph BERTRAM, « *Arms without Control ?* », *Arms Control Today*, octobre 1984.
2. Harold Brown, ministre de la Défense de Carter, et qui ne passe guère pour être un faucon, devait dire, instruit par l'exemple du B1 et en se référant aux dépenses militaires soviétiques : « *When we Build, they Build, when we Cut, they Build...* »
3. Seymour WEISS, « *The Case against Arms Control* », *Commentary*, novembre 1984.

1907 — dont on vit les résultats sept ans plus tard), ainsi que dans la conférence de Washington (1921), la conférence navale de Londres (1935-1936), sans parler de la conférence mondiale sur le désarmement de Genève (1932). Là encore, on en vit les résultats en 1939[1].

Il est accablant de constater à quel point ces leçons vieilles d'un siècle sont aujourd'hui oubliées par la plupart des experts de ces questions[2].

Mais laissons là ce passé lointain, et appliquons notre mémoire aux seules vingt-cinq dernières années : celles de l'*Arms Control* à l'âge nucléaire.

Si l'on se reporte aux théoriciens anglo-saxons de l'*Arms Control* des années 1958-1961[3], ce processus nouveau de négociations devait pouvoir atteindre plusieurs objectifs, utiles à la sécurité de tous : moins d'armements d'abord, donc moins de dépenses militaires ; plus de stabilité ensuite dans la gestion de l'équilibre nucléaire en éliminant les armes « déstabilisantes » porteuses du risque d'attaque surprise, en empêchant les risques de guerre accidentelle, en limitant enfin la prolifération des armes nucléaires.

Que reste-t-il vingt-cinq ans plus tard de ces objectifs généreux ? Peu de choses en vérité.

Certes, une série impressionnante d'accords bilatéraux et multilatéraux ont été conclus depuis 1959[4]. Mais pour chaque négociation réussie (je veux dire aboutissant à un accord), combien d'autres ont avorté ou traînent interminablement depuis[5].

Quant aux résultats : les faits parlent d'eux-mêmes. Moins

---

1. Je ne peux pas résister à la tentation de rappeler ici les pages de *Belle du Seigneur*, d'Albert COHEN, qui s'appliquent presque mot pour mot, et à cinquante ans de distance, aux éternelles tractations sur le désarmement du même Palais des Nations à Genève.

2. Il est cependant réconfortant de voir que parmi les rares observateurs qui s'en souviennent encore, on trouve des hommes aussi différents que Richard PERLE et Régis DEBRAY. Le premier, secrétaire à la Défense adjoint de l'Administration Reagan est surnommé « le prince des ténèbres » par les milieux libéraux américains, en raison de ses prises de positions contre l'*Arms Control* ; le second, qu'il n'est pas besoin de présenter ici, vient de faire la critique de l'idéalisme (ex-socialiste) en matière de désarmement dans *La Puissance et les rêves*, Gallimard, 1984. Comme quoi la *Realpolitik* ne connaît pas de frontières...

3. Je pense notamment aux grands classiques de cette époque comme : Thomas SCHELLING et Morton HALPERIN, *Strategy and Arms Control*, New York, 1961 ; Hedley BULL, *The Control of the Arms Race : Disarmament and Arms Control in the Missile Age*, Praeger, 1961 ; Donald BRENNAN, *Arms Control, Disarmament and National Security*, New York, 1961.

4. Citons les principaux : traité de l'Antarctique (1959), accord sur le « téléphone rouge » (1963), interdiction des essais nucléaires dans l'atmosphère (1963), traité de l'espace (1967), traité de non-prolifération (1968), sur les fonds marins (1971), sur les armes biologiques (1972), accords SALT I (1972), interdiction partielle des essais souterrains (1974) et traité SALT II (1979, bien que non ratifié).

5. Parmi les principales d'entre elles, rappelons pour mémoire : l'interdiction totale des essais nucléaires, les négociations MBFR sur les armements conventionnels en Centre Europe, sur la limitation des ventes d'armes, les armes antisatellites et les armements navals dans l'océan Indien (ces trois dernières négociations ayant été lancées par l'Administration Carter), sans oublier bien sûr le domaine de plus en plus important des armes chimiques toujours en négociation à Genève, les négociations INF (euromissiles) et START (armes stratégiques).

d'armes ? Entre le traité SALT I (1972) et le traité SALT II (1979), le nombre des ogives américaines a doublé et celui des ogives soviétiques triplé (voir en Annexe I, les trois tableaux, pp. 303-305). Depuis cette date et alors qu'Américains et Soviétiques continuent — officiellement — à s'en tenir aux « plafonds » du traité SALT II, le nombre des ogives s'est encore accru de près de 1 200 pour les États-Unis et de plus du double pour les Soviétiques (voir tableau ci-contre). Par ailleurs, malgré les limitations qualitatives introduites dans le traité SALT II, chaque partie aurait pu, même en ratifiant le traité, mener à bien tous les programmes en cours ou prévus (Trident, M-X, et B1 notamment du côté américain, modernisation et « Mirvage » des missiles lourds, y compris, la mise en chantier de nouvelles fusées comme le SS-25 du côté soviétique)[1]. Et s'il est vrai que malgré tout cela, les États-Unis disposent aujourd'hui d'un arsenal nucléaire total inférieur de 8 000 têtes à celui des années 60, alors que sa capacité de destruction (en mégatonnes) a diminué d'un quart, ceci n'a rien à voir avec l'*Arms Control,* mais est dû uniquement aux décisions de modernisation (et de miniaturisation) prises par le Pentagone. Dans le cas des accords multilatéraux, on constate là aussi que le plus souvent les interdictions portaient sur des armes qui n'avaient guère d'utilité militaire (armes biologiques) ou sur des lieux où aucune arme n'était encore déployée (Antarctique, fonds marins, espace). Quant aux autres accords (je pense surtout au traité de Moscou sur les essais nucléaires et au traité de 1968 sur la non-prolifération), ceux-ci étaient surtout destinés à désarmer les autres, sans gêner le moins du monde les programmes nucléaires des deux grands[2].

Moins de dépenses militaires ? On a vu ce qu'il en était dans la première partie : certes, une réduction du budget de défense américain dans la période 1968-1978, due à la double influence de l'après-Viêt-nam et des illusions investies dans la négociation SALT ; par contre, une augmentation continue de l'effort de défense pendant toute cette période du côté soviétique.

Mais si le volume des armes a continué de croître, malgré l'*Arms Control,* a-t-on au moins atteint l'autre objectif essentiel : celui d'une plus grande stabilité de l'équation stratégique ?

---

1. Ironiquement cet argument devait être utilisé par les partisans du traité SALT II lors du débat sur la ratification. Conséquence du traité, le Congrès exigeait alors davantage d'armements pour voter cet accord d'*Arms Control !*

2. C'est pour cette raison précisément que les principaux pays candidats à la bombe dans le tiers monde ont toujours refusé d'adhérer au traité de non-prolifération et développent de plus en plus, en marge du traité, des capacités nucléaires clandestines. Voir sur ce point mon article « Conséquences politiques et stratégiques de la prolifération nucléaire dans le tiers monde », *Revue de Défense nationale,* juillet 1982.

**Evolution des forces stratégiques américaines
et soviétiques depuis le traité SALT II (1979)**

|  | E-U | URSS |
|---|---|---|
| ICBM | Retrait de 22 Titan II (–22 ogives)<br><br>*Bilan* : – 22 ogives | Déploiement de 210 SS-17, SS-18 et SS-19 (+ 1560 ogives) en remplacement de 210 SS-9 et SS-11 (–210 ogives)<br>*Bilan* : + 1 350 ogives |
| SLBM | Déploiement de 120 Trident/C-4 (+ 960 ogives) sur 5 sous-marins *Trident*<br><br>Remplacement de 192 Poseidon/C-3 (– 1920 ogives) sur 12 sous-marins *Poseidon* par 192 Trident I/C-4 (+ 1536 ogives)<br><br>Retrait de 160 Polaris/A-3 (–160 ogives) sur 10 sous-marins *Polaris*<br>*Bilan* : + 416 ogives | Déploiement de 40 SS-N-20 (+ 320 ogives) sur 2 sous-marins *Typhoon*<br><br>Déploiement de 112 SS-N-18 (+ 784 ogives) sur 7 sous-marins *Delta III*<br><br>Retrait de 160 SS-N-6 (–160 ogives) sur 10 sous-marins *Yankee*<br>*Bilan* : + 1 104 ogives |
| Bombardiers lourds | Equipement de 90 B-52G en ALCM* (+ 1 080 charges)<br><br>Retrait de 75 B-52D (– 300 charges)<br>*Bilan* : + 780 charges | Déploiement de 75 *Backfire* (300 charges)<br><br>Retrait de 13 *Bear* (– 26 charges)<br>*Bilan* : + 274 charges |
| Evolution globale | + 1 174 charges | + 2 728 charges |

*ALCM= *Air Launched Cruise Missile* : Missile de Croisière Air-Sol.

Ici encore, la réponse est négative. D'une manière générale, on constate en effet, à la lumière de l'expérience des quinze dernières années, que les négociations ont non seulement été régulièrement incapables de contrôler (et encore moins de stopper) la course à l'innovation technologique (accroissement de la précision et multiplication des ogives notamment), mais que la dynamique même de la négociation a entraîné de graves « effets pervers », aboutissant ainsi à *accélérer* cette course au lieu de la ralentir.

L'une des manifestations de ces effets pervers tient dans ce que les spécialistes nomment le phénomène des « monnaies d'échanges » *(Bargaining Chip).* Prise dans la dynamique de négociations devenues en fait permanentes, et donc sachant qu'il faudra un jour échanger tel acquis contre tel autre, chaque partie est ainsi tentée de développer le maximum d' « atouts » technologiques, et de les garder dans sa manche jusqu'au moment du troc éventuel contre le renoncement par l'adversaire à telle autre technologie où il jouit d'un avantage[1]. L'ennui, c'est qu'en pratique, les « monnaies d'échanges » ne sont jamais échangées et que le processus de marchandage se traduit simplement par le déploiement d'armes nouvelles dans le cadre de l'accord finalement conclu.

Autre effet pervers de l'*Arms Control* : ces négociations devant aboutir à des accords et ces accords devant, à leur tour, être approuvés par les opinions publiques et le législateur, cela oblige les négociateurs (américains s'entend) à adopter des critères simples et visibles tels que l'égalité numérique des vecteurs[2], qui le plus souvent n'ont aucune signification militaire[3], et qui en tout cas se prêtent mal aux asymétries existant entre les arsenaux (par exemple le fait que l'arsenal américain comprend à peine plus de 20 % d'ogives au sol, contre plus de 70 % pour les Soviétiques ; la proportion étant inversée pour les sous-marins). En outre, la nécessité de « vendre » politiquement un accord en vue d'obtenir sa ratification par le législateur, s'est traduite (dans le cas des deux accords SALT) sous la forme de nouveaux programmes d'arme-

---

1. L'argument du *Bargaining Chip* refait surface aujourd'hui aux États-Unis, au Congrès notamment, où certains envisagent de traiter comme tel la fusée M-X ou le programme SDI.

2. Cette exigence est issue pour les Américains de l'amendement Jackson, voté par le Sénat lors de la ratification de SALT I. Le Sénat entendait ainsi empêcher que se renouvelle le précédent de l'accord SALT I, lequel accordait aux Soviétiques des plafonds numériques supérieurs en matière de vecteurs pour compenser l'introduction des MIRV (donc d'un nombre supérieur d'ogives) chez les Américains.

3. Ainsi le choix d'une égalité de *lanceurs* dans le traité SALT II (conformément d'ailleurs à l'amendement Jackson) se traduisait en fait par une prime accordée par les Américains aux missiles lourds soviétiques, capables de porter un nombre beaucoup plus grand d'ogives que les Minuteman. Ce facteur contribuera par la suite à accroître la vulnérabilité des Minuteman (une fois les MIRV installés sur les fusées soviétiques) et à ouvrir aux États-Unis le débat sur « la fenêtre de vulnérabilité ».

ments : ironiquement, la ratification d'un accord passe par encore plus d'armes et encore plus de technologie !

Une autre conséquence, elle aussi négative et que l'on a pu constater à maintes reprises dans le passé, est que le processus de négociation a tendance à canaliser la compétition militaire dans des domaines non encore sujets à des limitations, ou qui échappent délibérément aux critères retenus. Ainsi par exemple, le fait de plafonner quantitativement tel ou tel type d'armes aboutit à stimuler leur modernisation qualitative. Le fait de concentrer les premières négociations SALT sur les seules armes stratégiques (définies comme ayant une portée intercontinentale, donc supérieure à 5 000 kilomètres) a engendré une compétition nouvelle dans le domaine non encore couvert (à l'époque) des armes dites de « théâtre » (cas du SS-20 étudié dans la première partie, ou encore des missiles de croisière).

Enfin, et peut-être plus grave encore, le fait que la vérification des accords d'*Arms Control* repose entièrement sur des catégories bien distinctes d'armements « stratégiques » ou « tactiques », « nucléaires » ou « non nucléaires », aisément reconnaissables par les satellites, en raison de leurs caractéristiques extérieures (taille, portée, type de missions), a orienté la compétition militaire vers des systèmes d'armes très difficilement vérifiables (par leur petite taille, leur portée variable, leur mobilité ou leur affectation à des missions indifféremment nucléaires ou tactiques)[1]. L'importance ainsi accordée aux satellites de reconnaissance a stimulé une course aux armes antisatellites d'abord en URSS puis aux États-Unis, menaçant ainsi la survie même de ce moyen essentiel de vérification.

Mais, dira-t-on, même si ce bilan peu réjouissant est correct, il reste tout de même le traité ABM de 1972, toujours en vigueur, et qui constitue encore aujourd'hui l'un des piliers essentiels de la dissuasion (y compris la nôtre !).

Précisément. Le traité ABM concrétise à lui seul les promesses mais aussi les limites de l'*Arms Control*. Quand, à l'occasion du sommet de Glassboro en 1967, Lyndon Johnson s'inquiète des programmes antimissiles alors en cours en URSS et propose à son interlocuteur l'idée d'un traité ABM qui consacrera la dissuasion par la menace de la destruction mutuelle assurée, Kossyguine lui

---

1. Le missile de croisière (surtout dans sa version mer-sol), est à cet égard le prototype même de l'arme invérifiable, puisque à la fois tactique, ou stratégique, nucléaire ou non. Cela s'applique aussi dans une certaine mesure au SS-20 soviétique.

répond que son devoir de responsable soviétique lui impose
d'épargner à son peuple une nouvelle épreuve comme celle des
20 millions de morts de la Seconde Guerre mondiale. Que jamais
l'URSS ne renoncera à se défendre contre les armes atomiques[1].
Cinq ans plus tard pourtant, le traité ABM sera signé pour deux
raisons fondamentales : la première est que les Soviétiques,
voyant les Américains s'embarquer à leur tour dans un immense
effort en matière d'ABM (projets Sentinel et Safeguard), ont
craint de perdre cette course-là et préféré le statu quo de la
dissuasion par les seules armes offensives. La seconde raison est
qu'aussi bien Washington que Moscou ont assez rapidement
compris que la technologie disponible à l'époque ne leur permettrait pas, même au prix d'immenses sacrifices financiers, de bâtir
un réseau défensif qui ne puisse être aisément tourné, et à
beaucoup moins de frais, par l'adversaire.

C'est cette double contrainte née des conditions technologiques
de l'époque qui permit donc la conclusion du traité ABM, et avec
lui, la consécration de la fameuse théorie de la MAD *(Mutual
Assured Destruction)* en tant que théorème de base de l'équilibre
stratégique entre les deux grands. Pour la première fois dans
l'Histoire de l'humanité, deux nations décidaient de jeter leurs
boucliers[2], pour ne dissuader qu'au moyen de la lance. Se
défendre devenait dangereux, puisque « déstabilisant » dans la
mesure où l'on risquait de gêner la capacité de destruction
« assurée » de l'adversaire. Par contre, il devenait parfaitement
légitime de viser les populations adverses laissées délibérément
sans aucune protection.

Cette relation d'otage à otage souffrait dès le départ de deux
faiblesses : la première d'ordre moral, la seconde d'ordre technologique.

Sur le plan moral, l'idée chère aux *Arms Controllers*, selon
laquelle « il est bon de tuer des gens et mal de tuer les armes » (de
l'adversaire)[3] avait beau se justifier dans la « logique » bizarre
des stratèges en chambre des universités américaines, elle n'en
renfermait pas moins une formidable faiblesse sur le plan éthique
et social[4]. Faiblesse que les pacifistes, les libéraux et les évêques

---

1. Kossyguine déclarait publiquement à Londres en février 1967 : « Je crois qu'un système défensif qui interdit toute attaque n'est pas un facteur de course aux armements. Son but n'est pas de tuer des gens mais de sauver des vies humaines. » On croirait entendre Ronald Reagan aujourd'hui !

2. Le traité laissait cependant à chaque partie le droit de conserver deux sites d'ABM de 100 intercepteurs chacun (dont l'un autour de chaque capitale). Par la suite, Moscou et Washington devaient ramener le nombre de site à 1 : celui-ci, équipé de missiles Galosh, existe autour de Moscou ; il a été abandonné du côté américain.

3. Formule de John NEWHOUSE in Albert WOHLSTETTER, « *Bishops, Statesmen and Other Strategists on the Bombing of Innocents* », *Commentary*, juin 1983.

4. Faiblesse dont Richard Nixon était d'ailleurs parfaitement conscient à l'époque. En abandonnant son ambitieux programme ABM en 1969, devant l'absence de solution technologique satisfaisante, il déclarait à son peuple : « Bien que

allaient aisément mettre en relief dans les années qui suivirent la conclusion du traité, le tout aboutissant dix ans plus tard à la réhabilitation morale de la défense par Reagan lui-même et son projet SDI de bouclier spatial.

L'autre faiblesse du système ABM tenait à la technologie. Tout l'édifice construit en 1972 reposait en effet sur deux notions : d'abord, l'idée d'un gel de la technologie en matière défensive, gel que le traité n'organisait pourtant qu'à moitié en interdisant les essais et l'installation d'armes ABM (intercepteurs et radars), mais non pas la poursuite de la recherche et développement dans ces domaines. Or dans la décennie qui suivra le traité ABM, l'on va assister au début d'une formidable révolution technologique, notamment dans le domaine de l'électronique (traitement de l'information). Douze ans plus tard, les Américains démontreront qu'ils sont désormais en mesure de « descendre » en plein vol, et sans avoir recours à des explosions nucléaires (ce qui était le cas à la fin des années 60) des ogives balistiques voyageant à une vitesse plusieurs fois supérieure à celle du son. Par ailleurs, chaque partie réalisait en même temps d'immenses progrès en matière spatiale, ainsi que dans les armes à énergie dirigée (laser, canons à particules). Au total donc, l'environnement technologique, profondément bouleversé depuis quinze ans, offre aujourd'hui sinon la certitude, au moins la possibilité de bâtir à nouveau un système défensif potentiellement efficace. Ce qui explique bien sûr à la fois le maintien en URSS même d'un puissant programme défensif (intercepteur et réseau radar) et le lancement aux États-Unis du programme SDI.

Mais si l'axe défensif de l'édifice du traité ABM a changé, l'axe offensif lui aussi s'est trouvé radicalement transformé après 1972, du fait de l'introduction d'ogives multiples de plus en plus précises (MIRV).

En effet, toute la logique du traité ABM (et donc du système de la MAD) exigeait que non seulement on s'interdise de se défendre, mais qu'on s'interdise aussi d'avoir *trop* d'armes offensives *trop* précises. Car dans ce cas, la vulnérabilité consentie, loin d'être la condition de la stabilité, deviendrait elle-même source d'une dangereuse *instabilité :* si l'une des parties dispose d'une

---

tout en moi me pousse à rechercher une protection totale du peuple américain contre une agression nucléaire majeure, il n'est pas en notre pouvoir de parvenir à un tel résultat. » Politiquement, la MAD n'était donc qu'un pis-aller, en attendant mieux...

panoplie d'armes offensives suffisamment nombreuses et précises pour détruire par surprise les capacités de représailles de l'adversaire, alors le système du traité ABM se trouve vidé de son sens et devient même contre-productif. En 1972, il fut donc explicitement admis par les négociateurs (notamment américains) que le traité ABM était lié, presque « ombilicalement », à l'accord intérimaire de cinq ans sur les armes offensives. Et que si cet accord n'était pas renouvelé par de nouvelles réductions sur les armes offensives, alors le traité ABM lui-même pourrait se trouver remis en question.

L'ironie de l'Histoire a voulu, précisément, que le traité ABM fût couplé à un accord intérimaire qui contenait le germe de la destruction future de l'ensemble de cette délicate architecture. Et ce germe, c'était la non-interdiction du MIRV. Seuls à l'époque à disposer de cette technologie révolutionnaire de multiplication d'ogives indépendantes extrêmement précises, les États-Unis devaient en effet refuser d'y renoncer. Le MIRV apparaissait alors comme l'arme idéale pour saturer les défenses adverses, mais aussi passer à une stratégie anti-force encore plus flexible puisque des centaines, puis des milliers d'objectifs *militaires* supplémentaires allaient pouvoir être visés[1].

Autrement dit, dès le départ, la logique du traité ABM était battue en brèche par le « trou » délibéré laissé dans l'accord intérimaire sur les armes offensives.

Ce qui devait arriver arriva : les Soviétiques, beaucoup plus vite que ne l'avaient prévu les experts américains[2], déployèrent à leur tour des systèmes à ogives multiples sur leurs fusées, au lendemain même de la signature de SALT I. Or, bénéficiant de missiles sol-sol à la fois beaucoup plus nombreux et beaucoup plus lourds que les ICBM américains, l'introduction du MIRV changea radicalement l'équilibre des forces. De la supériorité dont ils croyaient disposer en 1972, les États-Unis passèrent sans transition à une situation où tous leurs missiles sol-sol, toutes leurs bases aériennes, tous leurs centres de commandement devenaient vulnérables à une frappe anti-force soviétique, et cela sans contrepartie de leur part. Ce sont aujourd'hui quelque 6 000 ogives qui sont dirigées contre les 550 silos de fusées Minutemen (dont 300 seulement sont équipés d'ogives MIRVées modernes, les MK-12). A eux seuls, par exemple, les 308 SS-18 lourds

---

1. Cela fut fait avec l'adoption en 1974 de la doctrine Schlesinger qui ratifiait, en fait, le déploiement des MIRV.
2. La CIA estimait à l'époque l'avance américaine en matière de MIRV à dix ans au moins.

soviétiques, chacun équipé de 10 ogives (soit plus de 3 000 charges) pouvaient, dès la fin des années 70, largement détruire tous les silos (1 054) des fusées ICBM américaines[1]. Tel l'arroseur arrosé, les États-Unis se retrouvaient donc avec un système parfaitement bâtard : d'une part, leurs *armes* (et non plus seulement leurs villes) étaient devenues vulnérables, ce qui accroissait les risques d'instabilité en cas de crise, d'autre part le traité ABM leur interdisait de remédier à ce danger (en protégeant leurs silos de missiles).

C'est cette situation, tout autant que les difficultés politiques soviéto-américaines en 1979-1980, qui est à l'origine de la non-ratification du traité SALT II : lequel photographiait en quelque sorte cette situation de vulnérabilité unilatérale, en laissant aux Soviétiques l'intégralité de leurs missiles lourds.

Pour tenter de résoudre ce dilemme, l'Administration Carter essaya plusieurs solutions : les défenseurs du traité SALT II proposèrent que l'Amérique adopte une stratégie dite de *Launch on Warning* ou même de *Launch under Attack :* on tirerait à la moindre alerte, de peur de perdre ses missiles. Situation horriblement dangereuse, surtout en cas de crise, puisque éliminant tout délai de réaction, toute tentative de règlement politique : l'ordinateur « tirerait » dès que les radars d'alerte signaleraient le départ des fusées adverses.

Une autre solution, longuement envisagée elle aussi, consistait à rendre les ICBM américains invulnérables en les rendant mobiles. Ce fut le programme M-X, censé remplacer les Minutemen. Mais aucune des dizaines de solutions de mobilité envisagées (dont certaines étaient parfaitement farfelues) ne put être retenue : en démocratie, on ne promène pas des missiles stratégiques sur les autoroutes ! Devant la levée de boucliers des écologistes et le coût exorbitant de ces solutions[2], Reagan finalement s'inclina : on décida en 1983 de construire 100 M-X (la moitié du nombre prévu au départ) et de les loger dans des silos fixes, ce qui ne résolvait en rien leur vulnérabilité. Pour faire passer cette « pilule » amère au Congrès, Reagan nomma une commission bipartisane présidée par Brent Scowcroft (l'ancien adjoint de Kissinger au Conseil national de Sécurité), qui conclut

---

1. On estime, dans les *War-Games* d'attaque nucléaire, que l'attaquant doit disposer d'au moins 2 ogives par objectif visé pour se prémunir contre les risques de défaillance technique et compenser les défauts de précision. On voit que les Soviétiques ont de la marge... Voir sur ce point, en Annexe I, le Tableau p. 293.

2. La solution du *Race Track* que l'Administration Reagan voulait réaliser aurait coûté au bas mot 70 milliards de dollars  Le système était constitué d'une série d'abris disposés le long d'immenses routes spéciales sur lesquelles on aurait déplacé les missiles d'un abri à un autre. L'idée était qu'à aucun moment, les satellites soviétiques n'auraient pu identifier avec certitude la localisation exacte de tous les missiles.

que la vulnérabilité des missiles ICBM, bien que réelle sur le papier, n'entraînerait pas vraiment de conséquences stratégiques. Reagan refermait donc la « fenêtre de vulnérabilité » qu'il avait tant dénoncée pendant sa campagne électorale, trois ans plus tôt. La commission proposa de conserver les M-X, pour une période transitoire, en attendant de déployer des missiles plus petits à une seule tête et mobiles : les *Midgetman*. Elle recommanda également, mais de façon ambiguë, l'étude de systèmes défensifs pour protéger les M-X ainsi que les autres installations militaires. Entre-temps, Reagan, de son côté et sans même consulter le Pentagone, prononçait son fameux discours de mars 1983, dit de « La Guerre des étoiles », dans lequel il évoquait la nécessité de sortir de la course sans fin aux armes offensives pour établir une autre relation stratégique, fondée cette fois sur l'invulnérabilité mutuelle des deux grands, dans leurs armes comme dans leur population. La MAP *(Mutual Assured Protection)* remplacerait donc la MAD *(Mutual Assured Destruction)*.

Je reviendrai plus loin sur l'affaire SDI. Mais je tenais à rappeler cette évolution pour bien montrer à quel point l'*Arms Control* s'est révélé incapable d'enrayer la course à l'innovation technologique, en s'avérant même l'un des éléments moteurs de cette compétition. En dix ans, tout a changé : la défense, jugée « déstabilisante » en 1972, est aujourd'hui « réhabilitée » ; tandis qu'en matière de forces offensives, ceux-là mêmes qui avaient embrassé l'idée des MIRV en 1972 (je pense à Kissinger) regrettent aujourd'hui cette « erreur » et proposent une prolifération de missiles mobiles à une seule tête, l'accroissement quantitatif des arsenaux étant désormais considéré comme « souhaitable ». Mieux : les partisans de la défense (et de la SDI) vont jusqu'à dire que l'abrogation du traité ABM est souhaitable dans la perspective même de... l'*Arms Control,* puisque les armes défensives rendront obsolètes les fusées balistiques[1]. Et que dès lors, elles seront facilement éliminées par un accord mutuel. On croit rêver...

Dans tout cela, on le voit, règne la confusion la plus totale. Cette confusion s'explique, bien sûr, par les multiples jeux politiques et bureaucratiques engendrés par l'*Arms Control,* ainsi que par les oscillations des relations politiques soviéto-américaines (je pense notamment à la question du *Linkage*[2]). Mais cette

---

1. Colin GRAY et Keith PAYNE, « *Nuclear Policy and the Defensive Transition* », *Foreign Affairs*, printemps 1984.
2. Je ne reviendrai pas ici sur cette question déjà abordée, bien que rapidement, dans la deuxième partie. Les Américains et les Occidentaux en général n'ont jamais pu se mettre d'accord sur le point de savoir si l'on devait ou non

confusion trouve sa source dans un fait essentiel : *c'est la technologie qui dicte non seulement les armes, donc les stratégies, mais aussi le régime d'*Arms Control *qui en découle.*

On touche ici à la crise, que j'appellerai historique, de l'*Arms Control* : les accords de 1972 photographiaient en effet une situation stratégique (la MAD), qui était elle-même le produit d'un premier cycle de développements technologiques commencé à la fin des années 50 et au début des années 60 (fusées intercontinentales, sous-marins, précision très modeste des ogives, absence de moyens de défense efficaces). Le clin d'œil de l'Histoire veut qu'au moment même où étaient conclus les accords de 1972, un nouveau cycle d'innovations commençait à poindre avec l'avènement des MIRV et de la précision désormais « chirurgicale » des engins.

En ce sens, *SALT I visait à consacrer une équation « MAD » qui n'était déjà plus celle-là,* mais qui appartenait déjà à une autre ère : celle des frappes contre-forces et de la vulnérabilité totale des forces stratégiques (du moins celles qui sont déployées à terre). Comment s'étonner alors que SALT II (1979) qui n'a pu résoudre ce problème, ait échoué malgré sept années de négociations ?

Aujourd'hui commence un troisième cycle qui sera marqué par une nouvelle compétition technologique en matière d'armes défensives et spatiales, précisément pour contrebattre les « progrès » réalisés dans les années 70 dans le domaine des armes offensives. La boucle est donc bouclée : et le serpent de l'*Arms Control,* lui, se mord la queue. En effet, comment imaginer qu'il soit possible aux deux grands de se mettre d'accord sur une quelconque formule de limitation des armements, alors qu'ils ignorent eux-mêmes quel concept de dissuasion (à supposer que celui-ci existe encore dans vingt ans) s'appliquera à leurs relations stratégiques dans cinq, dix ou quinze ans ? De nouveau, la dialectique défensive-offensive est rouverte ; et tant que la technologie n'aura pas suivi son cours, tout au moins pour ce qui concerne le cycle actuel, il est à mon sens exclu que l'on aboutisse à un quelconque accord significatif.

Au demeurant, ce dilemme est apparu très clairement au lendemain des conversations Shultz-Gromyko de Genève en

---

« lier » l'attitude générale de l'URSS (en Europe et dans le tiers monde) avec la poursuite de l'*Arms Control.* Le mouvement antinucléaire de ces dernières années a finalement tranché pour tout le monde : détente ou pas, Afghanistan, Pologne ou pas, les négociations doivent continuer, faute de quoi (croit-on) les opinions publiques basculeront dans la panique. La réalité actuelle est donc celle d'un « *Linkage* à l'envers », exactement contraire à la théorie que Kissinger avait, en son temps, voulu mettre en pratique.

janvier 1985, chaque partie voulant exactement l'inverse de l'autre. Les Soviétiques veulent un accord immédiat interdisant toute défense (donc SDI) — tout en conservant leur propre programme défensif[1] —, en échange de réductions substantielles « radicales » (promettent-ils) sur les armes offensives. A l'inverse, les Américains veulent laisser ouverte la possibilité de déployer un jour des défenses, mais insistent sur un accord immédiat sur les systèmes offensifs. En fait, Washington comme Moscou jouent ici un jeu purement politique, destiné avant tout à « amuser la galerie » du Congrès et de l'opinion publique occidentale.

Les Soviétiques, en particulier, savent fort bien qu'on ne peut « geler » les programmes de recherche. Et que même une déclaration solennelle venant renforcer le traité ABM, couplée à une interdiction de tester toute arme spatiale, ne suffirait pas à *garantir* de façon certaine que d'ici cinq à quinze ans, les programmes de recherche en cours aux États-Unis n'aboutiront pas à un déploiement rapide d'armes défensives qui rendrait alors obsolète l'arsenal offensif soviétique, surtout si celui-ci est limité par un accord à Genève. Le plus probable donc, du point de vue de Moscou, est que les Soviétiques accéléreront à la fois leurs programmes offensifs et défensifs, de façon à se prémunir contre tout risque de « percée » technologique américaine.

La réciproque est vraie du côté américain : à supposer (ce qui est loin d'être évident) que le président Reagan abandonne son idée de SDI en échange d'une réduction drastique des armes offensives (donc des missiles lourds soviétiques), une telle réduction devrait atteindre des niveaux si bas (pour résoudre le problème de la vulnérabilité posé aux Américains) qu'elle serait inacceptable, on l'a vu, pour Moscou. Et à supposer même qu'elle soit finalement acceptée par l'URSS (pure hypothèse d'école), il faudrait l'entourer de conditions de vérification telles qu'aucune violation ne soit possible. Il faudrait également l'assortir de l'arrêt, voire du démantèlement, de programmes ABM soviétiques dont certains (comme le radar de Krasnoïarsk en plein centre de l'URSS et les intercepteurs SA-10 et SA-12) sont en fait une violation du traité de 1972.

On le voit, les perspectives des négociations soviéto-américaines ne sont guère réjouissantes, ne serait-ce que dans leur partie

---

1. Celui-ci comprend, outre le site Galosh autour de Moscou, un réseau complet de radars ABM qui couvre la quasi-totalité du territoire soviétique, ainsi que divers programmes d'intercepteurs (SA-10, SA-12).

offensive et défensive. Si l'on ajoute à cela l'affaire toujours non résolue et extrêmement complexe des euromissiles, et celle de l'interdiction (totalement invérifiable) des armes antisatellites, on comprendra aisément qu'il ne faut pas attendre de remède miracle de ces négociations, tout au moins tant que Washington et Moscou ne se seront pas mis d'accord sur le type de technologie et d'équation stratégique qu'ils veulent voir s'établir entre eux.

Tout cela contraste, bien sûr, avec l'immense attente de l'opinion publique occidentale qui, encouragée par les médias et les propos lénifiants mais irresponsables de ses chefs, continue de croire dur comme fer que ces négociations peuvent et doivent aboutir, et que cela peut et doit être fait rapidement. Le fossé entre le « besoin » (au sens presque médical du terme) d'*Arms Control* en Occident, et la pauvreté des « résultats » que l'on peut raisonnablement espérer, crée bien entendu une formidable vulnérabilité au détriment des démocraties. Et on s'en doute, de très fructueuses opportunités pour le Kremlin.

Dans la situation présente, Gromyko, passé maître en la matière, va pouvoir exploiter à fond la formule qu'il a obtenue de Shultz à Genève, à savoir l'idée d'une négociation unique avec trois sous-groupes (espace, euromissiles, et armes stratégiques)[1]. En jouant tantôt l'une, tantôt l'autre de ces discussions, Gromyko utilisera « l'intransigeance » américaine dans l'affaire de la SDI pour menacer de remettre en cause *l'ensemble* des discussions, Washington apparaissant dès lors aux yeux de ses alliés, comme le principal obstacle à un accord sur les euromissiles. Inversement, Moscou présentera aux Américains et aux Européens non nucléaires, le refus des Français et des Britanniques de voir leurs forces nucléaires incluses dans la « corbeille » euromissiles, comme seul responsable de l'impasse de l'ensemble des discussions.

Bref, une formidable « salade russe » dont on peut s'attendre à ce qu'elle accroisse le sentiment de malaise persistant dans l'opinion publique occidentale à l'égard de la question nucléaire, et qu'elle finisse même par rouvrir les plaies à peine refermées du pacifisme et des tensions transatlantiques.

Le blocage plus que probable des négociations bilatérales soviéto-américaines dans les années à venir est en effet susceptible

---

1. L'alternative que Shultz proposait, mais n'a pas obtenue, consistait à séparer clairement les trois négociations, ce qui aurait permis à l'une de progresser même si l'autre restait dans l'impasse. Comme quoi, la procédure compte dans ce type de négociations, souvent plus que le fond.

de réactiver le mouvement pacifiste, tout en donnant une légitimité nouvelle à des formules plus « radicales » que ce processus d'*Arms Control,* jugé décidément trop décevant par les milieux libéraux (aux États-Unis) et sociaux-démocrates (en Europe).

En effet, face à l'impasse désormais évidente de l'*Arms Control,* on a vu proliférer ces dernières années des propositions aussi fumeuses qu'irresponsables comme les idées de *No First Use* chères aux libéraux américains[1], les « zones dénucléarisées » chères à Olof Palme, à Egon Bahr et A. Papandréou (pour ne citer que les principaux de leurs supporters), les formules de « désengagement » des forces mutuelles ou même unilatérales (comme celle que vient de proposer Brzezinski)[2]. Friande de telles idées toujours bonnes à prendre, surtout quand elles proviennent d'Occident, la diplomatie soviétique a très habilement fait siens le *No First Use,* désormais doctrine officielle de l'URSS, les *zones dénucléarisées* bien sûr (Moscou en propose trois : en Scandinavie, en Centre Europe, et dans les Balkans[3]), tout en s'intéressant vivement aux propositions de désengagement (que le moment venu elle pourra exploiter dans le cadre des négociations de Vienne sur les MBFR, ou encore à Stockholm dans celui de la CDE).

On aurait tort de prendre à la légère ce glissement lent mais continu de l'*Arms Control* vers ces formules irresponsables mais attractives pour nos opinions publiques. Plus la voie de l'*Arms Control* se révélera bouchée dans l'avenir (et l'on a vu que c'est là une forte probabilité), plus ces déclarations, qui rappellent les « pactes » en forme de vœux pieux d'avant-guerre, se répandront à l'Ouest. Militairement et politiquement bien sûr, leur mise en œuvre dans l'ensemble européen serait parfaitement désastreuse. Le *No First Use* par exemple remettrait en cause, on l'a vu, la doctrine même de l'OTAN, fondée précisément sur l'emploi en premier de l'arme atomique ; par contre, il ne limiterait en rien les options militaires de l'URSS qui, compte tenu de la supériorité de l'Armée Rouge en Europe, n'a nullement besoin de franchir le seuil nucléaire la première.

De même, les zones dénucléarisées, si elles ne changent

---

1. Voir première partie, pp. 82-83.
2. « *The Future of Yalta* », Foreign Affairs, hiver 1984-1985. Dans cet article, l'ancien conseiller pour la Sécurité de Jimmy Carter cache tellement mal son désir de libérer la Pologne, qu'il est prêt pour cela à sacrifier l'Europe tout entière, en proposant en particulier une formule alambiquée de retrait unilatéral des troupes américaines.
3. Mises bout à bout — et ce n'est bien sûr pas un hasard — les trois zones constitueraient un glacis dénucléarisé à l'ouest de l'empire soviétique.

rigoureusement rien à la vulnérabilité de *tous* les Européens (nucléaires ou non, danois ou grecs) face aux fusées soviétiques implantées de l'autre côté de la frontière, bouleverseraient par contre, si elles étaient mises en œuvre, l'ensemble du statu quo politique et territorial en Europe. Les Soviétiques, en effet, savent fort bien que quiconque touche à la localisation des armes en Europe, modifie en même temps la zone de couverture — donc la cohésion — des alliances et, par voie de conséquence, la présence américaine en Europe. Si l'on garde à l'esprit que l'un des objectifs fondamentaux de la stratégie soviétique en Europe a été et demeure l'expulsion de la présence américaine, le retrait des armes nucléaires américaines (via la dénucléarisation) de la Scandinavie [1] ou la Grèce en passant par l'Allemagne, entraînerait inévitablement celui de leurs forces conventionnelles.

Blocage historique de l'*Arms Control*, glissement vers de dangereuses formules déclaratoires antinucléaires, pression continue de l'opinion publique en faveur de négociations — quelles qu'elles soient d'ailleurs —, voilà donc à quoi nous conduit la voie illusoire de la sécurité négociée qui tente nombre de nos responsables à l'Ouest. Ce n'est certes pas par l'idée généreuse mais irréaliste de la « sécurité négociée » que l'Europe et la France parviendront à faire face aux problèmes auxquels elles sont déjà, et seront davantage encore dans l'avenir, confrontées.

A mon sens, si la négociation se justifie à l'âge nucléaire avec un système tel que celui de l'empire russo-soviétique (et son curieux concept de « sécurité égale »), c'est d'abord et avant tout sur la base d'un rapport des forces équilibrées ; c'est ensuite sans se faire d'illusions, et en *le disant* à nos opinions publiques, quant aux résultats éventuels de ces discussions ; c'est enfin en donnant à ces négociations un objectif limité et précis où puisse se concrétiser l'intérêt mutuel des deux parties.

Or, cet intérêt reste et demeure la prévention de la guerre, et surtout de la guerre nucléaire. C'est ici, et ici seulement, que l'*Arms Control* conserve un rôle potentiellement positif, en tant que forum d'informations réciproques sur l'état des arsenaux et l'évolution des doctrines. Guère plus.

---

1. Je reste pour ma part stupéfait qu'une idée aussi creuse que la « dénucléarisation » d'une région comme la Scandinavie puisse être discutée sérieusement par les gouvernements de ces pays, alors que 1) cette région ne contient de toute façon aucune arme nucléaire, les deux pays de l'OTAN, Norvège et Danemark (encore est-ce de moins en moins sûr pour ce dernier) se réservant seulement d'en accepter le déploiement en cas de crise ou en temps de guerre ; 2) cette région jouxte la péninsule de Kola et la base de Mourmansk, arsenal de la flotte nucléaire soviétique sur le front occidental, et à ce titre littéralement hérissée d'armes atomiques de tous types ; 3) elle est régulièrement l'objet d'incursions et d'intimidations de toutes sortes par les sous-marins et autres engins de guerre soviétiques, lesquels sont équipés d'armes nucléaires. Les Scandinaves le savent bien, surtout depuis l'affaire du sous-marin *Whisky* échoué devant la base suédoise de Kalskrona en 1982.

Tout le problème, bien sûr, est qu'une telle conception est difficilement acceptable compte tenu de l'état actuel de nos opinions publiques (sauf en France, où la *Realpolitik* du général de Gaulle en la matière a été comprise par l'opinion et poursuivie par ses successeurs).

On retrouve ici toute l'importance du travail d'explication qui reste à faire par nos politiques au niveau des opinions publiques. Cessons de nous voiler les yeux : il n'y a pas d'option « douce » ou « diplomatique » à notre sécurité. Et il ne suffit pas que les médecins de Genève discutent à l'infini pour empêcher la guerre : au contraire, le faux sentiment de sécurité qui résulte de ces négociations et qui, dans le passé, a entraîné — aux États-Unis surtout — un ralentissement très net de l'effort de défense, est à terme une source considérable de dangers.

Un mot encore, en guise de post-scriptum à ce chapitre, et qui concernera la France. Celle-ci, je viens de le dire, a pour l'essentiel échappé jusqu'ici à la contagion occidentale de l'*Arms Control.* Et pour cause : Américains et Soviétiques avaient tout fait, au début des années 60, pour que la France renonce à son programme nucléaire, et le traité sur l'interdiction des essais (1963) ainsi que le traité de non-prolifération (1968) étaient en partie dirigés contre elle. De Gaulle, on le sait, en tira la leçon, que la France ne jouerait plus au petit jeu du désarmement (où elle était pourtant fort active sous la IIIe et la IVe République). Il fallut attendre 1978 et Valéry Giscard d'Estaing pour que la France retrouve son siège au comité de désarmement de Genève. Depuis, la diplomatie française navigue tant bien que mal entre le discours sur le désarmement qui fait plaisir aux « petits » (critique du « surarmement » des deux grands, propositions de « sécurité régionale » pour le tiers monde, ou de zones dénucléarisées par exemple, voire même l'idée d'une taxe sur le « surarmement » ( !) chère à Edgar Faure), et le souci de préserver son propre outil nucléaire. Tout cela, on s'en doute, ne va pas sans mal. Ainsi, la France socialiste qui soutient la dénucléarisation de l'Amérique latine, du Moyen-Orient et de l'Afrique, s'oppose-t-elle à celle de l'Europe et du Pacifique (Mururoa oblige !) ; nous refusons par principe de signer le traité de non-prolifération, mais depuis 1976, nous contrôlons étroitement nos transferts de technologie nucléaire. Enfin, nous soutenons le principe des négociations SALT (ou START) et INF (sur les euromissiles), tout en refusant avec véhémence que nos forces soient incluses dans l'une ou l'autre de ces négociations. Nos arguments ont beau être logiques du point de vue français (l'indépendance de nos armes, leur nombre très limité face au surarmement des deux grands), ils « passent » malheureusement de moins en moins bien à l'étranger, tant aux États-Unis que chez nos partenaires les plus proches en Europe.

Or, comme la France est en passe de moderniser ses forces en introduisant elle aussi des ogives MIRV (ce que fait également la Grande-Bretagne avec l'acquisition des Trident), le volume combiné de ces deux forces va passer d'ici à la fin des années 90 de quelque 300 ogives aujourd'hui à près de 1 200-1 500. Ce qui leur donne, bien sûr, une forte « visibilité » surtout si, comme le font les Soviétiques, on les place dans la corbeille euromissiles face aux 1 200 ogives actuelles des SS-20.

Peu à peu, par conséquent, l'argument selon lequel « il faudra bien trouver une formule permettant la prise en compte de ces armes » se répand tant aux États-Unis qu'en Europe. Le vice-président américain George Bush s'en est fait publiquement l'écho il y a peu (suscitant la colère du Quai d'Orsay). Mais après lui, bien d'autres responsables européens ont utilisé le même langage. Les Américains n'ont bien entendu aucune envie d'accepter une infériorité numérique de *leurs* armes stratégiques pour « compenser » l'existence des forces nucléaires de leurs alliés (d'où leur insistance à séparer les négociations START de celles sur les euromissiles). Et les Européens non nucléaires, obsédés qu'ils sont par la nécessité de conclure au plus vite l'affaire des Pershing, seraient prêts à n'importe quel compromis, au besoin sur le dos des Français et des Britanniques. Vu du Kremlin, ce désarroi occidental ne doit pas manquer d'apparaître réjouissant : peu à peu, l'insistance soviétique à « prendre en compte » les fusées européennes fragmente l'Alliance et l'Europe et, au-delà, consacre la conception soviétique de la « sécurité égale » qui inclut désormais :
— une balance stratégique globale avec les États-Unis,
— une balance séparée en Europe avec les forces américaines déployées dans cette région *et* les forces française et britannique,
— une balance en Asie, etc.,
le total devant, bien entendu, être *égal* pour les Soviétiques, c'est-à-dire supérieur à chacun des États « non soviétiques » concernés.

La France est confrontée ici à un véritable dilemme, dont on ne doit pas sous-estimer la gravité à moyen et long terme. Car ce dilemme, j'y reviendrai, plus loin, touche très directement à l'ambiguïté fondamentale de notre stratégie en Europe.

Car, de deux choses l'une. Ou bien nous disons que nos armes ne protègent que nous (ce que nous disons en ce moment, mais qui implique que nous soyons en fait en situation de neutralité armée), mais dans ce cas, notre refus d'inclure nos forces à Genève apparaîtra chez nos voisins comme une preuve supplémentaire de notre égoïsme insupportable. Ou bien, au contraire, nous affirmons que nous ne sommes pas neutres, que nos forces atomiques « contribuent à la dissuasion globale de l'Alliance[1] » — ce que nous disons aussi, bien que de façon fort confuse depuis une dizaine d'années —, mais alors comment réfuter l'argument soviétique selon lequel nos forces étant « occidentales », elles doivent nécessairement entrer en ligne de compte dans le calcul de l'équilibre des forces en Europe ?

De Giscard d'Estaing (qui espérait échanger la neutralité de la France dans l'affaire des euromissiles contre la non-inclusion de nos forces par les Soviétiques), à Mitterrand (qui, à mon sens fort justement, soutint l'Allemagne et l'OTAN dans la querelle des Pershing tout en claironnant son refus de négocier), la France a essayé depuis sept ans toutes les formules possibles[2]. Sans résoudre pour autant le problème...

En fait, au-delà des contorsions diplomatiques, la solution à ce problème — si solution il y a — tient fondamentalement à l'orientation future de notre politique de défense. La seule façon de convaincre nos voisins (et les Allemands en particulier) de ne pas soutenir l'inclusion de nos forces, c'est de leur montrer concrètement que ces forces sont *aussi* essentielles à *leur* défense. Ce qui implique à la fois une évolution considérable du discours français actuel..., et que les Allemands soient prêts à entendre ce discours.

Mais, avant de revenir sur cet ensemble de questions liées à la politique de la France (dans la conclusion de cet ouvrage), il nous reste encore à analyser le contexte technologique qui sera le nôtre dans les années à venir  Entre les armes conventionnelles « super-intelligentes » et la « guerre des étoiles » proposée par le président Reagan, quelle place restera-t-il à la dissuasion à la fin de ce siècle ?

---

1. Paragraphe 6 de la déclaration des pays de l'OTAN d'Ottawa (1974) signée par la France.
2. Voir sur ce point mon article « *France and the Euromissiles : the Limits of Immunity* », *Foreign Affairs*, hiver 1982-1983.

# II

## Les grandes illusions technologiques :
## des armes classiques « intelligentes »
## à la guerre des étoiles

Si, comme on vient de le voir, il est à la fois vain et dangereux d'espérer surmonter notre problème de sécurité par la négociation, une autre illusion, peut-être plus périlleuse encore, est en train de se répandre rapidement au sein des démocraties. Il s'agit de l'idée selon laquelle la supériorité technologique de l'Occident va rapidement, et presque sans efforts, lui fournir les moyens de contrebalancer la puissance militaire soviétique, tout en épuisant l'URSS dans une course aux armements de haute technologie qu'elle est de toute façon condamnée à perdre.

Cette idée, américaine dans son inspiration, n'a évidemment rien de nouveau : face à un problème politique ou stratégique complexe, les Américains ont toujours eu tendance — par nature pourrait-on dire — à chercher des « solutions » techniques *(Technical Fixes)*, même si dans chaque cas (je pense notamment à la MLF[1] ou à la guerre du Viêt-nam), ces solutions miracles se sont toujours révélées désastreuses. Et ce n'est pas la première fois non plus que l'Amérique (et l'Occident) espèrent « battre » l'URSS dans la course aux armements, ou lui infliger ainsi des coûts économiques intolérables. Là encore, l'expérience montre, on l'a vu[2], que depuis 1945 l'URSS a *réduit* l'écart qui la séparait des États-Unis dans la course à l'innovation technologique en matière militaire, plutôt que l'inverse. La même expérience a

---

1. Voir première partie, p. 61.
2. Voir deuxième partie, p. 115 et le tableau p. 116.

également mis en lumière l'extraordinaire continuité de la croissance du budget militaire en URSS (qui contraste avec les zigzags du budget américain), et la non moins surprenante mais réelle stabilité de la société soviétique, malgré les sacrifices qui lui sont infligés.

En dépit de ces précédents pourtant peu encourageants, le « credo technologique » s'est donc de nouveau imposé aux États-Unis ces dernières années, pour devenir la philosophie dominante de l'Administration Reagan. Stimulée par la reprise de l'économie et par un climat général de retour à la confiance dans les valeurs de la société américaine et dans sa « grandeur[1] », en réaction contre la crise morale des années 70, cette foi dans la toute-puissance de la technologie est également renforcée par deux autres phénomènes de première importance.

Le premier est d'ordre social et a trait à la profonde remise en question de la dissuasion nucléaire aux États-Unis et en Occident en général. On l'a vu, cette critique de la dissuasion est à la fois d'ordres éthique, politique et militaire et touche désormais tous les milieux : des évêques aux généraux, en passant par le citoyen « de base ».

Le second phénomène est d'ordre technologique et concerne ce qu'il est convenu d'appeler la troisième révolution industrielle dans laquelle nous entrons. Révolution d'abord électronique et informatique, mais qui touche aussi de nombreux autres domaines de pointe (espace, communication, lasers) dont on commence à peine à percevoir toutes les implications civiles et militaires.

C'est la conjonction de ces trois courants — retour à la volonté de puissance de l'Amérique, contestation de l'ordre nucléaire et promesses de technologies révolutionnaires — qui donne aujourd'hui toute sa force à l'idée selon laquelle l'Occident a les moyens non seulement de contrer la puissance militaire soviétique, mais qu'il peut même lui imposer un nouvel ordre stratégique mondial, libéré de la lancinante angoisse atomique. Mieux, tout cela serait réalisable sans contraindre nos propres sociétés à des sacrifices financiers ou sociaux intolérables. Pas question donc de budgets de guerre (l'Amérique de Reagan n'attend qu'une augmentation somme toute très modeste, 3 %, des dépenses militaires de ses alliés), et encore moins de mobilisation des hommes (personne n'ose évoquer un retour à la conscription à Washington). Non,

---

1. « Notre nation est destinée à la grandeur » (Ronald Reagan, lors de son discours inaugural du deuxième mandat, 21 janvier 1985).

bien au contraire, le miracle de la technologie va permettre d'écarter la guerre et de protéger l'Occident presque sans douleur. Et cette fois, sans Hiroshima !

Concrètement, ce courant de pensée (il faudrait presque parler d'état d'esprit) trouve deux points d'application essentiels. Deux domaines précisément où l'innovation technologique a fait la jonction avec la critique antinucléaire : le premier, déjà évoqué dans la première partie, est celui des armes conventionnelles « intelligentes » issues des technologies dites « émergentes » (ET[1]) ; le second est celui des armes spatiales antimissiles avec pour support politique (et publicitaire) la fameuse « Initiative de défense stratégique » (SDI[2]) lancée par le président Reagan en 1983.

Entre les deux, le nucléaire s'est comme volatilisé. S'il reste l'objet d'un débat, tant parmi les stratèges que dans l'opinion, c'est davantage sous l'angle de l'*Arms Control,* que comme l'un des axes privilégiés de l'effort de réarmement américain. A cet égard, il est significatif de noter que les principaux programmes en cours, à l'exception peut-être du missile de croisière mer-sol (SLCM), ont tous été lancés avant l'arrivée au pouvoir de l'Administration Reagan (M-X, Trident, B1[3]) ; de même, la modernisation de l'arsenal stratégique est loin d'être prioritaire dans l'effort budgétaire de l'Administration actuelle (avec en moyenne 15 % seulement des crédits). Enfin, et cela est tout aussi significatif, ce sont ces programmes nucléaires (M-X en particulier, ou encore B1), qui rencontrent le plus d'opposition au Congrès, tandis que la notion de « conventionnalisation » de la défense de l'Europe, ou même de « la guerre des étoiles » sont des thèmes plus que populaires au Capitole, comme dans l'opinion publique en général.

Assez curieusement (mais cela n'étonnera pas le lecteur au fait des méthodes de gouvernement typiquement décentralisées — et souvent désordonnées — ayant cours à Washington), ET et SDI n'étaient nullement, à l'origine tout au moins, des axes prédéterminés d'un nouveau grand dessein stratégique américain. Au contraire. ET ainsi que le débat sur la frappe en profondeur des forces soviétiques en Europe, sont en fait de vieux thèmes débattus par les militaires américains depuis au moins une dizaine

---

1. *Emerging Technologies.*
2. *Strategic Defense Initiative.* On utilisera ici les sigles américains plutôt que leur traduction française.
3. Le B1, supprimé par Carter, a cependant été réintroduit par Reagan.

d'années[1]. Ce qui leur a redonné toute leur actualité à partir de 1982 (avec l'adoption du concept de bataille *Airland Battle* (ALB) par l'US Army, puis de la doctrine FOFA *(Follow-on Forces Attack)* par l'OTAN)[2], c'est l'arrivée à maturité de certaines technologies conventionnelles et le débat antinucléaire issu de la guerre des Pershing. SDI, au contraire, résulte d'une initiative « personnelle » pourrait-on dire du président Reagan lui-même qui, sous l'influence de certains scientifiques proches de lui (comme Edward Teller ou George Keyworth), a simplement décidé, après en avoir à peine informé l'état-major, de lancer un grand programme de recherche sur la défense stratégique, centré sur l'espace et les technologies nouvelles (lasers, faisceaux à particules). Là aussi, ce qui a rendu possible une telle initiative tient à la fois aux promesses nouvelles de la technologie et aux difficultés stratégiques de plus en plus nettes apparues avec la parité nucléaire et la vulnérabilité de l'arsenal terrestre américain.

Malgré leurs origines différentes, les éléments du couple ET-SDI ont très rapidement acquis une cohérence d'ensemble évidente, déjà apparente au demeurant dans le discours de Reagan sur « La Guerre des étoiles ». Devant l'aspect spectaculaire des déclarations présidentielles sur l'espace, peu de gens ont remarqué en effet que le discours de Reagan comportait aussi, dans le corps même des développements consacrés aux armes spatiales, cet autre aspect de la politique stratégique américaine : la défense classique. Reagan déclarait en effet : « Nous devons également prendre des mesures destinées à limiter le risque d'un conflit militaire conventionnel qui, par un effet d'escalade, se transformerait en guerre nucléaire ; pour ce faire, il nous faut améliorer nos capacités non nucléaires. L'Amérique possède — dès maintenant — les technologies lui permettant de promouvoir, dans une très large mesure, l'efficacité des forces conventionnelles et non nucléaires. »

A l'égard des Alliés, que cette combinaison de guerre spatiale et de conflit conventionnel allait peut-être effaroucher, Reagan ajoutait toutefois : « Tout en poursuivant notre objectif dans le domaine des technologies défensives, nous ne perdons pas de vue que nos alliés comptent sur notre puissance stratégique offensive pour prévenir toute agression dirigée contre eux. Leurs intérêts

---

1. Voir l'étude de Boyd D. SUTTON, John R. LANDRY, Malcom B. ARMSTRONG, Howell M. ESTES et Welsley K. CLARK, « *Deep Attack and the Defense of Central Europe* », *Survival*, mars-avril 1984.
2. Les deux doctrines, semblables dans leur inspiration et se recoupant sur bien des aspects au plan opérationnel, développent cependant des concepts tactiques assez différents (voir B. SUTTON, LANDRY *et al.*, *op. cit.*).

vitaux et les nôtres sont inextricablement liés — leur sécurité et la nôtre ne font qu'un. Et aucune évolution technologique ne peut modifier, ni ne modifiera, cette réalité. Nous devons continuer à honorer nos engagements et nous le ferons. »

Oui certes. Mais de quelle façon ? Certainement pas par le retour aux armes atomiques !

Après Reagan, ce fut au tour des experts d'élaborer sous forme de stratégie cohérente le couple ET-SDI et de la présenter comme la meilleure doctrine possible pour l'Amérique et l'Occident dans son ensemble. Dans un article paru en juin 1983[1] et demeuré célèbre depuis, Albert Wholstetter, un des pères de la stratégie nucléaire américaine depuis trente ans, après s'être livré à une longue critique de la théorie de la « dissuasion pure » (et de la MAD en particulier), démontrait qu'un système de dissuasion fondé uniquement sur les armes offensives et sur la menace de la montée aux extrêmes, ne pourrait conduire celui qui l'utilise qu'à un choix catastrophique : la capitulation ou le suicide. Très habilement, Wohlstetter retournait alors contre les partisans de la MAD (de McNamara aux évêques — sans oublier le général Gallois), les arguments éthiques dont ils sont friands. La MAD, affirmait-il en substance, n'est-elle pas la justification à l'avance du massacre de centaines de millions de « civils innocents » ? « Comment pouvez-vous à la fois adhérer à la MAD (donc refuser toute idée de défense) et condamner pour des raisons éthiques tout emploi de l'arme atomique ? N'êtes-vous donc pas en train de capituler à l'avance ? »

De cette double critique (immoralité et non-crédibilité) du système de dissuasion actuelle, résultait alors une double recommandation, apparaissant en filigrane dans les propos de Wohlstetter :

— pour ce qui concerne les États-Unis, la constitution d'un arsenal d'armes offensives extrêmement précises, sûres et flexibles (au service donc d'une stratégie anti-forces de combat), le tout étant complété par un réseau défensif, y compris des ABM basés dans l'espace ;

— pour la défense de l'Europe : priorité absolue aux armes conventionnelles de la nouvelle génération.

Depuis, la complémentarité entre ces deux grands axes — le

---

1. L'article qui portait le titre évocateur de « *Bishops, Statesmen and Other Strategists on the Bombing of Innocents* », *Commentary*, juin 1983, fut ensuite publié en français, avec un certain nombre de réactions françaises dans *Commentaires* (1983-1984).

conventionnel et l'espace —, n'a cessé de s'affirmer dans le discours officiel américain. Avec une conséquence fondamentale pour l'Europe : entre les deux extrémités de cette tenaille stratégique — en « bas » le conventionnel, en « haut », l'espace — la dissuasion nucléaire qui constituait jusqu'ici la clé de voûte de tout le système de sécurité européen, se voit peu à peu éjectée vers l'extérieur.

Le plus grave dans cette affaire est que, ce faisant, les plus hauts responsables politiques occidentaux reprennent à leur compte l'essentiel de la critique antinucléaire des mouvements pacifistes. Ils achèvent ainsi de démolir le consensus social, essentiel à la dissuasion dans nos sociétés, tout en accréditant l'idée qu'un système de défense « alternatif » est presque immédiatement à notre portée. Or rien n'est moins sûr ! On va le voir : ceci n'est vrai ni des nouvelles armes classiques, ni des armes futuristes de l'espace. En anticipant de la sorte sur la technologie, en promettant des « solutions » qui, soit n'en sont pas, soit ne règlent que très partiellement les problèmes réels qui leur sont posés, ces dirigeants occidentaux prennent une terrible responsabilité devant l'Histoire. Car au bout du compte, il est fort probable que nos opinions, une fois redescendues sur terre (et notre terre restera atomique pour longtemps !) n'aient ni la force morale nécessaire à la dissuasion, ni la volonté de se défendre autrement.

Évaluer les conséquences d'un tel phénomène est donc capital pour nous, Européens, car il s'agit véritablement de l'avenir de la dissuasion. Mais c'est là également une tâche extraordinairement difficile dans la mesure où beaucoup des technologies dont il est question (au niveau conventionnel, comme au niveau spatial) n'existent pas encore ; nous ne connaissons pas leur coût effectif (si elles aboutissent réellement un jour à des systèmes d'armes), pas plus que nous ne connaissons encore leur efficacité ni les contremesures que prendront les Soviétiques. Ce qui est sûr, c'est que l'ensemble de ces innovations technologiques, couplées à l'évolution du rapport des forces, conduit nécessairement à réduire l'importance centrale accordée jusqu'ici aux armes nucléaires. Mais sans les faire disparaître pour autant ! C'est là en effet le cœur de la confusion actuelle. *Gare à ne pas confondre l'évolution du concept de dissuasion et de ses conditions d'application, avec sa disparition pure et simple !*

Mais précisément : où tracer la frontière, alors que la technologie évolue de plus en plus vite et que les esprits échauffés, pressés de se débarrasser de l'atome, vont encore plus vite qu'elle ?

C'est ce qui explique que le débat qui se déroule en ce moment entre Européens et Américains sur l'avenir stratégique qui nous attend, soit surtout caractérisé par la confusion et par l'échange d'arguments schématiques fondés le plus souvent sur des hypothèses lointaines. Ainsi, par exemple, la « guerre des étoiles » voit s'affronter dans les médias (comme d'ailleurs entre les gouvernements), le rêve futuriste du président Reagan qui veut libérer les « peuples libres » de la menace de l'Apocalypse, et les craintes européennes d'une *Fortress America* protégée par une « bulle antimissiles », alors que l'Europe, elle, se retrouverait seule et nue face à la puissance soviétique. A quoi les Américains répondent (ce qui est tout aussi surréaliste à ce stade) que s'ils parviennent à construire une telle bulle, ils l'élargiraient bien entendu à leurs alliés... — et pourquoi pas ? —, aux Soviétiques[1]. Comme cela, tout le monde serait protégé et invulnérable, et l'on pourrait enfin se débarrasser de la quincaillerie atomique !

Laissons donc là ces spéculations et essayons d'y voir un peu plus clair. Il convient d'examiner d'abord séparément chacun des deux domaines, car ceux-ci posent, on va le voir, des problèmes assez différents. On tentera ensuite une synthèse d'ensemble quant à leurs conséquences sur la sécurité de l'Europe.

---

1. C'est ce qu'a laissé entendre le président Reagan à deux reprises au moins en 1984 (y compris lors du débat télévisé avec Walter Mondale durant la campagne présidentielle).

<h1 style="text-align:center">III</h1>

<h2 style="text-align:center">ET : une solution ou un mythe ?</h2>

L'ensemble du débat sur la « conventionnalisation » de la doctrine de l'OTAN repose sur deux hypothèses fondamentales :

1. Les forces de l'OTAN *sont* en mesure de contenir l'Armée Rouge et les armées du Pacte de Varsovie *à une condition :* que les moyens de renfort et de soutien du Pacte soient maintenus le plus longtemps possible à l'extérieur du champ de bataille de l'avant[1]. Cette condition résulte de la simple observation du rapport des forces en Centre Europe. En cas de guerre « départ arrêté », le rapport des forces à la frontière interallemande serait environ de 1 contre 1 : 26 divisions pour le Pacte dont 20 du groupe soviétique d'Allemagne de l'Est, contre 22 divisions pour l'OTAN (sans compter les divisions françaises ni les divisions belge et néerlandaise basées dans leurs pays). Par contre, en raison de la géographie (donc de la longueur des lignes de communication qui joue contre l'OTAN), de la quasi-absence de réserves à l'Ouest (qui contraste avec le grand nombre de réserves disponible en URSS), on estime que le rapport des forces se dégraderait très rapidement après mobilisation. Il passerait ainsi de 1 contre 1 à 2,4 contre 1, dix jours après la mobilisation. Et il se dégraderait encore plus rapidement par la suite (l'URSS pouvant disposer d'au moins 85 divisions en trente jours). Si l'on veut tenir la première ligne de défense (ce qui est politiquement vital pour la RFA qui, pour rien au monde, ne céderait un pouce de terrain en

---

1. B. Sutton, J. Landry *et al., op. cit.*

attendant les renforts acheminés des États-Unis), alors, il devient impératif pour l'OTAN de détruire les renforts soviétiques avant qu'ils n'atteignent la zone de combats.

2. C'est ici que l'on rejoint la deuxième hypothèse. Jusqu'à présent en effet, cette mission « d'interdiction du deuxième échelon » était confiée à des systèmes nucléaires (chasseurs bombardiers, missiles Pershing 1 ou Lance), impliquant donc un franchissement précoce du seuil nucléaire. D'autant plus précoce que, selon les militaires de l'OTAN, celle-ci ne dispose que de très faibles stocks de munitions : tout au plus pour une dizaine de jours de combat. Or, parité nucléaire et supériorité soviétique en Europe obligent (voir première partie), une telle escalade est désormais hautement improbable. Le général Rogers devait d'ailleurs le reconnaître publiquement dans une interview au *Monde* en 1983 : « Dans les premiers jours de combat, les autorités politiques ne me donneront pas — et elles auront peut-être raison — l'autorisation d'avoir recours à des armes nucléaires. »

C'est ici qu'entrent en jeu les nouvelles technologies en matière d'armements classiques qui doivent, selon leurs partisans, remplir ces missions d'interdiction en profondeur, à la place et mieux encore, dit-on, que les systèmes nucléaires d'antan[1].

De quelles armes s'agit-il ? De toute une panoplie d'armes existantes, en essai ou en projet, dont les performances — sur le papier en tout cas — paraissent impressionnantes, qu'il s'agisse des munitions nouvelles, de leurs lanceurs, ou des moyens électroniques qui conditionnent leur emploi (le $C^3$)[2].

Au niveau des munitions, d'abord, un ensemble des systèmes d'armes connu sous le nom générique d'*Assault Breaker* (briseur d'assaut) a la particularité d'être capable de « distribuer » ou de se décomposer en des centaines voire des milliers de sous-munitions extrêmement sophistiquées (*Submunitions*). Le système d'armes le plus connu, puisqu'il est déjà opérationnel dans la Luftwaffe, est de conception allemande. Il s'agit du MW-1, sorte de « panier » géant de 5 mètres de long et pesant près de 5 tonnes, qui est placé sous le ventre du chasseur-bombardier Tornado. Au moyen de ses 224 tubes d'éjection, le MW-1 peut larguer 4 500 sous-munitions diverses, mines, bombes à fragmen-

---

1. Voir mon dossier sur « Les Armes intelligentes », *Le Point* du 7 mars 1983.
2. *Command, Control and Communication :* Commandement, contrôle et transmission.

tation, bombes anti-pistes qui détruiraient tout sur leur passage : blindés, personnel, pistes, hangars, avions, etc.

Les Américains, eux, travaillent surtout à la mise au point de sous-munitions qui, une fois larguées, seraient capables de se diriger elles-mêmes sur leurs cibles. C'est le cas notamment du système Skeet, qui, à partir de 1986, pourra aussi bien être placé dans des obus de 155 mm que dans des cônes de missile, ou même à bord des distributeurs LADS *(Low Altitude Dispenser)* qui équiperont les F-16 de l'US Air Force. Larguées au-dessus d'une formation de chars, les sous-munitions Skeet se dirigent seules vers les compartiments moteur peu protégés des chars et autres blindés. Un système analogue, le SADARM, vient se « poser » avec une précision chirurgicale sur le dessus de la coupole des chars adverses, également très vulnérable. D'autres systèmes antichars, comme l'ERAM *(Extended Range Anti-Armor Munition),* sont largués par parachute au-dessus d'une base aérienne ou d'une zone de concentration de chars. La sous-munition, une fois au sol, attendrait patiemment sa victime. Un senseur accoustique saura si la cible est un blindé ou une unité de fantassins. L'ERAM calcule alors la distance la séparant de l'objectif, s'oriente sur lui avant de déclencher la mise à feu.

Les systèmes de largage ou de « distribution » en cours d'essai aux États-Unis sont tout aussi étonnants. Le LADS, plus petit que le MW-1 allemand, est une sorte de bombe volante capable de manœuvrer seule au-dessus de l'objectif avant de larguer plusieurs centaines de sous-munitions de type Skeet, ERAM ou SADARM.

Quant aux vecteurs, plusieurs missiles sol-sol, qui sont également actuellement à l'étude ou en cours d'essai, ils doivent permettre le largage de sous-munitions avec une très haute précision. C'est le cas notamment du MLRS, du constructeur Vought (coproduit par les États-Unis, la France, l'Allemagne et la Grande-Bretagne) ou du T-16 (Martin Marietta) ou du futur CAM-40, dérivé du Pershing 2. A titre d'exemple, le MLRS *(Multiple Launch Rocket System),* qui vient d'entrer en service dans l'US Army, est capable de lancer 12 missiles sol-sol porteurs de sous-munitions en moins d'une minute.

Plus étonnantes encore sont les performances annoncées par les experts américains. D'après eux, l'emploi de ces systèmes « intelligents » permettrait de diviser par 15 le nombre des missions de bombardement nécessaires à la destruction d'un objectif. Exemple : les Soviétiques considèrent qu'une unité est détruite lorsqu'elle a perdu 60 % de ses effectifs. Or, la destruction d'une division soviétique (soit 400 blindés et 2 500 camions, sans compter l'artillerie et les moyens antiaériens) nécessiterait l'équivalent de 2 200 missions de bombardement avec des avions équipés de bombes classiques de 250 kilos. Avec le système MW-1 allemand, le nombre des missions tombe à 330 ; avec le système Skeet, il n'est que de 50 à 60. A titre de comparaison, la destruction de la même division soviétique au moyen d'armes nucléaires nécessiterait 20 à 25 missions par des avions équipés de bombes nucléaires de 10 kilotonnes (environ deux tiers de la puissance de celle d'Hiroshima).

Cet ensemble munitions-vecteurs pourra, et c'est le troisième élément, être mis en œuvre dans un milieu informatique et électronique, lui aussi révolutionnaire. C'est dans ces deux domaines en effet (donc sur le $C^3$) que joue à plein la révolution technologique dans laquelle nous entrons, qu'il s'agisse du traitement de l'information, des communications ou de l'acquisition des cibles en temps réel. Ainsi, à « l'intelligence » nouvelle des vecteurs et de leurs munitions — équipés de senseurs eux-mêmes connectés à des moyens de calcul permettant l'exploitation des données — s'ajoutera la possibilité de les gérer de façon intégrée, et théoriquement optimale, grâce aux progrès du $C^3$. A titre d'exemple, un nouveau système radar, le *Pave Mover*, testé depuis 1982, peut « suivre » les véhicules circulant dans une zone de 100 kilomètres de côté avec une capacité « d'acquisition » (c'est-à-dire de repérage) de 4 500 cibles en même temps.


Voici donc pour les hypothèses de départ et les systèmes d'armes prévus ou en cours d'essai. On comprend mieux ainsi le caractère attractif de FOFA et de ET et l'enthousiasme de leurs partisans, aux États-Unis surtout. Sur le papier, en effet, l'OTAN semble tenir là la solution idéale à tous ses problèmes d'antan. Grâce à un tel système de défense, l'Armée Rouge pourra être contenue sans que le président américain ait à faire face à la question obsédante du premier emploi de l'atome ; voici donc qui satisfait à la fois Washington et les pacifistes européens qui craignaient une guerre nucléaire limitée. Mieux, le type de guerre robotisée, « propre » car épargnant les civils, que laissent entrevoir les armes futuristes ne peut que rassurer tout le monde, d'autant qu'il n'est demandé pour les obtenir ni de levée en masse des hommes, ni de gros sacrifices financiers. Le général Rogers promet que tout cela pourra être acquis par une très modeste augmentation des budgets de défense (4 % l'an, au lieu des 3 % prévus par l'Alliance). Quant au secrétaire américain à la Défense, Caspar Weinberger, celui-ci s'est montré encore plus encourageant puisque, a-t-il affirmé, l'introduction des ET est possible « dans le cadre des enveloppes budgétaires actuelles ».

Tout cela malheureusement est un peu trop beau pour être vrai. Si un certain nombre de ces « technologies émergentes » ont certainement une contribution positive à apporter au système de défense occidental en Europe, c'est aller un peu trop vite en besogne que de présenter FOFA et ET comme *la* solution à tous les problèmes de l'Alliance et notamment à ses dilemmes nucléaires.

Derrière le dépliant publicitaire alléchant que déroulent le Pentagone et les industriels américains devant les gouvernements européens, se dissimulent en effet toute une série de problèmes fort complexes — et de failles aussi — qui font que la mise en œuvre d'une défense classique de l'Europe est sans doute aussi éloignée aujourd'hui qu'elle l'était après la réunion ministérielle de Lisbonne en 1953.

La première des difficultés tient aux réalités économiques. Contrairement au mythe couramment répandu sur le « coût ruineux de la course aux armements nucléaires », le fait est que toute défense classique coûte infiniment plus cher qu'un système de défense fondé sur la dissuasion nucléaire. C'est pour cette raison que l'OTAN, à partir de 1953 précisément, a plongé dans la dépendance atomique, comme le fit d'ailleurs, à un autre niveau, la France elle-même. Renverser le courant aujourd'hui paraît encore plus difficile qu'il y a trente ans. Avec l'augmentation continue des dépenses sociales dans les budgets nationaux au cours des trois décennies écoulées, et la persistance de la crise économique actuelle en Europe, il paraît tout simplement exclu que les démocraties européennes consentent un accroissement même modeste de leurs dépenses militaires. Aux États-Unis mêmes où il est fait tant de cas du programme de réarmement de l'Administration Reagan, celui-ci se traduit en fait par une augmentation annuelle de 6 à 7 % environ en termes réels du budget de défense, ce qui est certes considérable mais qui n'est nullement comparable avec le *Crash Program* de la guerre de Corée[1]. Même sous Reagan, les dépenses sociales n'ont pu être réduites[2] : le budget de défense a donc été financé essentiellement par un déficit budgétaire (d'une ampleur sensiblement comparable au budget du Pentagone, soit de l'ordre de 200 milliards de dollars), c'est-à-dire, en dernière analyse, par la planche à billets et l'endettement à l'extérieur.

Les Européens, quant à eux, ne disposent pas d'une telle option. D'où une réalité toute simple, évidente pour qui s'intéresse aux faits et non aux mots : hormis le Luxembourg et, jusqu'en 1985, le Royaume-Uni[3], tous les pays européens ont, soit des budgets de défense en croissance zéro (ce qui veut dire en régression compte tenu du coût supérieur à l'inflation des matériels militaires), soit purement et simplement en régression (voir les deux tableaux ci-contre). Ceci vaut pour l'Allemagne fédérale et, depuis 1982, pour la France. Laisser croire que ces pays vont comme par miracle accroître leurs dépenses de 4 % l'an comme le voudrait le général Rogers, alors que la plupart d'entre eux n'atteignent même pas le seuil des 3 % auquel ils se sont pourtant engagés en 1978, tient soit de la naïveté soit de la tromperie.

C'est pourtant le petit jeu auquel se livrent les responsables de l'OTAN et les chancelleries occidentales. Tout se passe comme si les gouvernements européens, en s'engageant sur la voie de la « conventionnalisation » de la doctrine de l'OTAN, le faisaient plus pour calmer les pressions américaines conjuguées aux courants antinucléaires de leurs opinions publiques, qu'avec la moindre conviction que cela est financièrement et socialement possible. Vive le réarmement conventionnel donc, mais sans dépenser plus !

L'affaire pourtant se complique avec l'irruption du Congrès américain qui, une nouvelle fois, relance le vieux débat sur le « partage du fardeau » de la défense *(Burden Sharing)* entre les deux rives de l'Atlantique. Sous l'impulsion du sénateur Nunn et de l'école néo-conservatrice américaine, le Sénat, on l'a vu[4],

---

1. Le taux d'augmentation des TOA (*Total Obligational Authorities* qui correspondent à nos autorisations de programmes) est tombé de 7 % en 1983 à 3,5 % en 1984 et ne devait pas dépasser + 5 % en 1985, compte tenu de la volonté du Congrès de limiter le déficit budgétaire.

2. Au total les dépenses non militaires (sans même prendre en compte le paiement des intérêts de la dette fédérale) sont passées de 390 milliards de dollars en 1980 à 575 milliards prévus pour 1985. A titre de comparaison, le budget du Pentagone est passé pendant la même période de 132 milliards à 246,5 (*International Herald Tribune*, 23 janvier 1985).

3. Après cette date, le gouvernement de M^me Thatcher a prévu un net ralentissement du taux d'augmentation des crédits militaires (le plus fort jusque-là en Europe). Le budget de la défense, compte tenu de la situation économique et sociale en Grande-Bretagne, ne serait alors maintenu qu'au niveau de l'inflation.

4. Voir deuxième partie, p. 164.

menace désormais de retirer les GI's d'Europe si les Européens eux-mêmes ne font pas davantage pour leur propre défense. D'autant que, selon diverses estimations officielles américaines, entre 60 et 80 % du budget de défense américain sont consacrés à la défense de l'Europe. Chiffre estimé de moins en moins tolérable outre-Atlantique, du fait du déficit américain, de la régression des budgets militaires en Europe et de l'importance désormais jugée exagérée de l'Europe dans le dispositif de sécurité extérieure des États-Unis. En 1983 l'amendement Nunn, prévoyant un retrait de 90 000 GI's échelonné sur trois ans au cas où les Européens ne respecteraient pas l'engagement des 3 %, a failli être adopté par le Sénat.

On voit donc aisément à quel point la question est explosive à l'avenir, s'agissant de la cohésion du système atlantique tout entier : d'un côté les États-Unis pressent les Européens de consentir enfin l'effort nécessaire à une défense crédible, en fait découplée du nucléaire ; de l'autre, les gouvernements d'Europe acquiescent poliment, tout en sachant fort bien qu'ils ne pourront jamais financer le programme attendu aux États-Unis. Entre les deux, le général Rogers et le sénateur Nunn lient désormais la question du partage du fardeau à celle d'une nécessaire réduction du rôle des armes nucléaires dans la stratégie de l'OTAN. Lien périlleux s'il en est puisqu'il risque de faire apparaître très rapidement les Européens, aux yeux de l'Américain moyen, non seulement comme égoïstes et irresponsables, mais surtout carrément dangereux pour les États-Unis, puisque, en refusant de consentir les sacrifices financiers nécessaires, ils risquent d'entraîner l'Amérique tout entière dans un conflit nucléaire dont elle ne veut à aucun prix.

A cette réalité économique et financière s'ajoutent plusieurs autres contraintes structurelles à l'adoption d'une stratégie de défense « conventionnalisée » (pour ne pas dire purement et simplement conventionnelle).

La première de ces contraintes touche à la réalité démographique. Pour faire la guerre, même avec des armes « intelligentes », il faut des hommes. Or des hommes, l'Alliance va en manquer de plus en plus cruellement, notamment en RFA où la Bundeswher, principale armée de l'OTAN avec ses 500 000 hommes, va perdre quelque 100 000 conscrits d'ici à la fin de la présente décennie. Ce qui conduit les responsables de Bonn à mettre en œuvre des mesures fort peu populaires, comme l'allongement du service

**Dépenses militaires des pays de l'OTAN**
*(en pourcentage du PNB)*

| | 1978 | 1979 | 1980 | 1981 | 1982 | 1983* |
|---|---|---|---|---|---|---|
| Belgique | 3.3 | 3.3 | 3.3 | 3.5 | 3.4 | 3.4 |
| Canada | 2.0 | 1.8 | 1.9 | 1.9 | 2.1 | 2.1 |
| Danemark | 2.3 | 2.3 | 2.4 | 2.5 | 2.5 | n.d. |
| France | 4.0 | 4.0 | 4.1 | 4.2 | 4.2 | 4.2 |
| Allemagne | 3.3 | 3.3 | 3.3 | 3.4 | 3.4 | 3.4 |
| Grèce | 6.7 | 6.3 | 5.7 | 7.0 | 7.0 | 7.1 |
| Italie | 2.4 | 2.4 | 2.4 | 2.5 | 2.6 | 2.8 |
| Luxembourg | 1.0 | 1.0 | 1.2 | 1.2 | 1.3 | 1.3 |
| Pays-Bas | 3.1 | 3.2 | 3.1 | 3.2 | 3.2 | 3.3 |
| Norvège | 3.2 | 3.1 | 2.9 | 2.9 | 3.0 | 3.1 |
| Portugal | 3.5 | 3.4 | 3.6 | 3.6 | 3.4 | 3.4 |
| Turquie | 5.2 | 4.3 | 4.3 | 4.9 | 5.2 | 4.9 |
| Royaume-Uni | 4.6 | 4.7 | 5.1 | 5.0 | 5.1 | 5.6 |
| États-Unis | 5.1 | 5.1 | 5.6 | 5.9 | 6.5 | 6.9 |
| OTAN Europe | 3.6 | 3.6 | 3.7 | 3.8 | 3.8 | n.d. |
| Total OTAN | 4.3 | 4.2 | 4.4 | 4.8 | 5.1 | n.d. |

* Estimations (n.d. : non disponibles)

**Évolution des budgets de défense des pays de l'OTAN**
*(en pourcentage d'augmentation ou de réduction en termes réels)*

| | 1979 | 1980 | 1981 | 1982 | 1983* |
|---|---|---|---|---|---|
| Belgique | 2.2 | 2.0 | 0.9 | − 6.6 | − 5.6 |
| Canada | − 0.9 | 5.1 | 3.1 | 3.0 | 4.6 |
| Danemark | 0.2 | 0.7 | 0.4 | 0.6 | n.d. |
| France | 2.5 | 3.7 | 3.6 | 1.7 | 0.7 |
| Allemagne | 1.8 | 2.3 | 3.2 | − 0.2 | 2.0 |
| Grèce | − 2.9 | − 8.4 | 22.9 | − 3.0 | 10.7 |
| Italie | 2.6 | 4.9 | − 0.5 | 2.7 | 5.7 |
| Luxembourg | 3.5 | 16.3 | 4.8 | 4.0 | 0.1 |
| Pays-Bas | 4.2 | − 1.7 | 3.3 | − 2.0 | − 5.0 |
| Norvège | 1.9 | 1.8 | 2.7 | 2.3 | 1.8 |
| Portugal | 2.9 | 10.1 | 1.5 | − 2.9 | 13.6 |
| Turquie | 2.6 | 2.0 | 1.8 | − 7.2 | 13.9 |
| Royaume-Uni | 3.0 | 2.8 | 1.3 | 3.8 | 10.1 |
| États-Unis | 3.4 | 4.9 | 4.1 | 7.5 | 9.2 |
| OTAN hors E.-U. | 2.2 | 2.7 | 2.7 | 1.3 | n.d. |
| OTAN (en totalité) | 3.1 | 4.0 | 3.6 | 5.3 | n.d. |

* Estimations (n.d. : non disponibles)

militaire[1] — mesures qui, soit dit en passant, contrastent avec le fait que l'Amérique de Reagan, supposée « réarmée », n'ose toujours pas réintroduire la conscription et menace de surcroît de retirer ses propres GI's pour « punir » les Européens[2].

Une seconde contrainte touche aux réalités psychologiques de la dissuasion dans les opinions publiques européennes. S'il est vrai que l'affaire des euromissiles a été le catalyseur d'un puissant courant de rejet du nucléaire, il serait dangereux d'en conclure que l'Européen moyen soit pour autant prêt à supporter une nouvelle guerre classique. Contrairement à ce que semblent croire les stratèges américains, l'opinion européenne, si elle veut à tout prix éviter la guerre nucléaire sur son sol, ne veut pas non plus entendre parler de guerre classique. Dans un continent qui, par deux fois dans un même siècle, a connu la dévastation d'une guerre « classique », l'idée que l'on puisse recommencer une troisième fois demeure tout simplement inacceptable. Après tout, on l'oublie souvent, les bombardements « classiques » de Dresde ont fait plus de victimes que la bombe A d'Hiroshima ou de Nagasaki. On aura beau expliquer aux braves Européens que nous sommes, que grâce aux armes intelligentes et à la guerre « propre » sur ordinateur, la bataille sera « chirurgicale » et ne fera (presque) aucun mal aux civils, il suffit de se remémorer la réaction des opinions publiques pendant le siège de Beyrouth, pour imaginer quelle serait leur attitude face à l'idée que pareille chose pourrait survenir à Hambourg ou Bruxelles, et qu'il faut désormais se préparer *vraiment* à la guerre classique ! Là encore les gouvernements font mine d'ignorer ces réalités essentielles qui forment pourtant la base du système atlantique. A l'image du parti social-démocrate allemand (SPD) qui se déclare tout à la fois antinucléaire et partisan d'une « conventionnalisation » de la doctrine de l'Alliance, mais sans dépenser un Deutsche Mark de plus, et tout en rejetant le concept de défense proposé par les États-Unis comme dangereusement « offensif »[3].

---

1. Cette contrainte explique en partie l'intérêt manifesté par Bonn pour la coopération militaire avec la France, l'espoir du côté allemand étant que la RFA pourra compter sur le réservoir humain de l'armée française en cas de conflit (voir le chapitre de conclusion consacré à la France).

2. A cela s'ajoutent les diminutions déjà effectuées des effectifs français en Allemagne, et les velléités répétées des Britanniques et Hollandais d'en faire autant (pour des raisons d'économie, bien sûr).

3. Dans son document sur la défense issu du congrès d'Essen en mai 1984, et en réaction contre la doctrine américaine *Airland Battle* qu'il juge « offensif », le SPD avancera même l'idée d'une posture de défense « structurellement défensive » (*sic !*), qui interdira toute contre-attaque sur le territoire de l'agresseur. Mieux vaut, n'est-ce pas, faire la guerre chez soi que chez l'agresseur... A moins qu'il ne s'agisse en fait d'une façon prétendument « scientifique » de dire que l'on ne se battra pas du tout ?

Dans un tel contexte, comment s'étonner du regain d'intérêt manifesté en Europe pour des « concepts » de sécurité aussi fumeux qu' « alternatifs », qu'il s'agisse de l'idée de « milices territoriales » (de nouveau à la mode parmi les « chercheurs de la paix ») ou de la notion de dénucléarisation et de « désengagement » régional en Europe.

Viennent ensuite toutes les incertitudes liées à la valeur opérationnelle et au coût des nouveaux systèmes d'armes sophistiquées que l'OTAN entend acquérir. Beaucoup de ces systèmes n'existent encore qu'à l'état de projet, aussi doit-on se méfier des prévisions financières très optimistes avancées aujourd'hui par les militaires et les industriels. Celles-ci oscillent entre 10 et 20 milliards de dollars devant être investis sur dix ans[1]. Mais l'expérience enseigne qu'en la matière, l'écart entre les prévisions au stade de la recherche et développement et le coût effectif de production d'un système d'armes sophistiqué peut être de 1 à 15 ! Et que la valeur opérationnelle des nouveaux systèmes (vulnérabilité, performance dans un environnement de combat réel, adaptation au dispositif adverse) n'est pas toujours à la hauteur des espoirs et des investissements financiers consentis au départ. Une chose est de tester une arme en laboratoire ou dans des conditions optimales dans le désert du Nevada, une autre de prouver son efficacité dans un combat réel. Plus une arme est sophistiquée, plus elle est fragile et susceptible de se voir opposer des contremesures, moins coûteuses et même de simples « trucs ». Ainsi le missile antichar à infrarouges Maverick était présenté comme une arme révolutionnaire il y a quelques années. On s'est aperçu qu'il suffisait à un adversaire d'allumer des feux au sol pour leurrer l'ordinateur du missile. Le Congrès américain hésite aujourd'hui à poursuivre son financement malgré les centaines de millions de dollars déjà engloutis pour sa mise au point. La presse spécialisée et les documents du Congrès sont, à cet égard, pleins d'exemples du même ordre : retards considérables dans la mise au point des systèmes, coûts exorbitants « à la sortie » par rapport aux devises (la roquette antichar Viper est passée de 78 dollars l'unité, chiffre prévu en 1975, à plus de 1 400 dollars sept ans plus tard[2], tandis que l'hélicoptère antichar AH-64 passait de 11 à 16 millions de dollars).

---

1. Voir sur ce point, le rapport de l'*European Security Study* (ESECS) *Strenghtening Conventional Deterrence in Europe — Proposals for the 1980s,* The Mac Millan Press, 1983. Les conclusions du rapport préfacées par François de Rose sont publiées dans *Nouvelles Technologies et défense de l'Europe,* IFRI, Éd. Economica, 1985. A noter que les évaluations optimistes contenues dans ce rapport ne font pas l'unanimité, même parmi les experts américains.
2. *Philadelphia Inquirer,* 18 novembre 1982.

Sur tous ces points, l'expérience des conflits passés — car les armes « nouvelles » sont débattues depuis fort longtemps déjà, depuis le Viêt-nam aux Malouines en passant par le Liban[1] — doit enseigner la prudence. Si la sophistication des armes est, comme on vient de le noter, source de vulnérabilité, à l'inverse la technologie à elle seule ne peut en aucun cas pallier la faiblesse logistique d'une armée ou le manque d'entraînement physique et moral de ses soldats[2]. Enfin, il est loin d'être acquis que dans cette course à la sophistication, le défenseur parte nécessairement gagnant par rapport à l'agresseur. Que se passera-t-il quand l'URSS disposera elle aussi d'armes « super-intelligentes » ? Le vieux dilemme de la lance et du bouclier n'est donc nullement révolu du fait de la révolution électronique.

Ce dernier point nous conduit à nous interroger plus généralement sur la valeur opérationnelle de la stratégie adoptée par l'OTAN face au dispositif soviétique en Europe centrale.

Ici, le vif débat qui divise les experts occidentaux est loin de nous éclairer complètement. Certains[3] vont jusqu'à contester l'existence même d'un « deuxième échelon » soviétique qui pourrait être « sectionné » des forces de l'avant par une attaque en profondeur. D'autres redoutent l'impact des groupes de manœuvre opérationnels (GMO) unités très mobiles de l'Armée Rouge qui viendraient désorganiser très rapidement le dispositif de défense de l'OTAN, en rendant inopérantes les attaques en profondeur. D'autres enfin craignent que par de simples contre-mesures (comme l'augmentation des forces du premier échelon en RDA), les Soviétiques n'aggravent encore le déséquilibre des forces à l'avant, tandis que l'OTAN gaspillerait ses ressources déjà limitées à des missions de peu d'intérêt sur les arrières des gros bataillons soviétiques[4].

Mais il y a plus grave. La grande faille de la doctrine Rogers (ou FOFA) réside dans son ambiguïté fondamentale à l'égard du

---

1. Yves Boyer, « Implications stratégiques des nouvelles technologies en matière d'armes classiques », *Nouvelles Technologies et défense de l'Europe, op. cit.*

2. Cela s'est vérifié au Viêt-nam où, malgré leur immense supériorité technologique (dont l'usage des premières armes intelligentes), l'armée américaine n'a pu venir à bout des Viet-congs. Plus récemment, les conflits des Malouines et du Liban ne se sont pas révélés aussi favorables qu'ils le prétendent aux partisans de la doctrine Rogers. L'aviation argentine a ainsi coulé 4 navires britanniques sur 6 avec de vieilles bombes de 500 kilos. Les dégâts auraient été pires si nombre d'entre elles n'avaient refusé d'exploser. Quant aux Israéliens, leur succès dans la Bekaa contre les avions et les missiles syriens en 1982 s'explique aussi, et peut-être surtout, par un entraînement des pilotes et une tactique très supérieure à celle de l'adversaire. Or en Europe, l'Armée Rouge n'est pas exactement comparable à celle de Damas ! Enfin, la guerre du Liban a également montré que certains systèmes modernes comme le missile antichar filoguidé TOW — sur lequel l'OTAN compte tellement — était parfaitement inefficace contre le blindage du T-72, l'avant-dernier-né des chars lourds soviétiques.

3. Je pense notamment à C. DONNELLY ; voir son article récent « L'Élaboration du concept soviétique d'échelonnement », *Revue de l'OTAN*, décembre 1984.

4. B. SUTTON, L. LANDRY *et al.*, *Op. cit.*

maintien ou non de la dissuasion nucléaire. Si le général Rogers lui-même, devant la crainte des Européens (et des Français en particulier) de voir ainsi évacuer la dissuasion, a pris soin, bien que tardivement, d'insister sur le fait que FOFA ne changeait rien à la riposte graduée, telle n'est pas en tout cas l'analyse et la présentation qui en est faite dans de nombreux milieux américains. Les libéraux, on l'a vu (à commencer par McNamara et avec lui toute l'école du *No First Use*), voient dans l'évolution de l'Alliance vers la conventionnalisation, la condition du renoncement à l'emploi de l'atome. C'est cette même interprétation, on s'en doute, qui est retenue par la gauche antinucléaire européenne : celle-ci se rallie donc à la « conventionnalisation » par pur souci tactique, mais sans avoir l'intention de préparer réellement une défense classique.

Mais l'adhésion à ces thèses n'est nullement l'apanage des milieux libéraux ou sociaux-démocrates. Il est clair en effet pour une large part — sinon la majorité — des experts américains, dont certains sont proches de l'Administration, que les armes intelligentes sont bel et bien une alternative à la dissuasion[1]. Une alternative dont on attend qu'elle acquière « au niveau tactique le même effet dissuasif qu'a eu l'atome au niveau stratégique[2] ».

Si l'on garde en mémoire l'évolution historique du rapport des forces et des contradictions doctrinales de l'Alliance étudiées dans la première partie, on ne sera évidemment pas surpris du flou artistique qui entoure la notion de « conventionnalisation » s'agissant du lien avec le nucléaire.

On peut toutefois s'en inquiéter. Et ce, pour trois raisons essentielles.

La première est que sur le plan strictement opérationnel, la doctrine FOFA *ne peut pas* être mise en œuvre avec succès sans être couplée très étroitement avec un dispositif nucléaire tactique et à moyenne portée très substantiel du côté occidental. Cela tient d'abord au fait que, même dans la plus optimiste des hypothèses et après avoir acquis toutes les armes « intelligentes » qu'elle pourra souhaiter, l'Alliance aura toujours à surmonter le handicap de la géographie et celui de son infériorité quantitative. Ce qui implique que les armes nucléaires tactiques seront toujours un élément indispensable de la défense de l'avant. A cela s'ajoute un

---

1. Le titre de cet article de James DIGBY (de la Rand Corporation) « *Alternative to Nuclear Weapons* », *Wall Street Journal*, 13 octobre 1982, est un exemple tout à fait révélateur, parmi bien d'autres.
2. Barry POSEN, « *Inadvertent Nuclear War? Escalation and NATO's Northern Flank* » *International Security*, automne 1982.

autre élément capital : la présence des forces nucléaires tactiques et à moyenne portée oblige les Soviétiques à *disperser* leur dispositif en profondeur, ce qui réduit donc d'autant les risques d'attaque surprise[1].

La deuxième raison est tout simplement que la « dissuasion conventionnelle » a toujours échoué. L'OTAN aura beau se doter de la panoplie la plus « idéale », la plus efficace en matière d'armes intelligentes, l'effet dissuasif de ce dispositif ne se comparera jamais avec la *crainte* qu'inspirent les armes nucléaires aux dirigeants soviétiques. C'est cette crainte d'un dérapage incontrôlé vers l'escalade aux extrêmes qui, à mon sens, a forcé jusqu'ici les Soviétiques à la prudence en Europe. Tout ce qui peut affaiblir ce sentiment, voire l'ôter de la tête des dirigeants du Kremlin, va dans un sens extrêmement dangereux pour notre sécurité. S'il est donc légitime d'augmenter les capacités classiques occidentales pour éviter d'être acculé immédiatement à l'alternative capitulation/suicide, il est également quelque chose qu'il faut éviter à tout prix : c'est de signaler aux Soviétiques directement (*No First Use*) ou indirectement (via certaines interprétations de la « conventionnalisation ») que désormais *leur* territoire est sanctuarisé et que l'Occident accepte une bataille volontairement classique et limitée au Centre Europe.

Cela d'autant plus — et c'est ma troisième raison — que l'URSS, ayant elle aussi tiré les leçons de la parité nucléaire, infléchit progressivement depuis plusieurs années sa propre doctrine militaire. Des thèses extrêmes du maréchal Sokolovski dans les années 60, pour qui la « victoire » dans une guerre nucléaire était un objectif légitime (l'arme nucléaire étant une arme comme les autres), aux positions actuelles d'Ogarkov et d'Oustinov ainsi d'ailleurs que de l'ensemble des leaders politiques sur le caractère « catastrophique de toute guerre nucléaire », la distance accomplie est importante. Mais cette prise de conscience de la parité nucléaire ne veut pas dire que l'URSS accepte la notion de « dissuasion » au sens où elle est comprise en Occident. A en juger par certains textes récents[2] (notamment ceux du général Ogarkov[3]), la parité signifie plutôt une situation

---

1. Ce point est particulièrement bien démontré par Donald COTTER *et al.*, « *The Nuclear Balance in Europe : Status, Trends, Implications* », *US Strategic Institute Report*, 83-1, 1983, p. 29.
2. Voir notamment Denis M. GORMLEY et Douglas M. HART, « *Soviet Views on Escalations : Implications for Alliance Strategy* », *European American Institute for Security Research*, 1984, n° 8 ; et S. KARTVELI, « Doctrine militaire soviétique, changement et continuité », IFRI, 1983, non publié.
3. Le maréchal Ogarkov a subitement été démis de ses fonctions de chef d'état-major des armées en 1984. D'abord interprété comme un limogeage pur et simple, le départ d'Ogarkov de ses fonctions a été suivi quelque temps plus tard par sa nomination au poste de commandant en chef de toutes les forces soviétiques sur le théâtre ouest-européen. Affaire purement politique due à un conflit avec Tchernenko? Ou décision délibérée visant à mettre en œuvre au plan

de neutralisation mutuelle des arsenaux stratégiques, qui ne veut pas dire que *toute* guerre est devenue impossible. Car si la guerre nucléaire en tant qu'objectif clausewiczien est écartée comme irrationnelle, en revanche la *guerre conventionnelle* prend une nouvelle dimension et redevient même possible pour certains auteurs soviétiques, sans nécessairement déclencher l'escalade atomique. On notera — c'est particulièrement important — que cette évolution du débat doctrinal dans le sens — là aussi ! — d'une certaine « conventionnalisation » de la guerre, coïncide avec un discours diplomatique parfaitement cohérent (adoption du *No First Use* en 1982) ainsi qu'avec le renforcement des moyens offensifs du dispositif soviétique, à un niveau tel que certains experts militaires occidentaux redoutent de plus en plus de voir l'URSS disposer rapidement d'une capacité d'attaque éclair. Face à une telle évolution, signaler aux dirigeants soviétiques que l'OTAN est prête à se battre conventionnellement sans passer au nucléaire serait une formidable erreur stratégique ! Sous prétexte de ne pas encourir le risque d'une escalade (sur le sol américain, s'entend), on accepterait le combat sur le terrain le plus favorable à l'adversaire et selon les règles (et l'effet de surprise) qu'il choisira d'imposer.

Mais quittons, pour le moment, les armes « conventionnelles » et venons-en maintenant à l'autre partie de la « tenaille » évoquée plus haut, à savoir la SDI et les armes de l'espace.

---

opérationnel les idées d'Ogarkov sur la guerre conventionnelle moderne, les experts occidentaux sont (comme de coutume) totalement divisés... (Voir sur cette deuxième thèse qui personnellement me paraît convaincante, *Jane's Defense Weekly*, octobre 1984.)

# IV

## La SDI :
## désinventer la bombe ou protéger les missiles ?

Avec le discours sur « La Guerre des étoiles » du 23 mars 1983, l'opinion publique occidentale a subitement découvert que l'espace était devenu lui aussi un champ de bataille. Contrairement au mythe véhiculé par la propagande soviétique qui parle de le « démilitariser », l'espace n'est plus un « sanctuaire » d'où seraient bannis les militaires. Bien au contraire, il est depuis fort longtemps (pour être exact depuis le lancement de Spoutnik en 1957) le théâtre d'une compétition extrêmement serrée entre les deux grands. Citons quelques données, pour planter le décor militaire intersidéral.

1 — En ce moment même, quelque 250 satellites militaires soviétique et américain tournent en permanence autour de la terre (sans oublier bien sûr la navette spatiale américaine dont le premier exemplaire purement militaire *Discovery* a effectué son premier vol opérationnel en janvier 1985 et le prototype de mini-navette soviétique en cours d'essai).

2 — Les satellites jouent d'ores et déjà un rôle fondamental dans la posture militaire et les forces armées des deux grands, en assurant quatre types de missions essentielles :

● les *transmissions* : à titre indicatif, 70 à 80 % des communications et du $C^3$ à longue distance des forces américaines transitent par satellites,

● l'*alerte précoce (Early Warning)* : les satellites permettent de détecter aussi bien l'envol de missiles stratégiques en temps réel que toute explosion nucléaire, partout dans le monde [1],

● le *renseignement* : les caméras et les capteurs embarqués à bord des satellites permettent désormais une surveillance permanente de l'adversaire bien sûr, mais aussi de toutes les régions du monde. La précision des photographies ainsi obtenues (et qui sont désormais développées et analysées à bord du satellite) est tout simplement étonnante : à 160 kilomètres de distance, l'on peut identifier un objet d'une quinzaine de centimètres : une ligne de parking devant la Maison-Blanche, voire même, disent les experts, le titre de tel journal ouvert par un passant sur la place Rouge. Pas une construction nouvelle, pas un mouvement de troupe, pas un matériel militaire qui échappe par conséquent à la surveillance des deux super-puissances. Cet espionnage est désormais « légal » puisqu'il permet la vérification des accords de limitation des armements. Sans satellites, les accords SALT n'auraient pas été possibles, à tel point d'ailleurs que ces traités interdisent toute « interférence » avec ces « moyens nationaux de vérification » (euphémisme diplomatique qui désigne les satellites espions) [2].

● La *navigation,* enfin, celle des navires et des avions bien sûr, mais aussi celle des hommes : toute unité de combat américaine (ou soviétique) quel que soit son lieu d'opération, pourra non seulement communiquer directement par satellite avec le commandement (à Washington ou à Moscou) [3], mais elle pourra aussi déterminer instantanément sa position exacte grâce aux réseaux de satellites de navigation (aux États-Unis : 18 satellites NAVSTAR).

3 — Compte tenu de l'importance de leurs missions, les satellites, on s'en doute, sont devenus des cibles idéales pour les militaires de part et d'autre. De fait, tout conflit entre les deux grands commencerait nécessairement et instantanément dans l'espace : celui qui le premier aura pu détruire les satellites de l'adversaire aura en même temps détruit ses yeux, ses oreilles et

---

1. Cette capacité de détection nucléaire tous azimuts sera prochainement accrue du côté américain par le système IONDS (*Intelligence Operational Nuclear Detection Systems*) qui sera déployé à bord du réseau de satellites NAVSTAR.

2. C'est au moyen de leurs satellites de reconnaissance que les Soviétiques (d'abord) puis les Américains ont été prévenus d'un essai nucléaire imminent que préparait l'Afrique du Sud dans le désert de Kalahari en 1978. La France avait tenté cette année-là, à l'occasion de la première session spéciale de l'ONU sur le désarmement, de démocratiser cet espionnage mondial dont les deux grands sont seuls à bénéficier, en proposant la création d'une agence mondiale de satellites destinée à la gestion des crises et à la vérification des accords de limitation des armements. Ni Washington ni Moscou, on s'en doute, ne voulurent en entendre parler...

3. On se souvient que, lors de l'opération manquée à Tabas pour libérer les otages américains de Téhéran, le président Carter a pu parler directement au chef du commando sur le terrain..., et lui donner l'ordre de rentrer.

une grande partie de son « système nerveux ». Il se sera donc assuré, dès les premiers instants d'une crise ou d'un conflit, un avantage stratégique immense. Conséquence logique : les satellites devenus indispensables à la guerre, ont engendré des armes antisatellites (ASAT). Armes très diverses au demeurant (compte tenu de la vulnérabilité et de la fragilité des engins spatiaux) et qui vont des mines spatiales (qu'on fera exploser sur le passage d'un engin adverse), aux satellites antisatellites (expérimentés une vingtaine de fois par les Soviétiques depuis 1967 et qui fonctionnent suivant la technique du « rendez-vous » spatial), au missile ASAT tiré à partir d'un avion de combat F-15 (cas du programme américain en cours d'expérimentation [1]).

4 — Signe que la « guerre des étoiles » a bel et bien commencé, chacun des deux grands s'est doté, au sein de ses forces armées, d'un commandement militaire spatial spécifiquement doté d'un état-major, de bases de lancement autonomes, etc.

5 — Pour fixer les ordres de grandeur financiers de cette compétition, il faut savoir que le budget militaire spatial américain atteint en 1985 un total de 15,5 milliards de dollars (sans compter la SDI), soit le double du budget civil de la NASA (8 milliards), et les trois quarts du *budget total de la défense de la France* [2]. On ne dispose pas bien entendu des chiffres équivalents pour l'URSS, mais on sait que 75 % des lancements de satellites effectués par ce pays ces dernières années sont à vocation strictement militaire [3].

6 — Enfin — et pour illustrer une fois de plus la faillite de l'*Arms Control* déjà évoquée dans le chapitre précédent —, on notera que ces activités militaires durent depuis vingt-cinq ans sans la moindre contrainte, alors que pendant la même période, un véritable arsenal de textes juridiques était conclu (entre les deux grands notamment) ayant pour objet, précisément, de limiter cette « militarisation » de l'espace [4].

---

1. Contrairement à la technique soviétique du rendez-vous qui exige une préparation longue (une journée entre le lancement et l'approche orbitale pour le « satellite-tueur » jusqu'à sa cible), le système américain est beaucoup plus souple et rapide, puisqu'il suffit de faire décoller des F-15 équipés de missiles dès la mise en alerte.

2. Celui-ci était évalué à 21 milliards de dollars en 1983, IISS, *Military Balance*, 1983-1984.

3. Voir Stephen MILLER, « *Soviet Military Programs and the " New High Ground " »*, *Survival*, septembre-octobre 1983.

4. Pas moins de huit traités et accords signés par les super-puissances depuis les années 60 concernent de près ou de loin la militarisation de l'espace : il s'agit de 1) le traité sur l'interdiction des essais nucléaires de 1963 (qui prohibe les explosions nucléaires dans l'espace) ; 2) le traité de l'espace de 1967 qui interdit le déploiement dans l'espace d'armes nucléaires et autres armes de destruction massive ; 3) et 4) la convention sur les télécommunications internationales et l'accord sur la modernisation du téléphone rouge (1974) qui concernent les communications par satellite ; 5) le traité ABM de 1972 qui interdit entre autres l'emplacement de systèmes antimissiles dans l'espace ; 6) et 7) les traités SALT I et SALT II qui interdisent, entre autres, les « interférences » avec « les moyens nationaux de vérification » (c'est-à-dire, en clair, les satellites) ; et enfin 8) la convention de 1975 sur l'enregistrement des objets lancés dans l'espace qui exige que le secrétaire général des Nations Unies soit tenu informé de tout lancement spatial, y compris de « la mission générale de l'engin ». Inutile de dire qu'aucun des deux grands n'a enregistré jusqu'ici le moindre lancement, bien que, on l'a déjà noté, plus de la moitié de tous les lancements accomplis aient été effectués à des fins militaires. Ce rappel juridique quelque peu fastidieux s'imposait pourtant.

C'est donc sur cette arrière-plan qui n'a rien de particulièrement pacifique, que le président Reagan prononce en mars 1983 son grand discours sur la défense stratégique spatiale. D'emblée, Reagan se place en dehors de la logique de la dissuasion. Il demande : « Ne serait-il pas préférable de sauver des vies plutôt que d'avoir à venger leur perte ? » En appelant alors, dans la plus pure tradition américaine, à la « puissance technologique qui a donné naissance aux fondements de notre grande industrie et à laquelle nous devons la qualité de la vie dont nous jouissons aujourd'hui », Reagan propose « une vision de l'avenir laissant place à l'espoir » :

« Entamons un programme visant, par des mesures défensives, à contrecarrer la terrible menace que les missiles soviétiques font peser sur nous (...). N'aurions-nous pas lieu de nous réjouir si les peuples libres pouvaient vivre en toute quiétude, sachant que leur sécurité ne dépend pas de la menace de représailles instantanées de la part des États-Unis, soucieux de prévenir ainsi une attaque des Soviétiques, mais que nous pouvons intercepter et détruire les missiles balistiques stratégiques avant qu'ils ne touchent notre sol ou celui de nos alliés ?

« Je sais qu'il s'agit là d'une formidable tâche technique qui ne pourra probablement pas être accomplie avant la fin de ce siècle. Cependant, la technologie de notre époque a atteint un tel niveau de sophistication que la mise en route de cette entreprise n'est nullement déraisonnable (...). Mais n'avons-nous pas intérêt à faire tous les investissements nécessaires pour libérer le monde de la menace de la guerre nucléaire ? Nous savons bien que si. »

Très vite la « vision » du président va se traduire dans les faits. Dès le mois suivant, la Maison-Blanche nomme deux commissions d'experts chargées d'évaluer « la faisabilité » technique du projet présidentiel[1]. Et c'est à partir des conclusions de leurs rapports que seront tracées les grandes lignes d'action de ce qui deviendra moins d'un an plus tard la *Strategic Defense Initiative* ou SDI[2]. Dès avril 1984, était fondé un organisme spécifique, la SDIO *(Strategic Defense Initiative Organization)* dirigé par le général

---

1. Ces deux groupes d'experts, dirigés l'un par James Fletcher, l'autre par Fred Hoffmann, ont travaillé (entre avril et octobre 1983), respectivement sur les aspects technologiques et stratégiques. Les deux rapports, dans leur version non classifiée, ont été rendus publics en avril 1984 par le Pentagone.

2. Pour l'essentiel, le concept de bouclier spatial à plusieurs couches développé par la commission Fletcher reprenait les idées avancées quelque temps auparavant par un groupe privé ultra-conservateur, *High Frontier,* dirigé par le général Graham.

James Abrahamson (de l'US Air Force), et dont le rôle est de regrouper toutes les activités de recherche dans le domaine de la défense spatiale et de distribuer les fonds alloués spécifiquement à ce projet : soit 26 milliards de dollars prévus pour cinq ans (1985-1989) (en plus donc des 15,5 milliards annuellement dépensés par le Pentagone), avec, pour 1985, une enveloppe de départ de 1,4 milliard[1]. On notera — et c'est capital — que ces sommes sont exclusivement consacrées à la recherche fondamentale, ce qui est énorme[2]..., même à l'échelle américaine[3].

Si la SDI a ainsi connu un démarrage foudroyant aux États-Unis, ses conséquences à l'étranger ne se sont pas non plus fait attendre. Quatre jours après le discours du 23 mars, Youri Andropov[4] lança une contre-attaque virulente contre les propos de Reagan, où perçait déjà la crainte essentielle de l'URSS : que le projet de défense spatiale américain ne vienne brutalement remettre en cause les règles du jeu stratégique entre les deux grands. Ironisant sur le thème que seul « quelqu'un d'ignorant en ces matières » pourrait considérer le projet américain comme « défensif », Andropov ajouta :

« Dans ces conditions, la volonté d'obtenir la capacité de détruire les systèmes stratégiques de l'autre partie au moyen de défenses ABM, ce qui revient à lui interdire une frappe de représailles, est une tentative destinée à désarmer l'Union soviétique face à la menace nucléaire américaine. »

La réaction d'Andropov donna le signal d'une offensive soviétique tous azimuts contre la SDI (avant même que le projet américain fût devenu le *programme* SDI) : dépôt aux Nations Unies d'un projet de traité sur la « démilitarisation » totale de l'espace ; publication d'une étude (fin 1983) rédigée par des « scientifiques soviétiques pour la paix », démontrant que le projet américain était à la fois techniquement irréalisable, financièrement exorbitant et, bien sûr, dangereux pour la paix. Enfin, appels du pied pressants aux Européens et surtout aux deux puissances nucléaires « tierces », France et Grande-Bretagne, elles aussi concernées au premier chef par le retour en force de la défense stratégique.

En effet les gouvernements alliés ne firent pas, tant s'en faut,

---

1. Cette enveloppe devrait passer à 3,7 milliards en 1986 d'après le budget de défense proposé par l'Administration (*International Herald Tribune*, 4 février 1985).
2. La SDI distribue ses crédits de recherche dans 5 domaines privilégiés 1) Acquisition et repérage des objectifs, 2) Armes à énergie dirigée, 3) Armes à énergie cinétique, 4) Contrôle de la bataille et 5) Technologie de soutien.
3. A titre de comparaison, la France qui, en Europe, consacre le plus de ressources à l'espace, avait (en 1983) un budget spatial total de 3 127 millions de F (soit un peu plus de 320 millions de dollars).
4. *Pravda*, 27 mars 1983.

un accueil enthousiaste aux propos de Ronald Reagan. Une fois l'effet de surprise passé (car personne en Europe n'avait bien entendu été averti, et encore moins « consulté », comme l'on dit dans la terminologie de l'OTAN), on assista une fois de plus à un beau désordre du côté des réactions européennes. D'abord inquiet[1], le gouvernement de Bonn se réfugia dans le silence en laissant entendre en privé qu'il fallait laisser se dérouler le programme de recherche américain et « qu'on verrait bien par la suite ». François Mitterrand commença par paraître fasciné par l'idée de son collègue américain (il évoquera, en février 1984, dans un discours prononcé à La Haye, les systèmes d'armes futuristes capables de « tirer des projectiles qui se déploient à la vitesse de la lumière »[2], pour proposer que l'Europe, elle aussi, se dote de stations spatiales) avant de se laisser convaincre, par la suite semble-t-il, par les arguments du Quai d'Orsay et du ministère de la Défense, que la SDI était dangereuse pour *notre* force de frappe. Du coup, la France, le 12 juin 1984, introduisit au comité de désarmement de Genève, une proposition « d'interdiction, pour une durée de cinq ans renouvelable, du déploiement au sol, dans l'atmosphère ou dans l'espace, de systèmes d'armes à énergie dirigée, capables de détruire des missiles balistiques ou des satellites à grande distance et, comme corollaire, l'interdiction des essais correspondants ». Ce document qui proposait également « une limitation très stricte des armes antisatellites », développait une argumentation sur les ABM qui rejoignait — de façon assez embarrassante d'ailleurs, à quinze jours du voyage de F. Mitterrand à Moscou — les thèses du Kremlin[3]. Au rapprochement franco-soviétique sur l'affaire des ABM (qui fut consacré lors du voyage à Moscou en juin 1984), succéda un rapprochement anglo-soviétique sur le même sujet, à la fin de l'année 1984, lors du voyage de M. Gorbatchev à Londres. En effet, la Grande-Bretagne, bien que moins « explicite » que le gouvernement français, partageait avec Paris les mêmes craintes sur le projet américain[4]. A quelques semaines de la reprise des négociations

---

1. Le ministre allemand de la Défense, Manfred Woerner, laissa échapper en juin 1984 qu'il était hostile à la création de « zones d'inégale protection » entre les deux rives de l'Atlantique (traduisez : il y a découplage dès lors que l'Europe et les États-Unis cessent d'être également vulnérables au risque nucléaire).

2. « Il faut déjà porter le regard au-delà du nucléaire, si l'on ne veut pas être en retard sur un futur plus proche qu'on ne le croit. Que l'Europe soit capable de lancer dans l'espace une station habitée qui lui permettra d'observer, de transmettre et donc de contrarier toute menace éventuelle, et elle aura fait un grand pas vers sa propre défense (...). Une Communauté européenne de l'Espace serait à mon sens la réponse la mieux adaptée aux réalités militaires de demain » (discours de La Haye, 7 février 1984).

3. Je citerai notamment ce paragraphe qu'on rapprochera des déclarations d'Andropov mentionnées plus haut : « Une situation dans laquelle chacune des deux principales puissances chercherait à rendre son territoire totalement invulnérable, c'est-à-dire à échapper à toute riposte sans être d'ailleurs aucunement sûre d'y parvenir, serait lourde de dangers... »

4. Peu après son entretien avec M. Gorbatchev à Londres, M^me Thatcher se rendait à Camp-David pour traiter du même sujet avec le président Reagan. La formule de compromis élaborée entre les deux alliés spécifiait que la SDI

soviéto-américaines de Genève (janvier 1985), l'Alliance occiden-tale était donc ouvertement divisée sur l'affaire spatiale. Pour la première fois, deux gouvernements européens s'alignaient en fait sur des thèses très voisines de celles des Soviétiques — ce qui ne s'était jamais produit pendant l'affaire des euromissiles. Situation qui ne manquait pas de sel d'ailleurs, dans la mesure où Moscou avait tout fait, pendant l'affaire des euromissiles, pour limiter les forces française et britannique par la négociation, en les incluant dans les plafonds de Genève. Une bien curieuse alliance en vérité.

Pourquoi ces craintes et surtout cette convergence euro-soviétique ?

Du côté soviétique, l'explication n'est pas celle que l'on a vue maintes fois répétée dans les médias occidentaux : les responsa-bles de Moscou savent bien que, quoi qu'en dise Reagan, aucun des deux grands n'est près de « rendre les armes nucléaires obsolètes ». Plutôt qu'une défense des populations très hypothé-tique et dans tous les cas pour un futur très lointain, Moscou craint en réalité trois séries de conséquences :

— D'abord, que l'immense programme de recherche mis en route aux États-Unis n'aboutisse à des percées technologiques qui pourraient avoir toutes sortes d'*autres* applications militaires, y compris au niveau des armements *offensifs.*

— Deuxièmement, que SDI ne se traduise d'ici une dizaine d'années par le déploiement de défenses, mêmes partielles, ce qui du point de vue soviétique aurait nécessairement un caractère offensif. En effet, une fois intégré aux futurs systèmes contre-forces américains (Trident D5 et M-X), ce système défensif donnera aux États-Unis la capacité théorique de frapper à son tour préventivement les silos de missiles soviétiques et de stopper une frappe de riposte soviétique qui serait nécessairement amoin-drie. Bref, une situation diamétralement inverse de celle qui se développe aujourd'hui au bénéfice des Soviétiques. Du même coup, la parité au niveau stratégique, conquise par l'URSS à la fin des années 60 et garantie par le traité ABM de 1972, est remise en cause et, avec elle, l'ensemble de la « corrélation des forces ».

— Si l'on ajoute à cela un troisième facteur, à savoir les contraintes technologiques et financières qui pèsent déjà sur

---

constitue un programme de recherche compatible avec le traité ABM, et que la mise en place éventuelle de systèmes antimissiles ne pourrait être effectuée par Washington sans négociation préalable avec l'URSS. On comprendra la nervosité de M^me Thatcher lorsque l'on aura rappelé que son gouvernement, malgré une très vive opposition y compris parmi les conservateurs, a décidé d'acquérir aux États-Unis le système Trident pour moderniser la flotte actuelle de 4 sous-marins Polaris. Un achat coûteux (au bas mot 10 milliards de livres) pour une arme que le vendeur lui-même s'apprête à rendre impotente et « obsolète ».

l'URSS, la perspective d'une compétition à outrance dans le domaine spatial n'a donc rien de très réjouissant pour le Kremlin. Assurément, l'URSS préfère de très loin le système actuel de la « destruction assurée » à base de systèmes offensifs (ce qui ne l'empêche nullement d'essayer de se protéger contre eux[1]), lequel, en garantissant la neutralisation réciproque des arsenaux stratégiques, permet à Moscou de peser de tout son poids sur la situation politique et militaire *régionale* sur sa périphérie (en Europe en particulier).

Du côté européen, les craintes françaises et britanniques sont elles aussi aisément compréhensibles. Les deux puissances nucléaires européennes ont été en effet les plus grandes bénéficiaires du traité de 1972, dans la mesure où cet accord leur a assuré jusqu'ici et à très peu de frais, une capacité continue de pénétration des objectifs en URSS. A l'inverse, une course à la défense stratégique entre les deux grands les obligerait à accroître considérablement le nombre et les capacités de pénétration de leurs engins offensifs, avec le risque que, si la défense devient réellement imperméable (comme le voudrait Reagan), ces forces ne deviennent parfaitement inutiles... et que vingt-cinq années d'efforts et d'investissements coûteux n'aient été englouties pour rien. Comme Moscou donc, mais pour des raisons différentes bien sûr, Paris et Londres préféreraient continuer à vivre dans un système de dissuasion strictement offensive.

Ceci étant posé, les Européens et particulièrement les deux puissances nucléaires dont nous sommes, se trouvent confrontés aujourd'hui à trois séries de questions :

— Le programme SDI a-t-il des chances d'aboutir (aux plans technologique, financier et politique) ? Et si oui, sur quel type d'armes, donc de défense ?

— Dans l'affirmative, et compte tenu du programme ABM existant en URSS (et qu'il faut se garder d'occulter, malgré la publicité faite autour de SDI), la situation stratégique de l'Europe en sera-t-elle améliorée ou au contraire aggravée ?

— Les Européens peuvent-ils encore « faire quelque chose » pour prévenir de tels développements, si ceux-ci se révèlent négatifs pour leur sécurité ?

Questions difficiles, on le voit et qui n'appellent guère de réponses toutes faites, au contraire.

---

1. Par son programme de défense civile, mais aussi par son propre programme de recherche ABM sur lequel je vais revenir.

Commençons par l'avenir de la SDI.

Première constatation, un flou artistique total entoure l'objectif ultime du programme américain, ce qui rend d'autant plus malaisée l'appréciation de ses chances d'application concrète.

S'agit-il d'une défense totale des populations, de « rendre les armes nucléaires impotentes et obsolètes » comme l'a répété récemment Reagan[1], ou bien d'une défense limitée destinée surtout à protéger les missiles nucléaires américains et leurs centres de commandement ? Dans le premier cas, l'on sortirait de la dissuasion et l'on se dirigerait vers un monde de « l'après-nucléaire » qui serait radicalement différent de celui que nous avons connu depuis Hiroshima ; dans le second, on resterait *dans* la dissuasion en modifiant toutefois certaines de ses règles. Question d'importance, pour Paris et Londres qui ont tant investi jusqu'à présent dans l'atome !

A Washington, la réponse officielle à cette question est que SDI est un programme de recherches dont on ne connaît pas encore les résultats ; que le but ultime du président est bien de défendre les populations ; mais que, dans l'intérim, on défendra peut-être autre chose... Ce que M. Weinberger, qui a le goût de la synthèse (ambiguë) résume comme suit : « Le choix n'est pas de défendre les gens ou les armes. Même dans leur phase initiale, le déploiement de systèmes défensifs pourra protéger les populations. Notre but est de détruire les armes qui tuent les gens[2]. »

En réalité, si M. Reagan lui-même croit certainement à l'objectif ultime d'une défense totale, cette opinion est tout à fait minoritaire à l'intérieur même de sa propre Administration. Une défense des populations impliquerait en effet qu'elle soit parfaitement « étanche », car même si une petite partie des 8 000 ogives soviétiques parvenait à franchir le bouclier, alors les conséquences sur les États-Unis seraient catastrophiques. Mais, à supposer même que le bouclier antimissiles remplisse cette condition d'étanchéité totale, il faudrait encore que les États-Unis soient en mesure d'intercepter les milliers d'armes *non balistiques* (bombardiers, missiles de croisière), dont disposerait encore l'URSS. Or les États-Unis, contrairement à l'autre super-puissance, ont depuis longtemps abandonné toute défense antiaérienne. Le corollaire de SDI est donc un gigantesque programme de DCA classique dont le coût total est estimé (d'après certains responsa-

---

1. Discours inaugural du deuxième mandat du 21 janvier 1985 (cité dans le *International Herald Tribune* du 22 janvier 1985.)
2. Déclaration du 20 décembre 1984.

bles américains) à 50 milliards de dollars au bas mot... Et même dans ce cas, les armes atomiques continueraient d'exister sur la planète et pourraient atteindre, ne serait-ce que par des voies détournées, le territoire américain.

On s'en rend compte, le rêve de « désinventer » les armes nucléaires n'est donc... qu'un rêve. Ce que le gouvernement américain reconnaît d'ailleurs lui-même, puisque l'objectif retenu n'est pas celui d'un bouclier parfaitement étanche, « mais d'un système suffisamment efficace pour remplir sa mission [1] ». On ne saurait être plus clair...

L'ambiguïté fondamentale du programme SDI, la contradiction entre la promesse présidentielle de « libérer le monde de la menace de la guerre nucléaire » et la réalité qui interdit en fait de rendre au monde sa virginité prénucléaire, ont été bien sûr la cible principale des critiques des milieux scientifiques et stratégiques hostiles au SDI, en Europe comme aux États-Unis. Critiques souvent extrêmement violentes au demeurant, où était dénoncée « l'escroquerie [2] » du président américain, qui laissait croire à son peuple qu'il le rendait effectivement invulnérable à la menace atomique, tandis que le Pentagone en profiterait pour dépenser allégrement des centaines de milliards de dollars pour faire autre chose : probablement une forme ou une autre d'ABM « militaire » à la fois inefficace, inutile et dangereuse.

On peut en effet légitimement s'inquiéter des conséquences de cette « mystification ». D'autant qu'en promettant un monde débarrassé des armes atomiques, Reagan reprend à son compte les thèmes antinucléaires des pacifistes. Il leur donne ainsi une légitimité politique d'une tout autre ampleur, tout en achevant de détruire ce qui pouvait rester de consensus sur la dissuasion atomique, après la grande période de contestation de ces dernières années.

Ceci étant, ce serait aller un peu vite en besogne — comme le font pourtant certains — que de tirer argument de cette ambiguïté des objectifs ultimes de la SDI pour conclure que l'ensemble du programme n'est pas « sérieux », ou qu'il va capoter inévitablement. En somme, qu'il ne s'agit là que du résultat des cogitations séniles d'un vieil acteur qui aurait trop vu de films de science-fiction. De même, il n'est pas du tout évident que l'ambiguïté qui s'attache à SDI doive se retourner inévitablement contre son

---

1. Document officiel de la Maison Blanche : « *The President's Strategic Defense Initiative* », janvier 1985.
2. Voir, parmi ces critiques, William E. Burrows, « *Ballistic Missile Defense : the Illusion of Security* », *Foreign Affairs*, printemps 1984 ; Union of Concerned Scientists, *The Fallacy of Star Wars*, New York, Vintage Books, 1984.

auteur, comme le pensent bon nombre de ses critiques. Au contraire, la grande force de la SDI réside, à mon sens, dans son ambiguïté tant politique que technologique. Essayons d'expliquer ce paradoxe.

Première remarque d'ordre politique : si ambiguïté il y a sur les objectifs ultimes de SDI, celle-ci, il faut le comprendre, est en grande partie *délibérée.* L'idée de se protéger contre la guerre nucléaire, on l'a vu, *est naturelle,* donc populaire. C'est l'idée inverse (de la vulnérabilité consentie) qui est source de problèmes..., et de pacifisme. En un sens, ce que Reagan a promis à son peuple — et aux autres « peuples libres » — en mars 1983, c'est un peu une *pilule anti-mort,* ou bien encore un effort de recherche contre le cancer[1]. Qui pourrait être contre, au Congrès surtout, la recherche contre la mort ou le cancer ? Et, si au bout du chemin, dans cinq ans, dix ans ou davantage, un système limité de défense est finalement déployé, celui-ci sera présenté comme un début de progrès, une phase intermédiaire en quelque sorte vers la solution idéale. Et après tout, même si Reagan n'obtient pas l'immortalité nucléaire pour son peuple, qui protesterait contre le fait qu'il augmente, ou même double son espérance de vie ? « Je vous ai promis de viser l'immortalité, mais je n'ai réussi qu'à vous faire vivre cent quarante ans au lieu de soixante-dix. » Argument difficile à contredire politiquement..., et qui explique que Ted Kennedy lui-même et, avec lui, la plupart des politiciens démocrates se soient prononcés *pour* la SDI. Car qui pourrait apporter la preuve du contraire, sinon les Soviétiques, en voulant forcer le système défensif par la guerre ? Dans ce cas-là bien sûr, comme le dit non sans ironie Laurence Freedman[2], le peuple américain risquerait fort de se trouver dans la situation de l'automobiliste qui, ayant cru contracter une assurance tous risques, découvrira après l'accident que sa police ne couvrait que le véhicule... et non les dommages corporels.

Précisément, à moins d'un tel « accident », il y a de fortes chances pour que la SDI soit maintenue à l'abri des querelles politiques et continue par conséquent de bénéficier des très importantes dotations financières prévues[3].

---

1. Ce parallèle à l'esprit, relisons un autre paragraphe du discours du 23 mars : « ... J'en appelle à la communauté scientifique, qui nous a donné les armes nucléaires, afin qu'elle mette ses talents éminents au service de l'humanité et de la paix mondiale, et qu'elle nous fournisse les moyens de frapper ces armes d'impuissance et de les faire tomber en désuétude. »

2. Voir sa contribution à la conférence annuelle de l'IISS en Avignon (septembre 1984) : « *The " Star Wars " Debate : The Western Alliance and Strategic Defense.* »

3. On trouve ici un autre exemple du phénomène déjà évoqué dans le chapitre sur le pacifisme, à propos du vote des crédits de défense dans les démocraties (et tout particulièrement aux États-Unis). Certes, il aurait été préférable qu'au lieu de lancer une grande campagne publicitaire autour de son programme SDI, en promettant de dénucléariser la

Ce point est, bien sûr, essentiel. Ce qui avant tout déterminera les résultats du programme, c'est précisément le volume et surtout le rythme des investissements surtout dans la phase initiale : dès lors que la dynamique du programme aura été lancée dans toute sa vigueur, ce qui arrivera très rapidement — avant quatre ans —, alors il sera très difficile de revenir en arrière. Car les retombées technologiques commenceront à se faire jour.

Ma deuxième remarque porte précisément sur la conception technologique de ce système de défense. Contrairement aux précédents systèmes des années 60 (Nike, Safeguard ou Sentinel), SDI est censée comporter *plusieurs* écrans successifs basés à la fois dans l'espace (voir plus loin) et au sol. Un système de défense terminal à terre, situé près de l'objectif à protéger (comme Safeguard ou Sentinel), peut toujours être « saturé ». Il suffit à l'agresseur d'augmenter le nombre de charges offensives pour annuler la défense à moindres frais. C'est d'ailleurs pour cette raison que l'Administration Nixon abandonna finalement son projet. Par contre, un système à plusieurs couches, même très imparfait (disons à 40 %), forcera l'adversaire à lancer tous ses missiles, sans savoir à l'avance lesquels vont « passer au travers » — ceux qui sont destinés à des objectifs militaires, ou bien ceux d'entre eux qui visent des villes. Autrement dit, un tel système, même imparfait, répétons-le, augmentera l'incertitude de l'adversaire (celui-ci n'aura plus l'option d'une attaque anti-forces préventive), et aura nécessairement un certain effet de protection (proportionnel au pourcentage de l'étanchéité) sur les populations.

Résumons-nous : 1) la SDI est politiquement protégée par l'ambiguïté de ses objectifs ultimes (protection des populations et/ou des armes) ; 2) cette protection durera au moins tant que SDI se cantonnera à un programme de recherche pur (les quatre années à venir) ; 3) à partir de ce moment, il deviendra très difficile de revenir en arrière, même si les premiers systèmes déployés n'ont qu'un faible impact sur la protection des populations, car il sera toujours possible, politiquement, de présenter ces systèmes comme les premières étapes d'une « phase de transition » vers un « monde libéré des armes atomiques ». C'est

---

planète entière, le président Reagan menât son effort de recherche discrètement, exactement comme le font les Soviétiques depuis des années. Mais dans ce cas, où aurait-il trouvé les crédits nécessaires à son financement ? Je suis convaincu que tout programme d'ABM présenté comme limité, et à vocation uniquement militaire, n'aurait eu virtuellement aucune chance devant le Congrès, qui continue de considérer le traité ABM comme une sorte de totem sacré. En s'adressant directement au peuple, au-dessus de la tête du législateur, Reagan a donc gagné. Avec cependant les risques politiques liés à la récupération des thèmes pacifistes et antinucléaires.

d'ailleurs d'ores et déjà la stratégie politique qui semble avoir été adoptée par l'Administration Reagan[1].

Ceci nous conduit au deuxième aspect de notre question initiale : quelles armes, pour quel type de défense ? Comme le montre le tableau (p. 227), SDI est conçue en une série de trois ou quatre écrans défensifs successifs déployés le long de la trajectoire balistique du missile depuis son envol jusqu'à son point d'arrivée. La première phase est celle de la propulsion : elle dure entre trois et cinq minutes (suivant que le missile est équipé de combustible solide ou liquide), pendant lesquelles le missile s'élève à une altitude de 200 à 300 kilomètres. La seconde phase est celle de la séparation du « bus », lequel transporte les ogives. Dans la phase suivante, dite de « mi-course », le bus s'ouvre et largue progressivement ses ogives (ainsi que les leurres) lesquelles poursuivent indépendamment leur trajectoire balistique. Au total, ces deux phases durent vingt à vingt-cinq minutes. Enfin, la dernière phase (une à deux minutes) est celle de la rentrée dans l'atmosphère vers l'objectif.

A chaque étape, un réseau d'armes défensives serait déployé : pour les trois premières phases de la trajectoire du missile adverse, la tâche principale de défense incomberait aux satellites. Ceux-ci seraient équipés soit d'armes conventionnelles (comme des missiles ASAT déjà existants) soit de systèmes d'armes plus « exotiques » à énergie dirigée : lasers ou faisceaux de particules. A l'autre extrémité, lors de la phase terminale de rentrée dans l'atmosphère, les ogives qui seraient parvenues à franchir les premiers écrans défensifs, seraient alors interceptées au moyen d'intercepteurs extrêmement rapides tirés à partir du sol. En théorie, un système à trois couches, efficace pour chacun de ses écrans à concurrence de 90 % ne laisserait passer que 8 ogives sur 8 000...

Voilà pour la théorie. Mais, du point de vue de l'efficacité du système de défense, le point crucial est évidemment celui de l'interception dans la phase propulsée, alors que les ogives ne sont pas encore dispersées. C'est aussi la tâche la plus ardue, sur le plan technologique, compte tenu du temps infime disponible (trois cents secondes au maximum) et du nombre considérable de tirs simultanés (1 500).

---

1. Interview de George Keyworth et de Paul Nitze par l'auteur (janvier 1985). Voir aussi l'article de Stobe TALBOTT dans *Time*, 4 janvier 1985.

# SYSTÈME DE DÉFENSE MULTI-COUCHE ET TRAJECTOIRE D'UN MISSILE BALISTIQUE

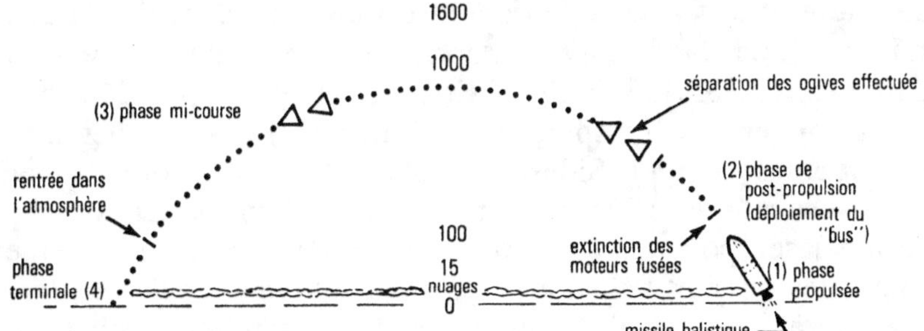



Les quatre phases de la trajectoire d'un missile balistique :
1) Phase propulsée : le missile propulsé par les moteurs fusées sort de l'atmosphère ;
2) Phase de post-propulsion : extinction des moteurs fusées, séparation du "bus" qui largue les ogives et les leurres qui les accompagneront ;
3) Phase mi-course : les ogives poursuivent indépendamment leur trajectoire balistique au-dessus de l'atmosphère ;
4) Phase terminale de rentrée dans l'atmosphère vers le point d'impact.

Je résisterai à la tentation d'examiner dans le détail chacune de ces phases, les systèmes d'armes prévus ou de leur efficacité présumée.

Le lecteur voudra bien me pardonner si je lui propose seulement de résumer à grands traits « l'état des lieux » en matière de technologie [1] :

1. Pour ce qui concerne les technologies dites « exotiques », le *principe* théorique des systèmes d'armes principalement envisagés (laser, particules notamment), est connu dans certains cas depuis fort longtemps. Lasers et faisceaux de particules font notamment l'objet de recherches depuis une vingtaine d'années au moins aux États-Unis [2] et en URSS.

2. S'agissant toujours de ces systèmes « exotiques », la distance qui sépare la connaissance du principe théorique et la réalisation d'une arme proprement dite demeure considérable. Dans certains cas, on n'en est encore qu'aux balbutiements (cas des faisceaux de particules ou des « canons électriques » — *Railguns*) ; par contre, en matière de lasers, les États-Unis ont déjà atteint le stade de la démonstration au sol ou dans l'atmosphère, sinon dans l'espace. Ainsi, un canon laser monté à bord d'un avion NKC 135 de l'US Air Force est parvenu à détruire en plein vol (en les transperçant littéralement) des missiles air-air très rapides de type Sidewinder AIM-9L, ou encore de petits avions sans pilote de reconnaissance (*Drones*). En principe, l'arme laser pourrait être utilisée dans l'espace essentiellement contre les missiles balistiques dans leur phase propulsée. L'arme laser serait alors, soit montée à bord de satellites, soit tirée à partir du sol et réfléchie sur les objectifs par d'immenses miroirs très précis, eux-mêmes déployés dans l'espace à bord de satellites en orbite très haute.

3. Outre ces technologies plus ou moins futuristes (d'où l'appellation journalistique de « guerre des étoiles » qui s'est attachée à l'origine à la SDI), le programme américain comporte plusieurs autres systèmes d'armes beaucoup plus « classiques » dont la technologie est d'ores et déjà parvenue au stade de la démonstration pré-opérationnelle. Il s'agit notamment des missiles ASAT que l'US Air Force entend utiliser à partir de chasseurs

---

1. Plusieurs analyses très utiles ont été publiées récemment aux États-Unis (en général d'ailleurs plutôt hostiles au SDI sur le plan de la faisabilité technique). Je pense en particulier à Ashton B. CARTER, « *Directed Energy Missile Defense in Space* », *Office of Technology Assessment US Congress*, avril 1984 ; Sydney DRELL, Philip FARLEY et David HOLLOWAY, « *Preserving the ABM Treaty* », *International Security*, automne 1984.
2. Les États-Unis, en particulier, travaillent sur les applications ABM des accélérateurs de particules depuis 1958 et plusieurs programmes ont été menés notamment par la Marine et l'armée américaines.

F-15 contre des satellites et qui pourraient, semble-t-il, être montés à bord de stations spatiales et tirés contre des missiles balistiques en phase propulsée[1]. Mais il s'agit aussi d'intercepteurs tirés à partir du sol pour l'interception en phase terminale soit dans l'atmosphère, soit dans l'espace extra-atmosphérique.

Ici l'exercice le plus spectaculaire sans doute a été réalisé le 10 juin 1984 par l'armée américaine dans le cadre du programme HOE *(Homing Overlay Experiment)*. Au cours de cet exercice, une ogive, non armée, lancée par un missile Minuteman I — lui-même tiré vingt minutes plus tôt depuis la base de Vanderberg en Californie — a été interceptée à 160 kilomètres d'altitude au-dessus du Pacifique-Sud, par une autre fusée lancée depuis l'atoll de Kwajalein. Cette expérience est non seulement spectaculaire (pour prendre une image, elle revient à « descendre » une balle de fusil avec une autre balle de fusil), mais elle démontre surtout le saut technologique déjà accompli depuis l'époque des premiers systèmes ABM de la fin des années 60. Progrès dans l'acquisition des cibles et la gestion informatique des données, en particulier, qui permettent la destruction du missile à très haute altitude (donc loin de l'objectif), par simple collision (énergie cinétique). A titre de comparaison, les premiers ABM ne pouvaient fonctionner qu'au moyen d'explosions nucléaires à proximité immédiate de l'objectif défendu, ce qui limitait d'autant leur utilité, s'agissant notamment de défendre des concentrations urbaines.

4. Toutefois, entre ces démonstrations réussies en essai et la mise en place d'un système défensif opérationnel, les obstacles purement techniques qui restent encore à surmonter sont immenses. Qu'il s'agisse :

● de construire les armes elles-mêmes — ceci vaut notamment pour les armes à rayonnement (laser, canons à particules), et de les placer dans l'espace ;

● d'intégrer leur emploi simultané *(Battle Management)* contre des milliers d'objectifs au cours d'une bataille extraordinairement courte (trois cents secondes pour la phase de propulsion, cent secondes pour la phase terminale) ; et surtout

● de contrecarrer les contre-mesures que l'adversaire ne manquera pas de prendre.

5. En effet, la difficulté d'un tel système n'est pas seulement de vaincre la nature (en déployant plusieurs centaines d'engins

---

1. Voir sur ce point l'article co-signé par Z. Brzezinski, R. Jastrow, M. Kampelman (chef de la délégation américaine aux négociations de Genève sur les armes spatiales), « *Search for Security : the Case for Ballistic Missile Defense* », *International Herald Tribune*, 28 janvier 1985.

extraordinairement sophistiqués dans l'espace)[1], mais aussi de battre l'adversaire qui fera tout pour contourner ou briser la défense. En plus d'une série de contre-mesures évidentes (et souvent peu onéreuses[2]), l'adversaire pourra s'en prendre directement aux armes défensives elles-mêmes, les satellites et autres stations de bataille dans l'espace étant extrêmement vulnérables[3]. Ce qui implique, par conséquent, que le système défensif devra lui-même être protégé aussi bien par des mesures passives (« durcissement », voire blindage) que par des mesures actives (armes antisatellites).

6. C'est donc en dernière analyse le rapport coût-efficacité qui déterminera les chances du déploiement de tout ou partie de la SDI, ce rapport étant lui-même fonction de trois éléments : 1) la performance du système ; 2) sa vulnérabilité aux contre-mesures adverses et 3) son coût — l'essentiel sur ce dernier point étant de savoir si les contre-mesures de l'adversaire s'avéreront moins onéreuses que la défense, ou bien si, au contraire, la défense l'emportera, rendant du même coup caduc l'immense investissement effectué jusqu'ici par l'URSS en matière de fusées balistiques intercontinentales. On notera toutefois que même les experts les plus critiques de la SDI[4] conviennent que ce rapport coût-efficacité entre l'attaque et la défensive varie nécessairement avec le degré d' « étanchéité » souhaité. Plus l'on est exigeant (et on le sera nécessairement si l'on veut protéger les populations), plus la défense coûte cher par rapport aux contre-mesures adverses. Inversement, si l'on se contente d'un taux de 40 % d'étanchéité (ce qui suffit à interdire une frappe antiforces contre ses propres missiles), plus la défense devient alors « rentable » par rapport au coût marginal supplémentaire pour l'assaillant.

Compte tenu de ce catalogue impressionnant d'obstacles et d'incertitudes, on ne s'étonnera pas que la très grande majorité de la communauté scientifique américaine se montre soit carrément hostile, soit très sceptique à l'égard de la SDI. D'autant que les

---

1. On a calculé qu'au minimum 320 stations spatiales, chacune équipée de laser (ceci n'inclut donc pas les satellites d'alerte et de transmissions connexes), seraient nécessaires pour couvrir l'ensemble du territoire soviétique, s'agissant de l'interception des ICBM dans leur phase propulsée. A supposer que l'on emploie des lasers chimiques, quelque 6 000 tonnes de combustible devraient alors être transportées dans l'espace, soit l'équivalent de 250 voyages de la navette spatiale.

2. Les experts (je pense notamment à Ashton CARTER, *Op. cit.*) ont déjà recensé une liste impressionnante de contre-mesures qui vont de la simple augmentation du nombre de lanceurs et d'ogives, à l'emploi de leurres (par exemple, on pourrait rendre infiniment plus complexe l'attaque des missiles en phase propulsée en faisant décoller un nombre très élevé de fusées-leurres très bon marché en même temps que les « vraies » : l'adversaire qui ne pourrait « discriminer » entre les cibles aurait donc des milliers, voire des dizaines de milliers d'objectifs à traiter simultanément). Autre système de protection possible : la rotation permanente du missile sur lui-même qui le protégerait contre les lasers, ou encore l'emploi de missiles en trajectoire déprimée, donc dans l'atmosphère.

3. Ici aussi les systèmes ASAT ne manquent pas : qu'il s'agisse de mines spatiales, de rayons lasers qui viendraient aveugler les stations ABM ou encore de simples missiles tirés à partir du sol (des ICBM par exemple).

4. A. CARTER, *Op. cit.*, p. 45.

estimations de coût (par définition très préliminaires, pour l'instant) tournent autour de 400 milliards de dollars, auxquels il faudrait ajouter le coût d'un système de défense contre-avions (et contre les missiles de croisière), soit encore (et toujours au minimum) 50 autres milliards de dollars.

Dans tout cela, le facteur déterminant réside dans la mise au point ou l'échec d'une composante spatiale crédible. En effet, tant que le système défensif restera cantonné au sol (comme c'était le cas des premiers ABM), il pourra être aisément saturé par la multiplication du nombre des ogives adverses. Ceci vaut également ment pour le système HOE dont on a noté pourtant les résultats impressionnants. En dernière analyse, il sera toujours beaucoup plus facile et infiniment moins onéreux pour l'URSS d'ajouter des MIRV sur ses missiles (les SS-18 peuvent en porter jusqu'à 30 par lanceur, au lieu de 10 actuellement) et de construire de nouveaux lanceurs, qu'aux Américains de financer un nombre équivalent d'intercepteurs et surtout d'en intégrer la gestion dans les quelques minutes que dure la phase terminale. Au petit jeu de la lance et du bouclier, un système défensif uniquement basé à terre n'aura donc qu'un intérêt très limité[1].

Ces données techniques étant rappelées à grands traits, je ferai pour ma part trois séries de remarques inspirées par le simple bon sens, et surtout par l'expérience de ces dernières décennies en matière d'innovations technologiques militaires.

Première remarque : la science progresse souvent plus vite que ne le pensent les scientifiques eux-mêmes. En 1932, Albert Einstein prédisait : « Il n'existe pas la moindre indication que l'on puisse obtenir un jour de l'énergie nucléaire. Car cela impliquerait que nous puissions, à volonté, briser l'atome. » Et pourtant..., on sait les progrès accomplis en matière nucléaire quelques années plus tard. De même, en 1945, Vannevar Bush, responsable scientifique de l'effort de guerre américain pendant la Seconde Guerre mondiale, assurait le président Truman qu' « il était hors de question de construire des fusées intercontinentales capables de porter la bombe ». Et pourtant... Je ne sais si ces

---

1. Toutefois, dans une configuration purement militaire (à savoir la défense des silos de missiles et des centres de commandement), un tel système pourrait se justifier à condition de parvenir à rendre totalement mobiles les rampes de fusées d'interception et de les transférer périodiquement d'une zone à une autre. L'agresseur, dans ce cas, se trouverait dans l'impossibilité de connaître l'intensité de la défense à un instant et à un endroit donnés, ce qui l'obligerait à renoncer à une frappe contre-forces limitée. Cette formule, discutée par certains experts américains, notamment dans un contexte européen, reste à être chiffrée. Il est probable qu'au bout du compte, la mobilité du système défensif s'avère plus onéreuse encore que la construction d'un arsenal d'engins offensifs mobiles de type *Midgetman*.

analogies sont applicables aux canons à particules, ou aux armes lasers placées dans l'espace, mais les progrès fulgurants réalisés ces toutes dernières années en matière d'informatique (le traitement des données est l'une des conditions essentielles d'un système ABM d'interception au moyen de missiles[1], ou même de rayonnement laser), sont en tout cas des réalités qu'on ne saurait ignorer.

Deuxième remarque, liée à la première, mais qui touche cette fois à l'ampleur de l'investissement financier envisagé. Si elle est effectivement débloquée d'ici à 1989, l'enveloppe budgétaire de 26 milliards de dollars concentrée uniquement sur la recherche fondamentale ne pourra pas ne pas produire de résultats. Or, certaines technologies — d'ailleurs issues des programmes ABM précédents des années 60, comme l'interception d'ogives par énergie cinétique dans l'espace extra-atmosphérique — sont probablement celles qui bénéficieront le plus de ces investissements.

L'on rejoint ici l'ambiguïté déjà mentionnée entre défense des populations et défense des missiles. Le plus probable, à mon sens, est que la SDI aboutira, *avant* la fin du siècle, à la mise en place, dans un premier temps, de défenses partielles essentiellement basées au sol, bien que relayées par des senseurs déployés dans l'espace, voire même par des satellites équipés d'intercepteurs, le tout étant destiné à la protection d'objectifs essentiellement militaires (silos de missiles, centres de commandement). Si deuxième temps il y a, celui-ci interviendra dans les décennies suivantes (2010, 2020 ?). En tout état de cause donc, nous nous acheminerons très probablement vers la réintroduction de systèmes défensifs aux États-Unis, et par voie de conséquence en URSS également.

Ce qui nous amène à notre deuxième question de départ : quelles seront, dans ce cas, ses conséquences sur l'équilibre stratégique entre les deux grands et, par implication, sur la sécurité des Européens, nucléaires ou non ? Question qui se subdivise en deux : impact sur la garantie élargie des États-Unis sur les États non nucléaires d'Europe notamment, et impact sur les forces nucléaires indépendantes française et britannique.

Jusqu'à présent — et cela est d'ailleurs très significatif —, ces questions n'ont que très rarement été évoquées et toujours superficiellement, dans le débat stratégique américain. Ce qui

---

1. De plus en plus, la technologie des missiles anti-aériens classiques se confond avec les missiles antimissiles.

intéresse les experts d'outre-Atlantique, qu'ils soient « libéraux » et partisans de la MAD, ou « conservateurs » et partisans du « *War-Fighting* », donc des ABM, c'est avant tout l'URSS et la relation stratégique entre les deux super-puissances. La « garantie » élargie à l'Europe n'est qu'une question annexe, dans le meilleur des cas. Quant aux forces française et britannique, celles-ci sont le plus souvent ignorées, purement et simplement.

Dans les rares occasions où la question européenne a été soulevée jusqu'ici[1], le débat euro-américain de ces deux dernières années a surtout été caractérisé par l'aspect parfaitement surréaliste des arguments échangés. Aux craintes des Européens de voir l'Amérique seule protégée par sa « bulle » antimissiles, les Américains répliquaient que de toute façon la bulle serait « élargie » aux Alliés, et que même si l'Amérique seule redevenait invulnérable, où était le problème ? Ne reviendrait-on pas dans ce cas aux temps bénis de la supériorité nucléaire américaine des années 50, où seule l'Europe était vulnérable aux missiles soviétiques, mais où elle était aussi parfaitement protégée par l'invulnérabilité américaine ? « Après tout, ajoute-t-on du côté américain, vous autres Européens critiquez, depuis de Gaulle, la non-crédibilité de notre " parapluie " précisément parce que nous sommes devenus vulnérables, et qu'en cas de guerre, notre président aurait à décider le sacrifice de New York ou de Washington pour défendre Bonn ou Paris. Si nous redevenions invulnérables, de quoi auriez-vous à vous plaindre ? Notre garantie redeviendrait alors absolue ! » L'argument n'est cependant qu'à moitié convaincant : dans ce cas, en effet, les États-Unis ne seraient pas seuls à jouir de l'invulnérabilité. Dès lors que l'URSS, à son tour, serait « sanctuarisée », l'Europe se retrouverait seule et ouverte aux agressions de toutes sortes entre les deux super-puissances... Mais, répétons-le, là n'est pas la question.

Le problème beaucoup plus immédiat et concret qui se pose aux Européens, est celui d'une réintroduction des systèmes défensifs limités dans l'équation stratégique entre les deux grands. L'on resterait donc *dans* la dissuasion, mais les règles en seraient modifiées.

Pour la plupart des experts « libéraux » aux États-Unis, ainsi d'ailleurs que pour la très grande majorité des responsables

---

1. Je pense notamment à la réunion annuelle des membres de l'Institut international d'Études stratégiques de Londres, tenue en Avignon en septembre 1984.

européens, un tel résultat serait catastrophique. Qu'importe, en effet, que les missiles américains soient devenus vulnérables et que la « parité » stratégique interdise toute garantie nucléaire *absolue* des États-Unis. L'essentiel n'est pas là, nous disent-ils. Et McGeorge Bundy d'ajouter : « Certes (...) personne ne peut *savoir* à l'avance si un conflit majeur en Europe escaladerait au niveau nucléaire. Mais le point essentiel est inverse : personne ne peut savoir qu'une telle escalade ne se produirait pas [1]. »

Cette démonstration par la négative — qui signifie en fait que la dissuasion américaine se résume à un *bluff* que les Soviétiques n'oseront jamais « voir » — est admise par les Européens, quelle que soit leur tendance politique. Je citerai sur ce point les conclusions de la très social-démocrate commission Palme, qui illustrent parfaitement la théologie dominante en Europe :

« Si le traité ABM devait être abrogé et s'il devait en résulter une course effrénée entre armes offensives et défensives, les conséquences en seraient graves (...) car le développement des ABM ne pourrait qu'encourager l'illusion selon laquelle on peut mener et même survivre à la guerre nucléaire : dans ce cas, le risque d'emploi des armes nucléaires serait multiplié. Chaque partie, craignant que l'autre ne soit amenée à croire qu'elle peut prendre l'avantage en lançant une première frappe, pourrait alors être amenée à agir préventivement. Les instabilités et les dangers d'une telle course aux armements sont évidents [2]. »

C'est à peu de chose près l'opinion du gouvernement français (qui pourtant est loin de partager les vues de la commission Palme sur d'autres sujets), si l'on en juge tout au moins par le plan de désarmement spatial présenté au comité de désarmement de Genève en juin 1984. D'après lui en effet, la réintroduction des ABM serait « lourde de dangers » :

« D'une part, la seule annonce d'aller de l'avant dans la mise au point de tels systèmes constitue en elle-même une incitation à la relance de la course aux armements offensifs : chaque partie cherchera à saturer les systèmes antibalistiques envisagés par l'autre partie et à multiplier les vecteurs non balistiques (notamment les missiles de croisière) (...).

« D'autre part, ces dispositifs, pour une part automatiques, risqueraient, pour des raisons tenant aux techniques mises en

---

1. McGeorge BUNDY, « *The Future of Strategic Deterrence* », *Survival*, novembre-décembre 1979.
2. Commission Palme, « *The SALT Process : the Global Stakes* », février 1981.

œuvre, de se substituer de façon incontrôlable à la décision politique. »

En réalité, ces arguments ne sont qu'à moitié fondés. D'un point de vue européen, on va le voir, il existe certes de bonnes raisons de craindre un retour aux ABM. Mais ce ne sont pas celles qui viennent d'être rappelées. En particulier, l'idée selon laquelle la réintroduction des ABM créerait nécessairement une situation plus « instable » que la situation actuelle me paraît fausse. Car, où est la « stabilité » actuelle dès lors que les partisans de la MAD aux États-Unis en sont à recommander une stratégie de *Launch on Warning* pour remédier à la vulnérabilité de leurs missiles, et que la dissuasion « élargie » à l'Europe est désormais reconnue comme se résumant à un « bluff » dont on espère seulement qu'il ne serait pas « dégonflé » par les Soviétiques ?

L'autre erreur conceptuelle que commettent nos « libéraux » américains ainsi que la plupart des critiques européens, consiste à croire que si l'on parvient à arrêter le programme américain de la SDI, on aura aussi résolu la question des ABM. Mais c'est ignorer le fait que l'URSS, elle aussi, travaille à se protéger, bien que plus discrètement que sa rivale : elle le fait en se dotant d'une couverture radar antimissiles qui désormais protège l'essentiel de son territoire, en mettant au point des intercepteurs classiques et en travaillant également aux technologies « exotiques » (comme les lasers et les faisceaux de particules)[1]. C'est donc en fonction de ces différentes réalités que doivent s'apprécier les conséquences stratégiques de la réintroduction des ABM.

Le choix n'est donc pas entre, d'une part le système actuel de dissuasion offensive *idéal* qui assure à la fois la stabilité entre les deux grands et la protection absolue de l'Europe, et d'autre part un déploiement d'ABM nécessairement instable et dangereux, mais entre :

1. une situation actuelle marquée par une érosion lente mais continue, tant de l'équilibre stratégique soviéto-américain (du fait de la vulnérabilité unilatérale des forces terrestres américaines et des programmes ABM soviétiques), que de la couverture nucléaire accordée à l'Europe, et

2. un système de dissuasion mixte, caractérisé par la réintro-

---

1. L'URSS n'a jamais cessé ses efforts en matière d'ABM depuis 1972. Contrairement aux États-Unis, elle conserve et modernise le réseau (autorisé par le traité) de 100 intercepteurs Galosh autour de Moscou. Elle a également multiplié sur sa périphérie le nombre de ses radars d'alerte. En outre, certaines de ses activités sont en violation du traité ABM de 1972, comme la construction du radar géant de Krasnoïarsk. L'URSS a également testé des intercepteurs SA-10 et SA-12 (supposés être des missiles antiaériens ordinaires) contre des missiles balistiques à moyenne portée de type SS-12/22. Techniquement, ces essais ne violent pas le traité ABM qui ne concerne que les systèmes antimissiles *intercontinentaux*. Voilà qui est rassurant pour la France en particulier, dont les lanceurs sont à moyenne portée !

duction des ABM et très probablement aussi par l'accroissement des forces offensives de part et d'autre.

Dans une telle optique, je ne suis pas sûr que ce second système soit tellement plus « instable » que le système actuel, tout au moins s'agissant de la relation stratégique États-Unis-URSS. Ce n'est pas tant la réintroduction des ABM qui crée la tentation de frapper préventivement, que l'arrivée à maturité au cours des années 70 d'armes offensives tellement précises qu'elles rendent effectivement possibles des frappes anti-forces. Ceci est vrai pour l'instant de l'URSS en raison du nombre supérieur de ses ICBM basés au sol. Ce le sera demain pour les États-Unis quand ceux-ci auront installé le M-X et le Trident D-5. Qu'on le veuille ou non, nous sommes donc entrés, s'agissant des arsenaux des deux grands, dans l'ère de la vulnérabilité totale des forces basées à terre. Est-ce là une situation tellement « stable » ? Ne vient-elle pas, au contraire, réduire « l'incertitude » qui est la condition clé de la dissuasion ? En l'absence d'une réduction drastique des plafonds d'armes offensives (mais on a vu que c'était là un objectif malheureusement irréaliste), qui supprimerait tout risque de frappe anti-forces, et rendrait par conséquent à ces armes offensives leur vocation originelle qui était et devrait être les seules représailles, la réintroduction des armes défensives me paraît donc se justifier. Je ne vois pas pourquoi en effet une situation dans laquelle les forces de représailles américaines et soviétiques se trouveraient protégées par des ABM serait nécessairement pire que la situation actuelle où seules les forces américaines sont vulnérables. Au contraire ! Il me semble en effet qu'une telle situation *augmenterait* l'incertitude du côté soviétique, en rendant impossible toute frappe anti-forces sélective de la part de l'URSS, l'agresseur étant obligé d'engager *toutes* ses forces pour saturer la défense, donc de risquer le tout pour le tout. Du point de vue des intérêts nationaux américains, la réintroduction des ABM est donc une thèse parfaitement défendable et une politique qui me paraît légitime pour les États-Unis.

Reste bien sûr à en connaître l'impact sur l'Europe, à commencer par la question de la « garantie » nucléaire élargie dans le cadre de la stratégie de riposte graduée de l'OTAN. Là encore, il est important de savoir où nous en sommes actuellement. Je n'ai jamais pensé, pour ma part, que les systèmes centraux américains et soviétiques pouvaient être employés autrement que dans la plus ultime extrémité. C'est-à-dire en cas d'attaque directe par l'une des super-puissances contre l'autre. La parité, le nombre et la sophistication de ces armes font qu'elles se neutralisent mutuellement. Il est donc exclu que de telles armes puissent être utilisées pour autre chose que la défense du seul sanctuaire des deux grands. Avec la réintroduction des ABM, cette neutralisation ne changera pas. Que ses ICBM soient protégés ou non ne changera rien au fait que nul président américain n'osera toucher à ces armes pour répliquer à une attaque soviétique en Europe. Et j'avoue ne pas être convaincu par l'argument récemment présenté par Z. Brzezinski[1], selon lequel une Amérique protégée par des ABM serait davantage prête à défendre l'Europe en employant l'arme atomique. Si, comme il est probable, cette protection ne s'avère au mieux que partielle, j'aurais pour ma part tendance à penser que les ABM ajouteront à l'effet de neutralisation réciproque des systèmes centraux, plutôt que l'inverse.

Par ailleurs, dans ce genre d'analyse, il est toujours utile de penser aussi à l'adversaire et donc à ses défenses à lui. Or, dans cette perspective, il est plus que probable que le déploiement d'ABM de part et d'autre enfoncera le dernier clou dans le couvercle du cercueil de la « riposte graduée ». Pour le comprendre, en effet, il suffit de se remettre en mémoire le fait que dans le cadre de la doctrine actuelle de l'OTAN, ce sont les États-Unis qui sont supposés employer l'arme nucléaire *en premier,* et que pour ce faire, le président américain doit disposer d'un nombre d'options de frappes sélectives, le plus diversifié possible. Supposons maintenant que les objectifs militaires soviétiques soient protégés par des ABM. Sur quoi le président américain pourra-t-il tirer, sinon contre les villes adverses qui, elles, resteront en partie sans défense ? Scénario parfaitement inacceptable donc du point de vue américain, et qui ramène en fait l'Alliance à une situation de *No First Use.* Pire, si le réseau défensif soviétique est important, même s'il n'est pas totalement « étanche », toute frappe « sélective » américaine sera purement et simplement à exclure dans la mesure où seule une attaque massive serait alors susceptible de pénétrer la défense adverse.

On le voit, si la réintroduction des ABM peut paraître légitime d'un point de vue strictement américain, elle ne se révélera guère positive pour les Européens non nucléaires (je pense à la RFA notamment), qui fondent leur sécurité sur le parapluie nucléaire de Washington. Pour ceux-là, il n'existe pas de solution heureuse pour sauver la dissuasion américaine sur le Vieux Continent : la

---

1. Z. Brzezinski, M. Kampelman et R. Jastrow, *Op. cit.*

poursuite de l'actuelle érosion du seul système de dissuasion offensif condamne, on l'a vu, le premier emploi de l'atome par Washington. Par contre, les ABM, s'ils peuvent améliorer la situation stratégique des Américains face à l'URSS, ne résolvent en rien le dilemme du premier emploi. Au contraire. Bref, tout cela s'apparente à un choix entre « la peste et le choléra », l'Europe non nucléaire n'ayant même pas, en l'espèce, de contrôle sur le virus...

Tout au plus, par conséquent, les Européens non nucléaires peuvent-ils se raccrocher à l'espoir qu'une Amérique plus forte s'engagera davantage dans un éventuel conflit *classique*..., en attendant peut-être le monde idéal de « l'après-nucléaire », qui peut sûrement tenter certains en Europe. Sans doute est-ce là la raison de l'attitude mi-résignée, mi-complaisante des Allemands et des Italiens face à la SDI[1].

Reste l'autre aspect de cet impact sur l'Europe, s'agissant, cette fois, de la France et de la Grande-Bretagne, les plus grands bénéficiaires, on l'a vu, du traité ABM. Laissons de côté, une fois encore, le scénario lointain et hypothétique de la « bulle » — le plus grave, certainement pour ces deux pays nucléaires. Et reprenons le cas du déploiement d'un système ABM limité de part et d'autre.

En théorie donc, nous resterons dans l'ère nucléaire et les forces « tierces » française et britannique garderont leur raison d'être, qui est la dissuasion par la menace de représailles atomiques. Toute la question, cependant, est de savoir dans quelle mesure ces forces pourront maintenir un seuil minimum de crédibilité, dès lors que les objectifs soviétiques seront défendus par des ABM. Tout dépendra, bien sûr, de la « dureté » du réseau défensif.

Si — comme il est probable — nous n'avons à faire, dans un premier temps, qu'à un réseau relativement rudimentaire et concentré uniquement autour d'objectifs strictement militaires (silos de missiles, centres de commandement), il sera possible aux forces françaises et britanniques modernisées[2] de continuer à menacer les *villes* soviétiques. Conséquence pratique : nous

---

1. La perspective de fermer la parenthèse nucléaire de l'Histoire de l'humanité, si elle est désastreuse pour la France et la Grande-Bretagne, l'est infiniment moins pour l'Allemagne, le Japon et l'Italie, les vaincus de la Deuxième Guerre mondiale, qui continuent aujourd'hui à payer le prix de leur défaite par leur statut d'États non nucléaires. Dans ces conditions, la perspective que SDI leur permettrait peut-être, en s'associant aux efforts américains, de « sauter » l'étape nucléaire et de passer directement à celle du spatial, n'est peut-être pas totalement étrangère au fait que Bonn, Tokyo et Rome ont adopté dans cette affaire une attitude très différente de celle de Londres et Paris.
2. Celles-ci doivent passer à environ 1 200 ou 1 500 ogives au total, à la fin des années 90.

resterons donc nécessairement cantonnés à une stratégie anti-cités, alors que l'URSS continuera, elle, de diversifier ses options, nucléaires et non nucléaires (je pense notamment aux armes chimiques). Dans ces conditions, une telle situation ne me paraît guère une option viable (elle ne l'est déjà plus aujourd'hui). Mais elle est tout de même « mieux que rien », si j'ose dire.

Par contre, si la course ABM devait s'intensifier entre les deux grands, et le réseau ABM soviétique devenir encore plus important (notamment s'il devait s'appuyer en partie sur des intercepteurs basés dans l'espace), alors le risque est qu'avec les moyens modestes dont nous allons disposer (au mieux 600 ogives au milieu des années 90), nous ne soyons plus en mesure de mener à bien une stratégie anti-cités, tout au moins à partir de vecteurs balistiques. Toute la difficulté, en effet, pour une puissance moyenne comme la France, est que même si le système défensif soviétique peut se révéler insuffisant face à l'énorme arsenal américain, son efficacité relative sera beaucoup plus grande face aux moyens modestes des deux puissances nucléaires européennes. Ceci ne veut pas dire qu'à coups d'efforts et d'argent, la France ou la Grande-Bretagne ne viendront pas à bout d'un système ABM limité en URSS. Mais précisément, il en coûtera beaucoup. Beaucoup plus en tout cas que dans la configuration actuelle, où avec seulement 98 vecteurs — et le traité ABM ! —, la France peut menacer sans peine et à peu de frais les centres vitaux de l'URSS. Et ces coûts supplémentaires — dont certains commencent déjà à se faire jour [1] — vont nécessairement contraindre Paris et Londres à des arbitrages de plus en plus difficiles dans le financement des différentes composantes nucléaires et classiques de leur défense.

Il est d'ailleurs tout à fait significatif à cet égard que de hautes personnalités américaines ne trouvent rien de mieux pour calmer les appréhensions de M^me Thatcher et François Mitterrand, que de leur promettre que l'ère de la dissuasion « durera sûrement encore quinze ans [2] ». Et nos chefs d'État d'acquiescer comme si c'était là une perspective parfaitement rassurante !

En réalité, on ne donne pas cher, à Washington, des chances des deux puissances nucléaires européennes de sauver leur dissuasion dans les décennies à venir.

---

1. En réaction contre l'affaire SDI et ses conséquences, la France décidait, fin 1984, de débloquer 500 millions de F de crédits pour améliorer la pénétration de nos ogives... Ce n'est là qu'un début.
2. Propos tenus par Robert McFarlane, conseiller pour la Sécurité nationale, à Paris, au lendemain de la rencontre Shultz-Gromyko de Genève, de janvier 1985 (voir *Le Monde*, 13-14 janvier 1985).

Tandis que certains analystes écrivent déjà dans *Foreign Affairs*[1], que « la transition vers les armes défensives va dégrader et peut-être annuler, les forces nucléaires indépendantes françaises et britanniques », d'autres (membres de l'Administration Reagan) avouent en privé : « Nous vous avions bien dit de ne pas vous mêler d'armes nucléaires. Vous n'avez pas voulu nous écouter [allusion à la grande bataille Kennedy-de Gaulle]. Tant pis pour vous[2]... »

A quelque chose malheur est bon, semble-t-il. Puisque d'autres experts, proches de l'Administration américaine, profitent de cette situation pour proposer aux Européens — Français et Britanniques en tête —, leur propre réseau d'armes ABM — taillé sur mesure en quelque sorte —, les fameux TABM (ou *Tactical Anti-Ballistic Missiles*). Ainsi serions-nous protégés des SS-20, par des armes *made in USA,* bien entendu[3].

Compte tenu de ces conséquences, dont on mesure combien elles sont graves pour l'Europe, les Européens peuvent-ils encore renverser la tendance ?

A cette question — la troisième de notre liste de départ — la réponse ne peut être malheureusement que négative.

D'abord, parce que les Européens sont divisés, nous l'avons vu, alors qu'il leur faudrait être unis pour faire pression sur Washington.

En second lieu, parce que même s'ils réussissaient à obtenir (ce qui n'est guère probable) la suppression de la SDI par l'Administration Reagan, il leur faudrait encore obtenir la même chose de Moscou. Ce qui est plus hypothétique encore.

Reste l'*Arms Control,* bien sûr. D'un point de vue européen, la solution idéale serait que les deux grands se mettent d'accord sur une réduction drastique de leurs arsenaux offensifs, couplée à un renforcement du traité ABM et à un accord sur les armes antisatellites, et qu'enfin ils « gèlent » totalement leurs programmes de recherche respectifs en matière d'ABM. Beau programme — dont l'essentiel a d'ailleurs été proposé par la France en juin 1984 — mais dont on a vu aussi dans le chapitre consacré à l'*Arms Control,* qu'il n'avait strictement aucune chance d'être appliqué.

---

1. PAYNES et GRAY, *Op. cit.,* p. 830.
2. Interview par l'auteur à Washington (janvier 1985).
3. Voir notamment la contribution de Fred HOFFMANN à la conférence annuelle de l'IISS (septembre 1984) : « *The " Star Wars " Debate : the Western Alliance and Strategic Defense.* » Sur un plan purement technique, les TABM présentent l'intérêt d'être plus aisément réalisables que l'interception en phase terminale d'ICBM. Les missiles à moyenne portée (comme le SS-20) ont en effet, en raison de leur trajectoire plus courte, une vitesse de rentrée dans l'atmosphère plus lente que celle des ICBM.

Les faits sont têtus. L'expérience montre que la négociation ne peut aucunement stopper le processus d'innovation technologique. Faute d'un accord — improbable — entre Washington et Moscou, c'est la technologie qui, en dernière analyse, décidera du type de relation stratégique qui s'établira entre eux. La course aux ABM ira jusqu'à son terme ou s'arrêtera d'elle-même, si elle ne donne aucun résultat concluant sur le plan opérationnel et financier. Alors peut-être Washington et Moscou décideront-ils, comme en 1972, de mettre les ABM « entre parenthèses » pour encore dix ou vingt ans, peut-être..., jusqu'à ce que la technologie, à nouveau, leur permette d'espérer parvenir au bouclier défensif auquel ils aspirent.

Dans l'immédiat cependant, il me paraît exclu d'espérer que la compétition aux ABM qui vient d'être relancée pourra être enrayée. Le plus probable, au contraire, est qu'elle aille s'intensifiant (d'ici à la fin de la présente décennie tout au moins), stimulant du même coup une accélération de la course aux engins offensifs (sans doute mobiles et probablement non MIRVés)..., et compliquant davantage encore les dilemmes de sécurité auxquels les Européens doivent désormais faire face.


J'ai longuement insisté, dans les développements qui précèdent, sur les conséquences militaires et stratégiques de la révolution technologique dans laquelle nous entrons, aussi bien au plan des armes classiques qu'au niveau des armes spatiales. En l'absence de solutions réalistes par le biais de la négociation — je dis en le regrettant, mais en constatant les faits — je crois avoir démontré qu'au bout du chemin, la situation stratégique de l'Europe ne se trouverait pas améliorée, bien au contraire, par l'introduction de ces technologies nouvelles. Pas plus ET que SDI ne résoudront les problèmes désormais bien connus, issus du déséquilibre des forces classiques et du déclin de la garantie nucléaire américaine. Ce n'est d'ailleurs pas la première fois, soit dit en passant, que l'Amérique aura investi à tort dans la technologie, pour se retrouver, en bout de course, dans une situation stratégique pire qu'au départ (je pense à l'introduction des MIRV et du missile de croisière).

Mais laissons là ces aspects purement militaires. Je voudrais conclure ce chapitre par une vision un peu plus large, qui prenne également en compte les aspects politiques et économiques.

Car, sur ce plan également, la conséquence du débat sur les

nouvelles technologies sera d'accroître le fossé entre les deux rives de l'Atlantique.

Ceci est d'abord vrai sur le plan économique et industriel. Dans un contexte général marqué par le décalage croissant entre les économies européennes en déclin, et la croissance de l'économie américaine, surtout dans les domaines de haute technologie, l'irruption de ET et de SDI dans le secteur essentiel de la défense, ne pourra en effet qu'approfondir encore ce fossé.

S'agissant d'abord de ET, j'ai noté plus haut le rôle essentiel qu'a joué le lobby militaro-industriel américain dans l'évolution récente de la doctrine de l'OTAN vers la « conventionnalisation ». Cela se comprend aisément : face aux fabuleux marchés d'armements qu'implique la nouvelle doctrine, le fameux « marché du siècle » conclu il y a une dizaine d'années à l'occasion de la vente du chasseur F-16 en Europe paraît une broutille. C'est sur ce point précisément que se noue le débat aujourd'hui : traditionnellement, le commerce transatlantique des armements a toujours été fortement déséquilibré au profit des États-Unis (le rapport étant de 6 contre 1 aujourd'hui en faveur des industriels américains). Jusqu'ici, les industries européennes de l'armement, faute de pouvoir vendre aux États-Unis, n'ont pu survivre qu'en exportant massivement dans les marchés du tiers monde (ce qui, soit dit en passant, a fait de la France et de la Grande-Bretagne les troisième et quatrième exportateurs mondiaux d'armements derrière les deux super-puissances). Mais la lutte est de plus en plus inégale. En matière de haute technologie militaire (comme en matière civile), les Européens souffrent de la fragmentation de leurs marchés et de la trop petite taille de leurs industries face aux gigantesques investissements de recherche et développement désormais nécessaires à la mise au point de systèmes d'armes modernes. La France et la Grande-Bretagne investissent respectivement 2,3 et 2,9 milliards de dollars par an (chiffres de 1982) dans le secteur de la recherche militaire, contre 0,5 milliard pour l'Allemagne. Mais que pèse l'Europe tout entière avec ses 5,7 milliards de dollars d'investissements dans ce domaine, face aux 32 milliards investis par les États-Unis ? Faute de s'unir — et ce dans les cinq prochaines années tout au plus (c'est là l'estimation des industriels eux-mêmes), l'industrie européenne de l'armement succombera purement ou simplement, ou bien se trouvera reléguée au rôle de sous-traitant de l'industrie américaine.

On le voit, compte tenu de l'ampleur des marchés et des

technologies de pointe concernés, l'enjeu de l'évolution de la doctrine, militaire de l'OTAN engage la survie même de ses industries d'armements. Enjeu capital s'il en est, tant par sa dimension économique que par sa dimension stratégique et politique. A quoi sert en effet d'évoquer l'idée d'une « Europe de la défense » dès lors que celle-ci aura perdu les capacités de produire ses propres armes ? La France, bien que restant à l'écart de l'évolution du concept militaire de l'Alliance, est bien évidemment concernée au premier chef, ne serait-ce que parce que son industrie militaire emploie 300 000 personnes et représente 10 % de ses exportations.

En matière spatiale, le décalage euro-américain est bien sûr encore plus frappant et n'appelle guère de longue démonstration. Je dirai seulement qu'au moment même où l'Amérique lançait SDI (en plus des 23 milliards de dollars annuellement consacrés par le Pentagone et la NASA au programme spatial), la France, elle, faute de crédits, différait la construction de son premier satellite d'observation militaire (SAMRO). Un an plus tard, la France tentait d'obtenir un cofinancement allemand pour ce projet, pour se heurter, malgré un accord de principe donné précédemment lors d'un sommet Mitterrand-Kohl, au refus poli de l'administration de Bonn : la technologie de SAMRO (qui ne permet de voir que par temps clair) ne convenait pas aux Allemands. On les comprend : l'Europe centrale n'a pas la même météorologie que le Tchad. A ce premier échec allait s'ajouter début 1985 un second recul, probablement capital dans ses conséquences : l'Allemagne annonçait en effet[1] qu'elle investirait l'essentiel de son budget spatial *d'ici à 1996* (soit 3 milliards de DM) dans le projet « Colombus », lequel doit s'intégrer dans le programme de station orbitale de la NASA, au lieu d'affecter ces fonds en priorité au programme proposé par la France de construction de la mini-navette européenne « Hermès ». Sans doute est-ce là l'une des premières retombées industrielles de la SDI : difficile en effet de résister à la tentation de sauter dans le train du plus fort, tant qu'il en est encore temps... La conséquence en tout cas sera probablement de ralentir davantage un pro-gramme spatial européen qui, malgré des débuts prometteurs, ne pourra lui aussi survivre en tant que programme autonome (et non pas une simple annexe des programmes de la NASA) que si

---

1. Voir *Le Monde* du 16 janvier 1985.

les Européens mettent en commun leurs ressources technologiques et financières.

Et puisque nous parlons finances, un mot encore sur les retombées de la SDI sur la controverse euro-américaine en matière de dépenses militaires. On a déjà vu à quel point celle-ci devenait de plus en plus explosive à mesure que croissent aux États-Unis les tendances néo-isolationnistes, les contraintes sur le budget du Pentagone et les sentiments antinucléaires. A ce tableau, il convient d'ajouter l'hypothèse, probable selon nous, que l'essentiel des fonds prévus pour la SDI seront maintenus d'ici à 1989.

Malgré les coupes demandées par le Congrès sur les dépenses du Pentagone, l'idée d'une défense antinucléaire des États-Unis *est* et restera probablement populaire, on l'a vu, du moins dans un avenir prévisible. Or, la ponction que fera peser la défense spatiale, encore modeste cette année (0,5 % du budget de la défense) ira très rapidement s'accroissant (au total 26 milliards d'ici la fin de la décennie), et sûrement davantage dans les années 90 si le déploiement de systèmes ABM est effectivement décidé. Si le Congrès, soucieux de réduire le déficit budgétaire, maintient son intention de « couper » le budget du Pentagone et si la SDI accroît encore le fardeau, sur qui tomberont les coups de hache ? En partie, peut-être sur les armes stratégiques (le M-X sans doute), mais guère sur la Marine ou sur les forces armées terrestres et aériennes dont les coûts de fonctionnement sont difficilement compressibles. Tout naturellement, le volume et l'équipement des forces américaines en Europe risquent fort de devenir la cible privilégiée du législateur américain. Cible d'autant plus commode[1] qu'elle coïncide avec une exaspération croissante à l'égard des Européens, pour lesquels l'Amérique, disent certaines statistiques du Pentagone, consacre encore 80 % de ses dépenses militaires...

Ainsi l'Europe est-elle très probablement destinée à voir converger sur elle :

— un détournement de ressources importantes du budget de défense américain vers des programmes coûteux (SDI, ET) qui ne résolvent guère le problème de défense européen, au détriment des crédits nécessaires à la présence américaine en Europe ;

— la pression des responsables politiques et industriels améri-

---

1. Sur ce point, voir François HEISBOURG, « La Politique militaire américaine : l'Europe face au double défi de la " guerre des étoiles " et des " technologies émergentes " », *Politique étrangère*, 1984.

cains visant à la convaincre de s'équiper en armes de haute technologie, donc plus coûteuses ;

— la pression du Congrès et de l'opinion publique dans le sens d'une prise en charge très supérieure du « fardeau commun de la défense » pour permettre un allégement du dispositif américain en Europe.

Le tout, on l'a vu, ayant pour arrière-plan général la réduction générale en Europe de l'effort budgétaire de défense et un approfondissement du fossé techno-industriel avec les États-Unis ; tandis qu'au plan politique, le blocage probable des négociations de Genève, qu'exploitera la propagande soviétique, risquera de relancer la contestation pacifiste en Europe, en accroissant d'autant les divergences qui séparent les Américains des Européens.

« Analyse trop pessimiste » me dira-t-on une fois encore ? J'aimerais le croire moi-même ! L'Europe a vécu jusqu'ici avec une défense gérée à l'économie, presque sans argent et presque sans hommes. L'atome et la supériorité américaine qui avaient permis ce miracle s'enfoncent rapidement dans les brumes du passé, bousculés par une série de réalités nouvelles qui vont du bouleversement de l'équilibre global des forces à l'évolution de l'attitude des opinions publiques, sans oublier l'essentiel : le déclin de la dissuasion « pure », sous le double impact de la technologie et de la contestation pacifiste.

Les Européens, confusément, le ressentent, même s'ils ne peuvent encore l'admettre : une page de l'histoire de l'Europe de l'après-guerre est en train d'être définitivement tournée. Celle des « Vingt Glorieuses » qui, du point de vue de la sécurité, ont été synonymes de facilité et de dépendance à l'égard de l'Amérique nucléaire. Face à un protecteur qui entend réduire désormais ses engagements, surtout au plan nucléaire, l'Europe et la France vont devoir faire face à un très déplaisant, très douloureux changement de cap.

Qu'en sortira-t-il et que peut faire la France dans cet environnement stratégique totalement bouleversé ?

## CONCLUSIONS POUR LA FRANCE

## REPENSER LA GUERRE

> « *Ceux qui préfèrent une division blindée à un sous-marin nucléaire, se trompent d'époque.* »
>
> Charles Hernu

> « *La mythologie nucléaire tient encore le centre de la pensée stratégique en France.* »
>
> Lothar Ruehl

Ainsi les années que nous venons de vivre depuis 1979 — date charnière du double choc des euromissiles et de l'Afghanistan — auront été celles du réveil douloureux des démocraties face aux dures réalités politico-stratégiques de cette fin de siècle.

Réveil d'autant plus pénible qu'il mettait fin à la douce somnolence de nations riches, confortablement installées dans leur paix, et qui avaient évacué jusqu'à l'idée même de la guerre. De l'Allemagne de l'Ouest à la Scandinavie, de l'Amérique du Nord jusqu'au Japon, ce réveil a d'abord déclenché un réflexe naturel de peur (c'est la vague pacifiste des années 1980-1983), pour laisser place aujourd'hui à un sentiment de malaise persistant à l'égard du nucléaire surtout et des problèmes de défense en général.

Depuis lors, les gouvernements occidentaux essaient tant bien que mal de reconstruire ce consensus intérieur ébranlé, tout en redéfinissant vaille que vaille leurs politiques de défense : les uns se raccrochant à l'espoir technologique ; les autres à l'illusoire solution négociée.

La France, on l'a noté au tout début de ce livre, a fait jusqu'ici figure d'exception. Comme par miracle, la grande peur pacifiste, après avoir déferlé sur l'Europe entière, s'est arrêtée net au seuil de nos frontières, sans parvenir à affaiblir le célèbre consensus français sur la dissuasion nucléaire. La grande césure politique de mai 81 qui coïncidait pourtant avec la période la plus intense du débat nucléaire en Occident, n'a entraîné aucune remise en question — bien au contraire ! — du système de défense hérité du général de Gaulle.

Mais ne nous y trompons pas : derrière le calme apparent de l'opinion et la sérénité de façade affichée par nos dirigeants, se dissimule — de moins en moins bien d'ailleurs —, une double réalité incontournable : la France, au même titre que les autres démocraties, est bel et bien entrée dans une phase de redéfinition en profondeur de sa politique de sécurité ; mais cette redéfinition risque d'être d'autant plus pénible pour elle, que sa posture de défense a été jusqu'ici originale par rapport à ses alliés de l'OTAN.

Il y a là bien sûr un paradoxe : jusqu'ici, c'est cette originalité qui, précisément, avait paru immuniser la France contre la contagion des incertitudes et du pacifisme des pays de l'Alliance (possession d'armes nucléaires nationales, non-intégration dans l'OTAN). Pourquoi, me dira-t-on, en irait-il autrement demain ? Après tout, la France, forte du soutien de son opinion publique et de la qualité de ses missiles, n'a-t-elle pas la possibilité d'ignorer souverainement ce qui se passe autour d'elle — du pacifisme à la SDI — en continuant comme avant d'organiser sa propre défense à partir de ses propres forces nucléaires ?

Ce type de réaction très répandu en France, y compris parmi les responsables de notre politique de sécurité, ignore cependant une réalité évidente : les conditions fondamentales qui jusqu'ici avaient permis l'érection d'un système de défense original en France, sont très directement battues en brèche par l'ensemble des mutations technologiques, stratégiques et politiques évoquées dans ce livre. Je veux parler bien sûr du rôle prééminent des armes nucléaires et de la dissuasion dans notre système, ainsi que de son corollaire : l'option de « non-belligérance » — pour ne pas dire de neutralité de la France en cas de conflit en Europe.

Mais avant de développer ces deux points, il me paraît important d'évoquer plus brièvement une troisième condition, elle aussi terriblement menacée par les évolutions en cours : le financement de notre défense.

Jusqu'ici, le corollaire de l'indépendance de notre défense était que nous ferions nous-mêmes l'effort budgétaire nécessaire pour financer *seuls* l'ensemble de la panoplie nucléaire et convention-nelle nécessaire à la défense de la France par ses propres moyens. Or, compte tenu d'une part de la courbe sans cesse croissante des coûts et des défis technologiques auxquels nous devons déjà faire face, et d'autre part de la courbe décroissante de notre effort financier en matière de défense depuis de longues années, il est clair que nous allons très rapidement atteindre ici (si ce n'est déjà fait) un point de rupture.

Cette courbe décroissante, dénoncée année après année par les rapporteurs du budget de la défense quelle que soit leur appartenance politique, ne nécessite guère de longue démonstration. Quelques chiffres simplement : de 1962 à 1967, la part du budget militaire dans le budget de l'État passait de 24,7 % à 21 %, puis à 17,9 % en 1969, avant de se stabiliser autour de 17 % pendant la décennie suivante. A partir de 1979, la part des crédits militaires tombait encore de 16,8 % (en 1979) à 14,9 % en 1985. L'objectif des « 20 % » du budget de l'État fixé dans la loi de programmation militaire pour la période de 1977-1982, ne fut donc jamais respecté sous le septennat précédent, et la loi s'acheva avec un retard moyen de huit mois sur les acquisitions de matériels prévues et une perte de 14 % en pouvoir d'achat pour les armées (30 milliards sur les chiffres initiaux)[1].

Force est de constater que les choses ne se sont guère améliorées sous le septennat de François Mitterrand. N'échappant pas à la rigueur imposée à la nation — pour reprendre les termes de Pierre Mauroy —, la défense se vit amputer de 17 milliards de francs de crédits en octobre 1982, par le ministre du Budget, avant de devoir accepter avec un an de retard, dû au « rattrapage » de la précédente loi de programmation, une nouvelle loi quinquennale (1983-1988), extrêmement « maigre » et qui, de surcroît, était calculée sur la base de prévisions d'inflation (5 %) inférieures de deux points environ à la réalité[2]. Comme en outre le budget pour 1985 est légèrement inférieur à l'enveloppe prévue dans la loi de programmation (150,2 milliards au lieu de 151,5), le budget de défense de la France, non seulement ne progresse plus en termes réels depuis plusieurs années : il est même désormais en régression... Résultat : tous

---

1. Cette « dérive » provenait entre autres de deux erreurs commises par les planificateurs de 1976 : ils avaient estimé le taux de croissance annuel à 4 % (il ne fut que de 2,5 % sur la période) ; la hausse des prix ne devait être que de 7 % : elle atteignit 10,5 %. Résultat — dénoncé dans plusieurs rapports parlementaires rédigés par des membres de la majorité d'alors (Paecht, Cressard, Tourrain entre autres) les armées perdirent ainsi l'équivalent de 60 Mirage 2000, ou encore des matériels de 3 divisions blindées. Devant de tels chiffres (et pour les masquer), on abandonna en 1979 la référence aux 20 % du budget de l'État pour lui substituer un objectif exprimé en pourcentage d'accroissement de la part du PIBM consacré à la défense. Double tour de passe-passe en fait car le PIBM (produit intérieur brut marchand) ne correspond qu'à 88 % du PIB total ; de plus, celui-ci n'a fait que stagner ou que progresser très légèrement ces dernières années, tandis que le budget de l'État continuait d'augmenter. La défense perdait donc sa principale référence budgétaire susceptible de la protéger de la conjoncture. Mais même si l'on utilise le PIBM comme étalon de mesure, on constate la même érosion : 6 % en 1962, 4 % en 1969, 3,4 % en 1975 et une légère remontée autour de 3,75 %-3,9 % entre 1980 et 1984.

2. Il faut savoir en outre que l'inflation des matériels militaires est supérieure à la moyenne du taux d'inflation « normal », ce qui aggrave encore ce décalage.

les programmes — y compris nucléaires — sont touchés par des reports (cas du missile stratégique sol-sol mobile S-X, du satellite militaire SAMRO, non prévus dans la loi de programmation), soit par des « étalements » de plus en plus longs : le septième sous-marin lanceur d'engin (SNLE) annoncé en 1981 ne sera mis en chantier qu'en 1988 et n'entrera en service que vers 1994 (treize ans au total donc !), le porte-avions nucléaire prévu dans la loi de 1976 et disparu des budgets de l'époque, ne sera mis en chantier que vers 1986 et n'entrera en service que vers 1995[1], etc.

Dans tout cela bien sûr les programmes dits secondaires, c'est-à-dire nos forces conventionnelles déjà appauvries sont encore plus touchées : l'armée de Terre ne possède que 1 140 chars lourds démodés (AMX 30) contre 2 700 Léopard pour la Bundeswher ; et l'armée de l'Air compte à peu près autant d'avions que la Tchécoslovaquie.

On pourrait continuer longtemps cette énumération : évoquer les réductions d'effectifs (20 000 hommes en 1976-1977, 22 000 actuellement), la faiblesse de nos moyens antichars et surtout antiaériens, l'inexistence des armes chimiques, alors que l'Armée Rouge en compte dans toutes ses unités avec au total 100 000 hommes spécialisés dans ce domaine, et ainsi de suite.

Mais laissons là ces seuls aspects financiers, pour revenir au contexte plus large de notre défense dans les décennies à venir.

Il est évident que, face aux réalités stratégiques de cette fin de siècle, la sécurité de la France passera nécessairement par une révision en profondeur de nos schémas de pensée sur chacun des trois termes de l'équation que je viens d'évoquer : la place du nucléaire, la stabilité du « glacis » allemand, l'effort financier des Français à l'égard de leur propre défense. Qu'elle le veuille ou non, ne serait-ce que par sa géographie et l'interpénétration de son économie avec celle de ses voisins immédiats, la France n'a pas l'option de se replier sur son « donjon » nucléaire en ignorant ce qui se passe autour d'elle. Il nous faut nous efforcer de repenser la guerre, donc notre défense, en fonction de ces réalités nouvelles.

Les réflexions qui vont suivre ne constituent qu'une première tentative dans cette direction. Au risque de décevoir le lecteur, je me garderai bien de prétendre que je possède toutes les réponses,

---

1. Le *Foch* et le *Clemenceau* — nos deux porte-avions actuels — auront alors trente-cinq ans de service !

ou que lorsqu'elles existent (ce qui n'est pas toujours le cas), celles-ci sont aisément traduisibles en actions politiques. J'ai également conscience du fait que les lignes qui vont suivre en bousculant les tabous du système de pensée établi, vont très certainement m'attirer le courroux des gardiens du temple (de droite ou de gauche). Qu'ils me pardonnent : même les temples ont besoin d'être ravalés, ou même rebâtis de temps à autre, sous peine de devenir des mausolées.

# I

# Pour en finir avec la mythologie du « tout ou rien » nucléaire

Plus que toute autre nation moderne, la France est le pays qui a le plus investi dans l'atome pour fonder sa défense. C'est en dissuadant et sans se battre que la France entend défendre son sol et ses valeurs, et c'est sur ce point que nos dirigeants de droite puis de gauche ont cristallisé le consensus de l'opinion. L'ennui c'est qu'ayant investi à ce point dans l'atome, elle n'en est aujourd'hui que plus vulnérable à la triple poussée antinucléaire de ces dernières années. A savoir : l'évolution du rapport des forces avec l'URSS qui entraîne un très net déclin du rôle des armes nucléaires dans la posture de défense de nos alliés en Europe ; la crise morale et sociale anti-dissuasion dans l'ensemble des démocraties occidentales (laquelle est sous-jacente en France également comme on a pu le voir[1]) ; enfin, la révolution technologique de la précision et désormais des armes défensives (ABM) qui modifient très profondément le concept même de dissuasion nucléaire, tel que celui-ci avait été défini il y a trente ans.

On comprend dans ces conditions que l'instinct de conservation nucléaire ait scellé l'union sacrée de la classe politique française — de Raymond Barre à François Mitterrand — contre tout ce qui viendrait affaiblir ce pilier central qu'est l'atome (d'où par exemple la condamnation unanime de la SDI)[2]. La nervosité des

---

1. Voir sur ce point, l'introduction.
2. Voir sur ce point les déclarations de Raymond BARRE dans *Le Monde* du 19 janvier 1985.

politiques est d'autant plus grande que personne ne voit très bien quelle option s'offre à la France hors de son choix nucléaire, et comment on la financerait (s'agissant d'une éventuelle politique de réarmement conventionnel). Par contre, ce que tout le monde imagine sans peine, c'est qu'une fois abattu le totem nucléaire, la France risquerait aussi de perdre l'adhésion apparente de son opinion publique dont tous les responsables politiques connaissent la fragilité réelle.

Dans une large mesure, l'inquiétude de nos responsables politiques me paraît tout à fait légitime. Et pour qu'on comprenne bien ce qui va suivre, je voudrais qu'il soit clair que j'attache moi aussi la plus grande importance au maintien de la dissuasion atomique. Parce que l'homme n'a encore rien trouvé de mieux jusqu'ici pour éviter de se battre que de se faire peur. Très peur. Au point de renoncer aussi bien à la version clausewiczienne du combat politique, qu'à la tentation d'exploiter ici ou là un avantage militaire ou géographique (l'exemple le plus parlant étant la calotte nordique, quasiment démilitarisée et qui jouxte — proie tentante s'il en est — l'énorme complexe nucléaire et naval de la péninsule de Kola). Contrairement à Albert Wholstetter ou à Ronald Reagan, je n'ai donc rien contre la MAD, en tant que risque suprême, intrinsèquement lié à tout franchissement du seuil atomique. Ce qui ne veut pas dire — et je reviendrai plus loin sur ce point essentiel — qu'elle doive être la seule stratégie dont nous devrions disposer, face à une menace beaucoup plus diversifiée. Et je crois avoir longuement critiqué dans les chapitres qui précèdent la tentation extrême, chez nos alliés américains surtout, soit de raffiner à l'excès les options d'emploi des armes atomiques *(War Fighting)*, au point d'ôter à l'arme atomique sa signification spécifique, soit d'évacuer totalement le nucléaire en se réfugiant dans les mirages de ET ou de la SDI. A trop vouloir jouer à ce jeu-là — celui de la dénucléarisation de la doctrine de l'OTAN, celui des promesses d'un monde post-nucléaire à la Reagan —, l'Amérique et l'OTAN risquent finalement de convaincre les dirigeants soviétiques, que oui après tout, l'Alliance n'emploierait *pas* l'arme atomique et que dès lors l'Armée Rouge est libre de faire peser sa supériorité conventionnelle sur le terrain.

Ce serait là une situation extraordinairement grave pour l'Europe. L'histoire des conflits montre en effet que la « dissuasion conventionnelle » a toujours échoué et que les dirigeants politiques et militaires ont toujours succombé, soit aux erreurs de calcul sur l'adversaire, soit à la tentation d'exploiter un avantage momentané. Or, rien n'indique que cela changera dans l'avenir avec ou sans « armes intelligentes ».

Mais ayant dit cela, je me sens tout aussi éloigné d'un autre point de vue, tout aussi extrême à l'égard des armes nucléaires : je veux parler bien sûr des analyses habituellement entendues en France.

Si en effet le débat atlantique pèche par ses excès « antidissuasion », le débat français quant à lui, tout obnubilé qu'il est par l'idée de la « non-guerre », me semble souffrir du travers exactement inverse.

J'ai beau savoir que les discussions sur la stratégie nucléaire finissent souvent par ressembler, de par la nature même du sujet, à un débat théologique, je n'en reste pas moins confondu à la lecture de certaines déclarations officielles françaises sur la dissuasion. Au point qu'il m'arrive parfois de me poser la question de savoir si le but de nos dirigeants est d'exposer une politique de défense rationnelle, ou bien au contraire d'énoncer leur foi atomique sous forme d'incantations quasi mystiques ? La question se pose — je le dis sans ironie, et avec gravité même —, quand on lit sous la plume de notre actuel ministre de la Défense (mais nombre de ses prédécesseurs gaulliens ont dit la même chose) : « Il ne doit pas y avoir de bataille, car notre posture de défense est fondée sur la dissuasion[1] », ou bien encore : « On ne peut pas croire à la dissuasion et ne pas y croire [et] ceux qui préfèrent une division blindée à un sous-marin nucléaire se trompent d'époque[2]. »

On pourrait bien sûr multiplier les citations de ce genre. Que dire par exemple de ces propos du président de la République ; selon lui et le plus simplement du monde : « La pièce maîtresse de la stratégie de dissuasion en France, c'est le chef de l'État, c'est moi : tout dépend de sa détermination. Le reste, ce sont des matériaux inertes[3]. »

Essayons de mettre les choses au point.

La dissuasion nucléaire est un dialogue avec l'adversaire. Beaucoup dépend donc du *discours* qui est tenu. D'où l'importance des *doctrines stratégiques* dans notre ère atomique, c'est-à-dire des *mots*. Mais attention ! La dissuasion, ce n'est pas *que* des mots. En dernière analyse en effet, la dissuasion réside dans les

---

1. Cité dans François de ROSE, *Contre la stratégie des Curiaces, op. cit.*
2. *Ibid.*
3. Intervention télévisée à « L'Heure de Vérité », cité dans *Le Monde* du 18 novembre 1983.

yeux de l'adversaire. Dans le point de savoir s'il vous croit ou s'il ne vous croit pas. Et ici les mots seuls ne suffisent plus. Vous pouvez dire et répéter que vous avez l'intention, la volonté, « la détermination » — pour reprendre le mot du chef de l'État — d'employer l'arme atomique. Mais pour être cru, encore faut-il que votre adversaire soit convaincu que vous en avez les moyens politiques (votre peuple vous suivra-t-il ou non?) et physiques (votre panoplie est-elle crédible ou non?). Sur ces deux derniers points, l'adversaire *n'est pas passif.* Après tout pourquoi prendrait-il pour argent comptant ce que vous lui dites, et pourquoi se battrait-il, ou plutôt renoncerait-il à se battre selon les termes que vous lui imposez?

Voyons d'abord le premier. L'actuel président de la République affirme en substance qu'il n'hésiterait pas une seconde à appuyer sur le bouton le moment venu. Mais avant d'être président, alors qu'il n'était que candidat à l'Élysée, n'avait-il pas semblé mettre en doute publiquement, la détermination de son prédécesseur à agir de même[1]? Qui çroire donc? Le discours du locataire de l'Élysée, celui des chefs de l'opposition, ou bien les sondages qui montrent (on l'a vu) que les Français préfèrent — et ce n'est pas surprenant — la capitulation au suicide? L'adversaire lui, connaît ces réactions; il connaît aussi notre Histoire récente . la capitulation, l'occupation. L'adversaire sait que le jour venu, beaucoup de Français, sans doute la majorité, préféreront la capitulation — si possible sans combat — et l'occupation dont ils espèreront toujours se libérer un jour (comme « la dernière fois »!), à la mort nucléaire, dont ils savent à l'avance qu'ils ne se relèveront jamais.

Voyons maintenant le second terme de l'équation : les moyens. Nous disons que nous ne nous battrons pas; que tout « échec de la dissuasion », c'est-à-dire la guerre en Europe, déclenchera notre riposte nucléaire massive anti-cités, dès lors que l'adversaire s'en prendra à nos « intérêts vitaux[2] ». Laissons de côté pour l'instant l'affaire des ABM qui pourraient considérablement diminuer, voire annuler, la pénétration de nos ogives, donc la menace que

---

1. *Le Monde* du 22 novembre 1980.
2. Une parenthèse ici sur la notion « d'intérêts vitaux » sur laquelle je reviendrai tout à l'heure. Au nom de « l'incertitude », qui comme chacun sait est la condition de la dissuasion, la France s'est toujours refusée bien entendu à définir clairement le moment où elle utiliserait ses armes atomiques. En fait, les Soviétiques ont compris — et ils ont raison à mon avis — que la notion de « sanctuaire » est limitée au seul hexagone, surtout sous la présidence de François Mitterrand. N'a-t-il pas dit lui-même lors d'une interview télévisée (TF1 à Hambourg le 15 mai 1982) que : « Nous ne pouvons pas et ne souhaitons pas pouvoir détruire plusieurs fois un adversaire éventuel ou, du moins, ses centres vitaux. Il nous suffit d'une, *pour le cas où notre territoire serait directement menacé.* » Pour un compte rendu détaillé de la littérature soviétique à l'égard de notre doctrine stratégique voir Robbin LAIRD, *Soviet Perspectives on French Security Policy* (à paraître).

nous faisons planer sur l'ennemi. Supposons donc que toutes nos armes puissent arriver au but, sans encombre, et que l'adversaire risque de perdre — dans le meilleur des cas de figure pour nous — une soixantaine de millions de citoyens soviétiques [1] : l'équivalent de la France donc. Toutes ces conditions étant réunies, l'ennemi est-il pour autant démuni de toute option ? Réponse : NON.

Car la dissuasion est *aussi* fonction des armes, donc de la progression technologique.

Une dissuasion « pure », « antidémographique » — comme dit Pierre Mauroy [2] — était sans doute suffisante il y a vingt-cinq ans. C'était d'ailleurs la seule possible à l'époque, compte tenu de la très grande imprécision des vecteurs. L'URSS en effet n'avait pas d'options antiforces contre la France : il lui aurait fallu raser la moitié du pays avec les mégatonnes de ses SS-4 et -5 pour détruire nos bases de Mirage IV ou plus tard le Plateau d'Albion. Aujourd'hui les choses ont radicalement changé. Le général Gallois a montré — et bon nombre de nos militaires le savent bien — que la précision actuelle des SS-20 (300 mètres) ou du SS-22 est telle que la France peut se trouver privée de l'essentiel de ses moyens à terre (les 18 missiles S-3 du Plateau d'Albion inclus, bien entendu) par une frappe préventive soviétique limitée, sans que nous perdions pour autant la moitié ou même le dixième de notre population. Aujourd'hui, cette mission de « désarmement à distance » reste encore dévolue à des missiles porteurs d'ogives atomiques (350 kt dans le cas du SS-20). Mais demain, les progrès de la précision allant s'améliorant du côté soviétique, les SS-20 et leurs successeurs atteindront la cible à 50 mètres (cas du Pershing II), voire même à 30 mètres de distance, ce qui rendra possible non seulement la diminution de la charge explosive, mais même l'emploi d'explosifs *classiques*. Exactement comme l'OTAN, dans le cadre de la stratégie FOFA et du *Deep Strike,* entend le faire. Que fera alors le président de la République, aussi « déterminé » soit-il ?

Certes, même après avoir perdu ses moyens basés à terre, ce dernier disposera encore de ses 3 sous-marins en patrouille. Peut-être même davantage, si nous accroissons notre effort. Mais vengera-t-il alors la destruction de ses missiles sol-sol et de ses bombardiers en attaquant les villes adverses, sans la moindre

---

1. Chiffres présentés dans le rapport Cressard (1980) et cités dans *Le Monde* du 27 octobre 1980 sur la base de l'entrée en service du missile M-4. A noter que ces estimations sont considérées comme très « optimistes » (si on peut dire), par de nombreux observateurs étrangers, voir notamment Paul STARES, « *The Future of the French Strategic Nuclear Force* », *International Security Review,* été 1980 ; voir aussi Geoffrey KEMP, « *Nuclear Forces for Medium Powers* », IISS, *Adelphi Paper,* 1974, n° 106.
2. Allocution devant l'IHEDN, 14 septembre 1981.

discrimination, en sachant que du même coup la France entière serait rayée de la carte ?

Mais allons plus loin. Supposons que l'adversaire déclenche une attaque purement classique en Europe et qu'il se contente d'un tir d'avertissement contre certains objectifs militaires en France même (base aérienne par exemple) au moyen d'ogives *chimiques*. Allons-nous répliquer par une frappe anti-cités contre ses villes, comme l'a laissé entendre récemment l'un de nos anciens ministres des Affaires étrangères à ses interlocuteurs américains ?

Le raisonnement étant que la France ne possède pas d'armes chimiques, et n'en voulant pas, sa vulnérabilité sur ce plan doit convaincre l'adversaire que nous n'hésiterions pas à risposter à une attaque chimique par une frappe nucléaire. On croit rêver !

Tout cela en vérité n'est pas très convaincant. Parle-t-on stratégie ou religion ? S'il suffisait de faire des professions de foi, alors pourquoi dépenser un centime pour notre défense ? Pourquoi ne pas pousser jusqu'à son terme la logique de M. Hernu et démanteler toutes nos divisions blindées ? Mais même avec 15 sous-marins lanceurs d'engins et zéro force classique, notre sécurité serait-elle mieux assurée[1] ? Et si la stratégie « pure et dure » de l'anti-cité suffit, pourquoi dépenser tant d'argent sur le missile M-4 MIRVé qui équipera nos sous-marins[2] ?

Pourquoi les armes tactiques, Pluton, Hadès et ASMP si nous ne voulons pas nous battre ? Et pourquoi surtout la « bombe à neutrons », arme de combat par excellence, jadis combattue par les gaullistes et les socialistes[3], et dont aujourd'hui le gouvernement continue pourtant la mise au point ?

Et qu'est-ce que cette idée saugrenue du « refus de la bataille » ? Oublie-t-on que, la France étant par définition sur la défensive, elle n'a précisément *pas le choix* de la bataille, ou de ses termes ? Ce choix-là revient à l'agresseur. Et notre stratégie à nous devrait consister à le dissuader, par une *posture crédible,* d'entreprendre une action *à tous les niveaux possibles.* Ce qui implique des moyens diversifiés, au plan nucléaire, mais aussi au plan des forces classiques (y compris chimiques[4]). Et non pas de

---

1. Voir François de ROSE, *Op. cit.,* p. 124.

2. Le M-4, qui entrera en service en 1985 et qui équipera progressivement 5 de nos SNLE sur 6, sera porteur de 6 ogives indépendamment guidées.

3. Voir dans *Le Nouvel Observateur* du 5 juillet 1980 les interviews de Pierre MESSMER (« L'Arme à rayonnement renforcé ne relève pas de la dissuasion ») et de Georges SARRE (« La Dissuasion, c'est d'abord l'arme du refus (...). Tout au contraire l'arme à neutrons témoigne de l'acceptation délibérée de la bataille »).

4. Je rappellerai qu'après l'expérience de la Première Guerre mondiale, les armes chimiques n'ont été employées que contre des adversaires qui n'en possédaient pas et qui ne pouvaient donc y répliquer par des frappes du même ordre. De Mussolini (en Abyssinie), à Hitler (contre les juifs des camps de concentration), sans oublier les affaires plus récentes du Laos, d'Afghanistan et même la guerre Iran-Irak. la dissuasion, ici, suppose la possession de ces armes. Non le désarmement unilatéral, sous prétexte que les armes nucléaires existent.

dire que nous ne nous battrons pas, parce que dans tous les cas de figure, nous choisirons le suicide. Peut-on réellement fonder notre sécurité sur pareille irrationalité ?

Pourquoi vouloir à tout prix, au nom d'une vision momifiée de la dissuasion, elle-même fondée sur une appréhension de la technologie vieille de trente ans, enfermer le chef de l'État dans une situation sans issue, celle du tout ou rien, alors que l'adversaire, lui, ne fait que diversifier ses options contre nous ?

Qu'on me comprenne bien : je ne suis pas de ceux qui pensent que « le nucléaire ne dissuade que le nucléaire » comme McNamara…, ou le général Copel. Malgré l'évolution contraire de la doctrine de l'OTAN, la menace de représailles atomiques garde toute sa valeur dans la dissuasion de *toute* guerre, et pas seulement de la guerre nucléaire. Mais encore faut-il que ces moyens de riposte soient suffisamment flexibles pour parer les différentes éventualités. *Ce qui est vrai, c'est que l'anti-cités ne dissuade qu'une frappe contre nos villes ; frappe que l'adversaire n'a aucune raison d'entreprendre, compte tenu de ses objectifs et de ses moyens.* Pourquoi raser la France, dès lors qu'on peut espérer la soumettre ou la neutraliser de cent autres façons ?

Quand donc allons-nous nous intéresser enfin aux options et à la stratégie de l'adversaire, au lieu de rester obnubilés par notre propre discours ? La dissuasion, ai-je dit, est un *dialogue*. Non un monologue. Et tâchons de ne pas commettre à nouveau l'erreur de nos chefs d'avant-guerre, obsédés par *leur* vision de la défensive, au point qu'ils en avaient oublié jusqu'à l'adversaire. En 1940, les Allemands ne pouvaient pas, croyait-on, ne pas se heurter frontalement à la ligne Maginot. Condamnés à l'échec, ils étaient nécessairement dissuadés de s'en prendre à nous. On connaît la suite : les fortifications furent tout simplement contournées…

Quarante-cinq ans plus tard, nos stratèges officiels prétendent que les Soviétiques ne pourront que se heurter frontalement à notre stratégie anti-cités, et que dès lors ils seront dissuadés. Mais prend-on les généraux soviétiques pour des amateurs ? Ou bien sommes-nous devenus incapables de concevoir que la menace de l'Holocauste peut, elle aussi, être contournée, ne serait-ce que parce que les armes elles-mêmes ont changé ?

Tout cela me conduit à une première conclusion : *il est vital que nous cessions, dans ce pays, de penser la guerre, en termes… de non-guerre exclusivement.* L'avènement des armes nucléaires n'a rien changé au fait, fondamental dans l'Histoire de l'humanité, que les armes évoluent avec la technologie et que la stratégie évolue en fonction des armes, donc de la technologie. Que nous le voulions ou non, la page de la dissuasion « pure » est tournée, et la menace du suicide collectif immédiat dans *tous* les cas de figure, quelle que soit la forme de l'agression, est tout simplement vide de toute crédibilité. Cessons donc de nous leurrer et de démobiliser en même temps notre propre opinion. Il ne suffit pas de dire, tel Louis XIV, « la dissuasion c'est moi », pour dissuader. Il faut à la fois disposer des moyens physiques et politiques d'une telle menace ; et pour cela, la responsabilisation de l'opinion tout autant que la diversification des moyens sont essentiels.

Fort heureusement d'ailleurs, la croissance quantitative et qualitative prévue de nos forces nucléaires (voir tableau ci-après) devrait permettre de progresser dans cette voie. Ce n'est d'ailleurs pas la moindre des ironies de la situation actuelle, que de constater qu'il va bien falloir définir les missions et les conditions d'emploi des Hadès, des Mirage 2000 N porteurs de l'ASMP ou du nombre considérable d'ogives supplémentaires dont la France disposera avec l'entrée en service du missile M-4. *De facto,* la France est en train de quitter la dangereuse nasse de la frappe anti-cités, même si ses dirigeants politiques et militaires ne semblent pas en avoir tiré toutes les conclusions.

Mais au-delà de cette inflexion inévitable de notre stratégie anti-cités, aucune réflexion sérieuse sur l'avenir de notre posture de défense ne sera possible tant que nous continuerons de l'envisager dans l'abstrait, comme s'il s'agissait uniquement de « sanctuariser » la France.

D'abord parce que même si l'on réfléchit en termes de sanctuarisation de la France seule, celle-ci dépend au moins autant de nos armes que de la stabilité de notre environnement immédiat : en clair, la stabilité de l'Allemagne, laquelle est fonction de la protection américaine.

Ensuite, parce que la sanctuarisation de la France seule, en partant de l'idée que « le risque nucléaire ne se partage pas », ne peut être l'objectif ultime de notre politique de défense. La France ne vit pas dans une planète à part ; elle est située dans un ensemble géographique exigu, composé de nations démocratiques dont elle partage les valeurs et avec lesquelles elle fait l'essentiel de son commerce. Le fait que la France possède des armes nucléaires ne change rien à l'affaire : je ne suis pas de ceux qui

**Modernisation des forces nucléaires
stratégiques françaises (1984-1997)**

| Année | charges sur : | M-20 | M-4 | S-3 | Mirage IV | SX | Total |
|---|---|---|---|---|---|---|---|
| 1984 | | 64 (a) | – | 18 | 34 | – | 118 |
| 1990 | | 16 (a) | 384 | 18 | 18 | – | 436 |
| 1997 | | – | 480 (a) | 18 ?(b) | – | 34 (b) | 532 |

(a) Ces chiffres prennent en compte le fait que un SNLE sur 5 ou 6 se trouve en dehors du cycle opérationnel (grand carénage notamment).
(b) Le nombre des SX est déduit du parc actuel des Mirage IV

croient que « la France défend sa liberté sur l'Elbe et sa survie sur le Rhin ». Politiquement, stratégiquement et économiquement, cette distinction est vide de sens et ne peut qu'accroître l'instabilité chez nos voisins et la confusion permanente de notre propre stratégie.

C'est précisément ce second point qu'il me paraît nécessaire d'analyser maintenant.

# II

## Pour en finir avec le mythe de la neutralité

L'autre pilier essentiel de notre politique de défense, lui aussi fortement ébranlé ces dernières années, réside évidemment dans le fameux « glacis allemand », condition de notre attitude de « distanciation » à l'égard de l'Alliance. Une Allemagne « inféodée à Washington » et « meilleur élève de la classe atlantique » était certes déplaisante pour les ambitions de de Gaulle en 1960-1963 ; elle n'en était pas moins préférable à l'Allemagne actuelle, déboussolée par sa quête d'identité nationale, insécurisée par un protecteur en qui elle a perdu foi et tiraillée par la tentation d'un jeu solitaire avec l'Est. Bref, le « glacis », si tant est qu'il ait jamais existé réellement (sauf peut-être dans l'esprit des nostalgiques des lignes défensives, façon Maginot), n'est plus aujourd'hui qu'un bourbier que nous connaissons mal. Il est devenu aussi dangereux de l'ignorer que de vouloir s'y aventurer.

Tout le monde sent bien pourtant — y compris les nostalgiques de l'antigermanisme au PCF et ailleurs — que nous ne pouvons plus faire comme si ce qui se passe en Allemagne ne nous concernait pas.

Mais que faire ? Nous entendre avec Moscou pour prévenir toute résurgence du « danger allemand », comme le prônent certains (à droite et à gauche) ? Nous réfugier dans notre donjon hexagonal et nucléaire (c'est évidemment la ligne de pente la plus naturelle) ? Ou tenter de prévenir un dérapage allemand en prenant directement en charge une partie de la sécurité de ce pays ? Mais comment ? La réintégration dans l'OTAN étant politiquement exclue, faut-il ériger une « défense européenne » ? Mais laquelle ? A 2, 6 ou 10 ? Et à supposer qu'existe une telle défense européenne, ce qui est loin d'être évident, jusqu'où serions-nous prêts à aller sans remettre en cause notre sacro-sainte indépendance nucléaire ?

Autant de questions sur lesquelles, il faut bien le constater, nos dirigeants politiques de droite ou de gauche ont été jusqu'à présent plutôt évasifs, en dépit du déferlement de déclarations récentes sur le thème de la « défense européenne ».

« La politique d'une nation est dans sa géographie », disait Napoléon. Elle est aussi dans son histoire. Quarante ans après la fin de la Seconde Guerre mondiale, malgré l'avènement de l'ère nucléaire, malgré une URSS devenue super-puissance mondiale et plus menaçante que jamais pour les habitants de la petite péninsule européenne, la France, elle, continue à être obsédée par l'Allemagne..., et à hésiter. D'où ce réflexe presque pavlovien, à chaque nouvel épisode de la question allemande, et qui consiste à proposer (puis à enterrer) une solution « européenne » à l'encadrement des vieux démons germaniques : CED au début des années 50 pour enserrer le réarmement allemand ; plan Fouchet en 1961-1962 pour encadrer politiquement la RFA dans une Europe à direction française, entre les deux grands ; réactivation de la coopération franco-allemande en matière de défense[1] et « relance » de l'UEO[2] aujourd'hui, pour tenter de prévenir un dérapage allemand vers le neutralisme et vers l'Est.

Mais une fois prononcés les mots magiques de « défense européenne », une fois l'UEO sortie de son placard poussiéreux par une réunion ministérielle (à Rome, en octobre 1984), la France à nouveau bute sur les faits, c'est-à-dire sur l'architecture d'ensemble de sa politique étrangère et de sa posture de défense.

Au milieu des incertitudes et des périls qui s'accumulent autour d'elle, la France donne en effet l'impression de naviguer à vue : parant au plus pressé (c'est le discours du Bundestag sur les euromissiles), se raccrochant à ses dogmes atomiques purs et durs (c'est la réaffirmation d'une stratégie nucléaire plus hexagonale

---

1. Notamment par la mise en œuvre à partir de 1983 des dispositions « militaires » du traité de l'Elysée de 1963, restées jusque-là lettre morte. Voir sur ce point Nicole GNESOTTO, *La Coopération franco-allemande en matière de sécurité, 1954-1984* (IFRI, à paraître) et André ADRETS, « Les Relations franco-allemandes et le fait nucléaire dans une Europe divisée », *Politique étrangère*, mars 1984.

2. Union de l'Europe occidentale : créée par le traité de Bruxelles de 1948 (France, Royaume-Uni, et Benelux). L'UEO s'est trouvée vidée de toutes ses attributions en matière de défense commune, par les accords de Paris de 1954 (accession de la RFA à l'OTAN et à l'UEO) conférant ces attributions à l'OTAN.

que jamais), tout en évoquant l'idée d'une solidarité franco-allemande en matière de sécurité, voire même celle d'une Europe de la défense pour le long terme, sans pour autant en accepter les conséquences sur sa propre indépendance. Dans tout cela, on ne décèle du côté français nulle conception d'ensemble ni sur l'avenir de l'Europe, ni même sur sa stratégie militaire. Plus grave encore, cette politique essentiellement réactive, s'accompagne d'un affaiblissement constant depuis plus d'une décennie de notre effort budgétaire en matière de défense, affaiblissement qui s'est encore accéléré ces dernières années.

Toutes ces faiblesses cependant n'ont pas attendu mai 81 pour apparaître. Loin s'en faut. Depuis quarante ans en effet, y compris pendant sa période gaullienne, la France n'a cessé d'osciller entre la tentation de préserver le statu quo européen (qui pour la première fois de son histoire la place en deuxième ligne par rapport à l'adversaire potentiel, derrière une Allemagne coupée en deux, donc amoindrie), et le rêve périodiquement caressé, de de Gaulle à Mitterrand, de « sortir de Yalta », en construisant enfin une Europe libérée des « blocs ».

Fidèle reflet du mouvement de pendule de sa politique européenne, la doctrine militaire de la France a, elle aussi, constamment balancé entre la tentation de la France seule, celle de la neutralité armée (à l'abri du « glacis » allemand protégé par Washington et de la « sanctuarisation » de son seul territoire, que semblait permettre l'avènement des armes atomiques), et la volonté d'affirmer sa solidarité à l'égard de ses alliés. Solidarité « offensive » serais-je tenté de dire, au début des années 60, époque où de Gaulle, en se rapprochant de l'Europe (plan Fouchet) et à défaut de l'Allemagne (traité de l'Élysée de 1963), visait surtout à contrebattre la trop grande suprématie des États-Unis : c'est la querelle avec Kennedy sur la MLF[1]. Solidarité « défensive » depuis 1969 et Georges Pompidou où, à mesure que se précisaient le dérapage du rapport des forces militaires au profit de l'URSS et ses conséquences politiques en Allemagne, la France s'est progressivement rapprochée de l'OTAN, tout en essayant tant bien que mal de concilier sa stratégie nucléaire nationale avec son éventuelle participation à la bataille en Centre Europe.

En vérité, les stratèges militaires français, pas plus que les politiques n'ont réussi à résoudre ce que François Mitterrand a

---

1. Voir première partie.

justement appelé « l'antinomie entre la stratégie fondée sur l'unique défense du sanctuaire national et la stratégie fondée sur l'Alliance[1] ».

Si l'option carrément neutraliste mise en avant brièvement par le général Ailleret en 1967 (la stratégie dite « tous azimuts ») a été écartée depuis longtemps, l'autre option, celle de la contribution de nos moyens nucléaires et conventionnels pour la défense de l'Europe, n'a jamais pu être menée à bien et encore moins définie clairement par nos responsables militaires ou politiques.

Depuis 1969 et la doctrine énoncée par le général Fourquet[2] le système de défense français s'articule autour de l'idée de deux batailles.

L'une, en Centre Europe, mettrait aux prises les forces de l'OTAN avec celles du Pacte de Varsovie. La France dont la 1re Armée est disposée de part et d'autre du Rhin (voir la carte p. 268) pourrait, si elle le juge utile, engager ses forces aux côtés de ses alliés. Apport d'autant plus essentiel que les divisions françaises sont les seules réserves immédiatement disponibles dont dispose l'Alliance.

Mais cet engagement éventuel est soumis à deux conditions essentielles :

— En premier lieu : pas d'automatisme, donc pas de prise en charge d'un « créneau » sur le front. Contrairement à la Grande-Bretagne, elle aussi puissance nucléaire mais présente sur le rideau de fer avec sa BAOR[3], la France estime quant à elle qu'en tant que puissance nucléaire indépendante, elle ne saurait être entraînée dans des situations de conflits décidés en dehors d'elle...

— En second lieu : pas de participation à la bataille « de l'avant », mais soutien éventuel en deuxième échelon des forces de l'OTAN avec possibilité de contre-attaques sur les forces soviétiques en cas de percée.

En fait ces deux conditions s'expliquent par le fait que la 1re Armée française, censée comme on vient de le voir venir au secours des Alliés, avait aussi une autre mission essentielle (largement incompatible avec la première), celle de servir de détonateur, avec ses armes tactiques notamment, à la frappe nucléaire stratégique finale. C'est ici, en effet, à proximité immédiate de nos frontières, que se déroulerait la seconde

---

1. *Ici et maintenant*, Fayard, 1980; voir aussi Pierre Hassner, « La France, l'atome et l'Europe ou le réalisme de l'irréalisme », *Revue internationale de Défense*, février 1984.
2. Général Michel FOURQUET, « Emploi des différents systèmes de forces dans le cadre de la stratégie de dissuasion », *Revue de Défense nationale*, mai 1969.
3. *British Army of the Rhine* (environ 50 000 hommes).

## DÉPLOIEMENT EN EUROPE OCCIDENTALE
## DES FORCES AMÉRICAINES ET ALLIÉES

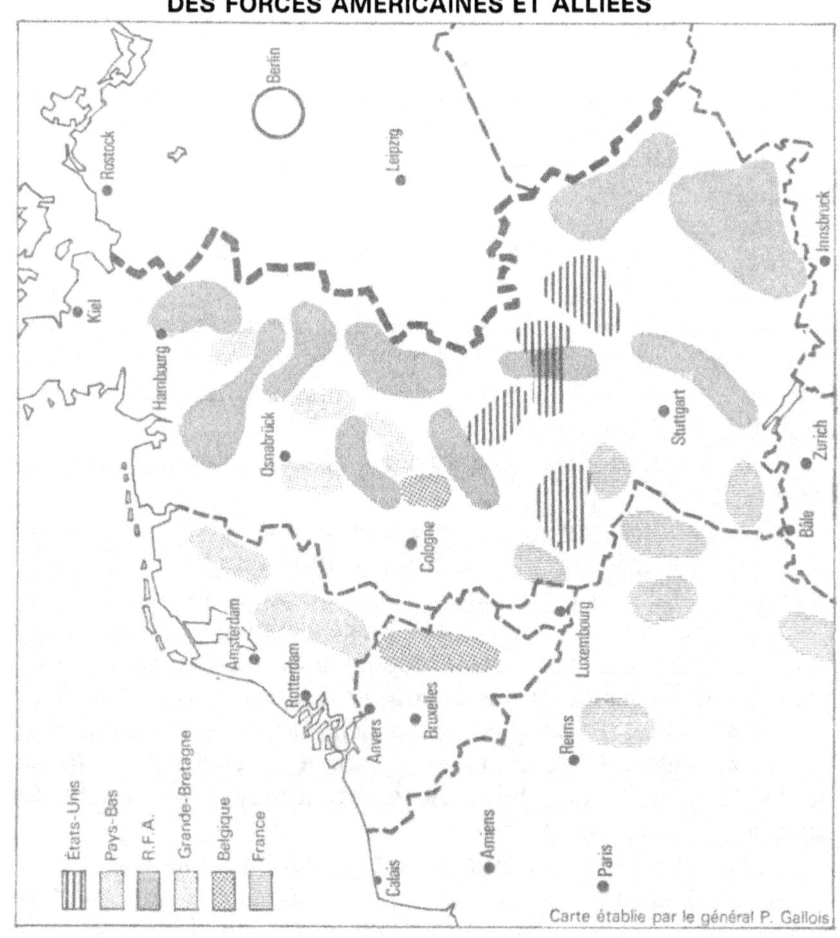

bataille : sous forme d'engagement bref et massif de nos moyens classiques et nucléaires tactiques, le tout devant servir « d'ultime avertissement » à l'adversaire, pour qu'il comprenne bien qu'il ne peut poursuivre son offensive et traverser le Rhin, sans risquer une frappe massive anti-cités.

C'est donc ce schéma ambigu, où la 1<sup>re</sup> Armée se voyait confier deux missions difficilement conciliables, qui constitue depuis plus de vingt-cinq ans notre doctrine stratégique en Europe. Sur le plan conceptuel, il n'est donc pas étonnant que le ministère de la Défense n'ait publié qu'un seul « Livre blanc » sous la V<sup>e</sup> République (en 1972), dans lequel on retrouve exprimée sous une forme plus théorique l'ambiguïté fondamentale que je viens d'évoquer. Malgré un découplage tout à fait arbitraire, à mon sens, de la sécurité de la France en « trois cercles » (le « sanctuaire », défendu par l'atome, le deuxième cercle, c'est-à-dire l'Allemagne, et le troisième cercle, nos intérêts de sécurité hors d'Europe), les auteurs du « Livre blanc » ne parvenaient cependant pas à résoudre la contradiction inhérente à notre posture. Le « Livre blanc » reconnaissait d'ailleurs, au détour d'une phrase, que, si la dissuasion est exclusivement nationale (le risque nucléaire ne se partageant pas), les « intérêts vitaux » de la France ne se limitaient cependant pas à son seul territoire...

Depuis treize ans, les failles d'un tel système sont devenues de plus en plus flagrantes.

Ne serait-ce que sur le plan militaire d'abord : comment nos chefs militaires peuvent-ils en même temps préparer le combat éventuel aux côtés des Alliés, ce qui implique des moyens importants, une logistique lourde et une coordination poussée avec l'OTAN sur le terrain tout au moins, et ne servir que de détonateur au feu nucléaire dans le cadre de la manœuvre nucléaire finale de la France ?

A l'égard de nos alliés ensuite, et surtout de la RFA, la contribution de la France dans ces conditions, apparaissait plus problématique que jamais. Car de deux choses l'une : ou bien la France restait en dehors du conflit, réservant ses forces à la défense finale de ses frontières et, dans ce cas, l'armée française se serait contentée du rôle de témoin, soit du succès, soit de l'effondrement de l'OTAN et, dans ce dernier cas, la manœuvre nucléaire finale de la France aurait consisté à frapper massivement les forces avancées soviétiques *en Allemagne* au moyen des

Pluton (perspective réjouissante pour nos voisins)[1]. Ou bien, deuxième hypothèse, la France intervenait dans la bataille aux côtés de ses alliés, avec tout ou partie de ses forces classiques dotées d'ANT, mais dans ce cas comment concilier les deux doctrines de combat du côté occidental ?

Quid par exemple du premier emploi éventuel des armes atomiques par la France ? Comment l'Amérique pourrait-elle tolérer un déclenchement du feu atomique par la France dans le cadre d'une stratégie d'escalade graduée qu'elle ne contrôlerait plus, avec tous les risques qui en résulteraient pour son territoire à elle ? Et comment l'Allemagne pourrait-elle accepter l'idée « d'être nucléarisée » pendant ou après la bataille, pour permettre à la France d'être sanctuarisée[2] ?

Nous touchons ici au cœur du dilemme stratégique français : la défense de la France seule, du « donjon », n'a évidemment aucun sens. Nous n'avons pas l'option de la neutralité. Ni en temps de paix, car notre neutralité, même nucléaire, ne pourrait qu'accélérer les tendances neutralistes de nos voisins, en laissant à l'adversaire tout loisir pour prendre un à un ses gages en Europe, comme le fit jadis Hitler, alors que nous nous abritions derrière nos fortifications ; ni en temps de guerre, car à supposer même que la France puisse se « sanctuariser » totalement en cas de conflit en Centre Europe, ce qui est loin d'être évident on l'a vu, que resterait-il alors de notre indépendance politique et économique, au bout d'une Europe en ruine dominée par l'Armée Rouge ? La « condition d'assiégé », contrairement aux affirmations de certains de nos éminents penseurs militaires encore influencés, semble-t-il, par les schémas de pensée d'avant-guerre, n'est tout simplement pas tenable : elle se traduirait inévitablement par l'asservissement politique.

Avec le septennat de Valéry Giscard d'Estaing, on assista à la première tentative d'*aggiornamento* de la doctrine stratégique française en direction de l'Alliance (signature en 1974 de la

---

1. Hypothèse que les Allemands ont parfaitement comprise et qui interdit toute coopération réelle entre les deux pays. Egon Bahr, qui ne s'est pas privé d'exploiter ce point fondamental à ses propres fins politiques, a cependant raison de dire : « Du point de vue allemand, cela signifie que la décision française sur l'emploi des armes nucléaires devrait être prise à un moment où, pour l'Allemagne, cela ne présenterait plus aucun intérêt (...). Les armes françaises et britanniques ne seront utilisées qu'au moment où il sera évident que la guerre ne pourra plus être limitée et ce qui se passera après ma mort ne m'intéresse pas.

« Une certaine contradiction existe entre la solidarité franco-allemande d'un côté, et de l'autre les deux stratégies de sécurité que chacun des deux pays pense devoir suivre. Une véritable solidarité exige que l'on soit prêt à mettre conjointement en jeu l'existence de l'un et de l'autre. Ce n'est pas le cas aujourd'hui, car la stratégie française ne serait pas appliquée au cas où les troupes soviétiques s'arrêteraient sur les bords du Rhin ou de la Weser ; elle n'entrerait en action que lorsque l'existence propre de la France serait menacée et les armes françaises ne seraient pas utilisées, dans le cadre d'une attaque limitée... » Egon BAHR, « La Politique de sécurité de la RFA », *Politique étrangère*, 1982, n° 2.

2. François de ROSE, *Op. cit.*

déclaration d'Ottawa), et de l'Europe. Le président et son chef d'état-major le général Méry, en évoquant en 1976 l'idée d'une « sanctuarisation élargie » et d'une participation de la France à « la bataille de l'avant », remettaient donc en cause la théorie des trois cercles et celle des deux batailles, jugée irréaliste dans un espace aussi exigu que le théâtre européen[1].

L'idée du général Méry était que la France n'avait pas intérêt à voir le dispositif OTAN s'effondrer prématurément, soit en restant en dehors de la bataille, soit en intervenant trop tard : car, dès lors, la « deuxième bataille » aux frontières n'aurait pu être menée que dans de mauvaises conditions. Méry préconisait par conséquent une participation à la première bataille, en second échelon des forces de l'OTAN, ce qui aurait assuré une « couverture indirecte du territoire national » ; la France quant à elle restant toujours sanctuarisée par ses armes stratégiques[2]. On notera — et c'est important pour la suite — que dans l'esprit des responsables d'alors, la 1re Armée aurait été engagée *avec ses ANT*[3], ce qui aurait posé le problème de la coordination du premier emploi du feu nucléaire avec les États-Unis, sans parler bien sûr de l'Allemagne sur le sol de laquelle les Pluton (d'une portée de 120 kilomètres) auraient eu toutes les chances de tomber... Autrement dit, l'idée de « sanctuaire » demeurait : on « l'élargissait » cependant pour mieux le protéger, mais *sans pour autant élargir la dissuasion de la France à qui que ce soit*. En cas d'échec d'une telle manœuvre, nos ANT auraient donc été utilisés sur le sol allemand et l'Allemagne, comme précédemment, aurait été nucléarisée pour nous permettre de demeurer sanctuarisés.

On le voit, la réforme de 1976, tout en « tirant » dans une direction « européenne », ne changeait rien de fondamental à la posture stratégique héritée de la période précédente ; ni ne résolvait les contradictions inhérentes aux missions de la 1re Armée et des ANT. Pourtant, c'est au nom de la « trahison » des principes gaulliens que gaullistes et communistes critiquèrent la doctrine giscardienne, forçant le pouvoir à faire machine arrière et à se réfugier ensuite dans le silence.

Avec François Mitterrand, on assiste depuis 1982-1983 à une deuxième tentative de redéfinition de notre posture nucléaire, encore plus ambiguë que la précédente, on va le voir.

---

1. Général Guy MÉRY, « Une Armée pour quoi faire et comment », *Revue de Défense nationale*, juin 1976.
2. Valéry GISCARD D'ESTAING, in *Revue de Défense nationale*, juillet 1976.
3. Armes nucléaires tactiques.

Pour autant que je l'ai comprise, la démarche de nos stratèges actuels partait de trois constatations :

1. La France ne peut plus se désintéresser de la sécurité de l'Allemagne, sans risquer de précipiter chez elle un dérapage incontrôlable. Il lui faut donc affirmer sa solidarité dans les faits, et non plus seulement dans les mots.

2. Cette solidarité ne peut s'exprimer dans le domaine nucléaire. Ici les socialistes reviennent à la plus pure dissuasion gaullienne : « La France n'a pas caché, dit le président Mitterrand, que, hors de la protection de son sanctuaire national et des intérêts vitaux qui s'y rattachent, elle ne saurait prendre en charge la sécurité de l'Europe[1]. » Pas question donc « d'élargir » le sanctuaire à qui que ce soit, et encore moins de « partager la décision nucléaire » avec quiconque (et surtout pas l'Allemagne)[2].

3. Ce qui implique que notre contribution ne peut porter que sur les seules armes classiques[3]. Or, la 1re Armée, en raison de son positionnement à l'arrière du dispositif OTAN, de sa faible mobilité et de son rôle ambigu de « valet d'armes » de la manœuvre nucléaire, n'est pas le meilleur instrument pour une éventuelle participation de la France à la bataille de l'avant.

Il faut donc :

1. retirer les armes nucléaires tactiques des unités de la 1re Armée et les regrouper dans une unité spécifique, sous le commandement direct du chef de l'État. Désormais, les ANT deviennent des armes « préstratégiques », ce qui signifie que leur emploi est distinct de toute idée de « bataille ». On est dans le droit-fil de la théorie gaullienne de « l'ultime avertissement » avant l'emploi des armes stratégiques anti-cités.

2. Créer une unité spéciale, la FAR (Force d'Action rapide), forte de 47 000 hommes, plus mobile que les régiments lourds de la 1re Armée, et donc susceptible de se porter très tôt à l'avant, dans des opérations de contre-attaque contre le dispositif adverse[4]. Bien évidemment la FAR ne comporte aucune arme nucléaire.

---

1. Discours de La Haye, février 1984.

2. « Et pour des raisons stratégiques, et pour des raisons de politique internationale qui résultent de la dernière guerre, la décision d'emploi de l'arme nucléaire française ne peut se partager » (*ibid.*). A noter que cette déclaration répondait aux propos tenus à Bonn par Jacques Chirac le 17 octobre précédent, évoquant l'idée d' « une dissuasion européo-américaine », fondée sur les forces nucléaires française et britannique et dans laquelle l'Allemagne aurait « participé directement au niveau de la responsabilité ». Devant l'émoi suscité par ses déclarations (y compris dans son propre parti), le président du RPR devait par la suite revenir sur ses propos de Bonn, voir son allocution devant l'IFRI, publiée dans *Politique étrangère*, 1984, 3.

3. Voir l'exposé du chef d'état-major des armées, le général Jeannou LACAZE, « La Politique militaire », *Revue de Défense nationale*, novembre 1981.

4. Pour un exposé du point de vue officiel sur la FAR, voir P. BONIFACE, *L'Année stratégique, op. cit.*, pp. 26-30.

Habilement présentée par les soins du ministre de la Défense à l'opinion française ainsi qu'aux Alliés, la création de la FAR devait rencontrer, au départ, un accueil plutôt favorable de tous côtés. Les Allemands y trouvaient sinon leur compte, du moins un début prometteur : enfin la France se décidait à participer quasi immédiatement à la bataille de l'avant, et de surcroît avec des forces uniquement classiques. Donc sans risque de dérapage nucléaire en Allemagne. En France, l'accueil des milieux politiques fut généralement positif. Les gaullistes qui, en 1976, avaient crié à la trahison, constatèrent avec le général Poirier[1] que la théorie des trois cercles était respectée, et, sans renier le principe d'indépendance ni remettre en cause notre doctrine strictement nationale de dissuasion, le gouvernement était parvenu à concrétiser sa solidarité avec l'Allemagne.

Bref un véritable triomphe de la logique cartésienne : on avait enfin réussi à résoudre la quadrature du cercle ! Dans la réalité cependant, les choses ne sont pas si roses.

D'abord parce que la FAR elle-même présente, c'est le moins qu'on puisse dire, un certain nombre de faiblesses et d'ambiguïtés[2] :

— En premier lieu dans sa composition : les unités de la FAR sont composées d'unités hétéroclites[3] qui, de surcroît, n'ont ni les mêmes compétences ni la même mobilité (cas de la division alpine par exemple) (voir carte, p. 271).

— En second lieu, parce que la FAR se voit affecter une mission double et difficilement conciliable : la participation à la bataille en Europe et l'intervention sur les théâtres extérieurs (Afrique notamment).

— En troisième lieu parce que l'emploi de ces unités sur la profondeur du théâtre d'opération soulève toute une série de problèmes considérables (logistique, couverture aérienne, sans parler de la vulnérabilité des moyens hélicoptères) qui restent à résoudre, et qui supposent pour cela une intégration *de facto* de ces moyens avec le dispositif OTAN (avec les conséquences politiques que l'on imagine en France).

Mais au-delà de ces difficultés « techniques », la FAR me

---

1. Le général POIRIER fut l'un des principaux rédacteurs du « Livre blanc » de 1972. Son article sur la FAR, intitulé « La Greffe », fut publié dans la *Revue de Défense nationale*, avril 1983.
2. Voir notamment général François VALENTIN, « L'Arête étroite », *Ibid.*, mai 1983.
3. La FAR comprend les 5 divisions suivantes : la 9e division d'infanterie de Marine, la 11e division parachutiste, la 27e division alpine et deux unités en cours de constitution et plus spécialement conçues pour les missions en profondeur en Centre Europe : la 4e division aéromobile et la 6e division légère blindée.

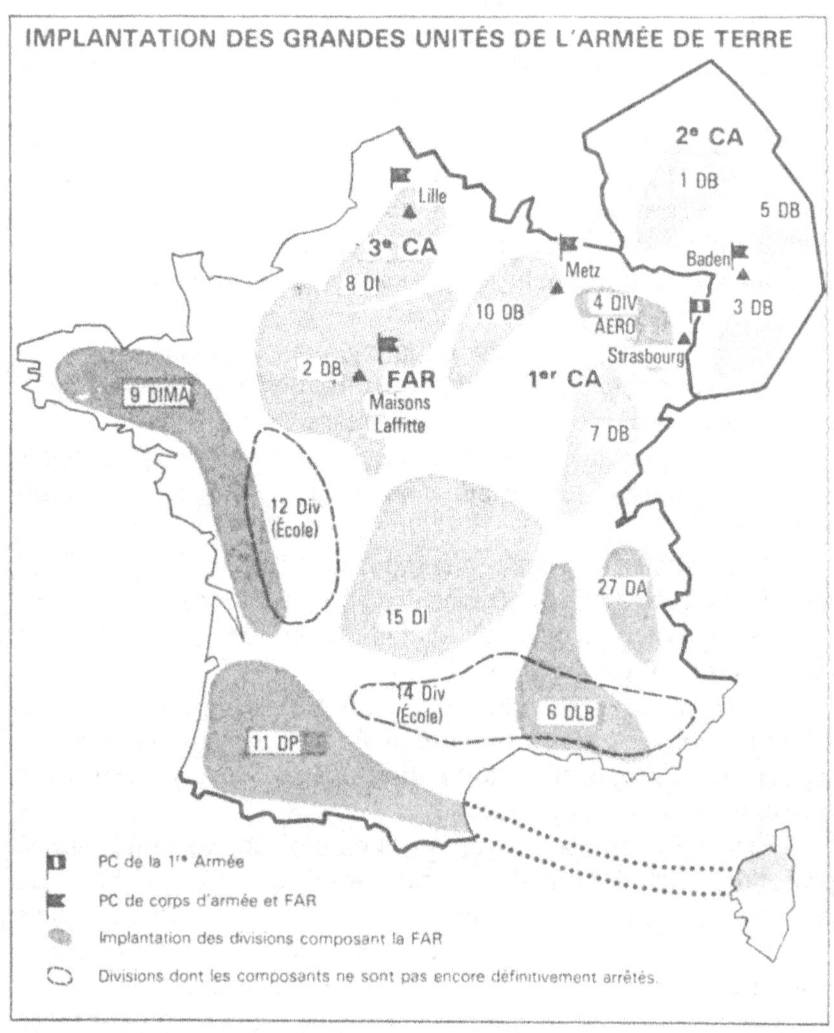


IMPLANTATION DES GRANDES UNITÉS DE L'ARMÉE DE TERRE
2e CA
1 DB
5 DB
Lille
3e CA
8 DI
Metz
Baden
10 DB
4 DIV
AERO
3 DB
Strasbourg
2 DB
FAR
Maisons
Laffitte
1er CA
9 DIMA
7 DB
12 Div
(École)
27 DA
15 DI
14 Div
(École)
6 DLB
11 DP
PC de la 1re Armée
PC de corps d'armée et FAR
Implantation des divisions composant la FAR
Divisions dont les composants ne sont pas encore définitivement arrêtés.

paraît surtout présenter deux grandes faiblesses, l'uné de doctrine, l'autre de structure.

La faiblesse de doctrine tient à ce qu'en vérité rien n'a été réglé dans la contradiction fondamentale de notre posture stratégique. La « dénucléarisation » de la 1re Armée et de la FAR, de même que l'allongement de la portée du Hadès — dont il a été fait tant de cas auprès des Allemands [1] — ne changent rien au fait que nos forces classiques continuent de conserver cette double mission, inconciliable, qui est à la fois de participer à la manœuvre nucléaire finale aux approches du sanctuaire, et celle de se battre à l'avant aux côtés de nos alliés.

Une façon purement gaullienne de résoudre le problème, comme le suggéra d'emblée le général Poirier, aurait été de séparer clairement les forces affectées à chacun des deux cercles [2] : la 1re Armée restant aux frontières pour la défense de la France seule, tandis que la FAR aurait été exclusivement consacrée à la solidarité avec l'Alliance. Mais un tel schéma aurait été politiquement et stratégiquement désastreux, puisqu'il aurait signalé aux Allemands que la France s'engagerait à concurrence maximum de 47 000 hommes, avec pour les Soviétiques une garantie unilatérale de non-emploi de l'arme nucléaire, même en cas de destruction de la FAR. Bref, la neutralité moins la FAR. Fort heureusement, le gouvernement, par la voix du général Lacaze notamment, jugea bon de corriger le tir en juin 1983. « En effet, expliqua le chef d'état-major des armées, privilégier notre stratégie d'intervention au profit des Alliés pourrait nuire à la crédibilité d'action de nos forces en couverture de notre territoire, et diminuer ainsi notre dissuasion nationale. En revanche, minimiser notre premier engagement pourrait inciter l'adversaire à douter de notre détermination. Le juste équilibre me semble se situer dans l'absolue nécessité de donner à notre capacité d'intervention aux côtés des Alliés une dimension suffisante pour accroître le caractère dissuasif des forces de l'Alliance, étant entendu que notre possibilité de participation signifierait à l'adversaire qu'il encourt, désormais, le risque d'affronter très tôt les forces d'un pays nucléaire qui

---

1. Contrairement au Pluton (portée 120 km), le missile tactique sol-sol Hadès qui entrera en service à partir de 1987 aura une portée de 350-400 km. Tiré à partir du territoire français (comme il est actuellement prévu de le faire), le Hadès porterait donc au-delà du territoire de la RFA. Ce « progrès » n'en est cependant pas un pour les Allemands de l'Ouest, dans la mesure où ces armes tomberaient tout de même sur les « autres » Allemands : ceux de RDA. En réalité il n'y aura pas d'issue à ce problème tant que les ANT françaises resteront situées en deuxième ligne, et sur le territoire français (voir plus loin).

2. « La Greffe », *Art. cit.*

se réserve, d'autre part, l'indépendance de ses décisions[1]. »

Et le général Lacaze d'ajouter : « La France est directement concernée par la sécurité de ses partenaires européens, en raison notamment de la relative exiguïté du théâtre Centre Europe. Aussi, l'adversaire devra-t-il être conduit à se demander où peuvent se situer géographiquement nos intérêts vitaux. Réduire en permanence ceux-ci aux seules dimensions de notre hexagone pourrait l'inciter à une action contre nos alliés, et à envisager de poursuivre sa progression jusqu'à nos frontières sans qu'il ait à redouter la menace précise de notre armement nucléaire[2]. »

Mais en voulant résoudre un problème, le chef d'état-major des armées ouvrait en même temps une nouvelle boîte de Pandore. Car en réintroduisant le lien précédemment rompu entre l'emploi de la FAR et l'utilisation du feu nucléaire, le général Lacaze ne faisait pas autre chose que de revenir à la thèse de la « sanctuarisation élargie » chère à Giscard d'Estaing. Mieux : l'affirmation selon laquelle la création de la FAR, ainsi couplée à l'engagement de nos moyens atomiques, fait peser sur l'adversaire « le risque d'affronter très tôt les forces d'un pays nucléaire », ne nous fait-elle pas évoluer vers une sorte de « riposte flexible » à la française ? Car de deux choses l'une : ou bien nous engageons la FAR à l'avant, celle-ci est détruite et nous ne faisons rien, ce qui signalerait à l'adversaire un degré plutôt faible de détermination ; ou bien nous ripostons par nos moyens nucléaires au même titre que les Américains sont censés utiliser les leurs, en cas de défaite de leur corps expéditionnaire dans le cadre de la doctrine de riposte graduée de l'OTAN. La différence cependant est que le président américain dispose d'un large éventail d'options. Ce qui n'est pas le cas du chef de l'État français. Car quelles armes utiliserions-nous ? Nos ANT, qui tomberaient sur le sol allemand (curieuse façon de rassurer cet allié), ou bien nos armes anti-cités ? Mais dans ce cas la menace du tout ou rien, déjà contestable s'agissant de la défense du seul sanctuaire, serait tout simplement illusoire dans le cas de l'engagement de la FAR[3] !

Enfin comment peut-on en même temps afficher une doctrine de riposte massive pure et dure qui exclut toute idée de combat avec les armes dites « préstratégiques », et menacer l'adversaire

---

1. Général Jeannou LACAZE, « Politique de défense et stratégie militaire de la France », *Revue de Défense nationale*, juin 1983.
2. *Ibid.*
3. Voir mon article, « La France dans l'après-Pershing », *Politique étrangère*, 1983, 4.

de recourir au nucléaire en cas d'engagement de la FAR loin de nos frontières ?

Ma seconde critique tient à la structure de nos forces classiques. Même en laissant de côté le fait que la création de la FAR, malgré la mise sur pied d'un commandement nouveau, n'ajoute pas un homme, ni un hélicoptère à nos armées (puisqu'elle résulte, comme la RDF américaine, d'une simple réorganisation de moyens existants [1]), force est de constater que cette innovation ne résout en rien l'inadaptation structurelle de nos forces classiques. Là encore le dilemme est ancien : ces forces, de par l'ambiguïté de notre doctrine et l'érosion continue des crédits militaires depuis quinze ans, sont en effet trop importantes pour ne servir que de signal ultime avant le déclenchement du feu nucléaire dans le cadre d'une stratégie de dissuasion pure et strictement nationale (thèse de la non-bataille et de l'ultime avertissement), mais en même temps trop faibles pour défendre la France par les seuls moyens classiques. Elles sont enfin insuffisamment modernisées et inadaptées à une coopération efficace avec nos alliés dans l'optique d'une bataille de l'avant en Allemagne.

Mais qu'on comprenne bien le sens de cette critique. Ce n'est pas tant le principe de cette réforme que je conteste. Au contraire, le fait même que cette initiative ait été prise et que l'on reconnaisse publiquement que la France doit « résoudre le dilemme : participation à l'Alliance et défense du territoire [2] », montre que les esprits finissent par évoluer et que l'on commence, là aussi, à se rendre compte que la stratégie du tout ou rien n'est peut-être pas suffisante dans tous les cas de figure, face, notamment, à l'importance croissante des forces classiques.

Ma critique, on l'a vu, porte sur deux points : le premier étant que l'on n'est pas allé suffisamment loin dans la remise en cause de nos schémas de pensée, et que par conséquent rien n'a fondamentalement changé dans les ambiguïtés antérieures de notre posture. Le second point est que compte tenu de la *régression* de notre effort budgétaire en matière de défense, la FAR risque de n'être qu'un expédient un peu facile face à la réalité de l'appauvrissement de l'ensemble de notre corps de bataille. Cette tendance, conjuguée avec le phénomène déjà noté de repli sur le donjon national au plan de notre doctrine stratégique, me paraît extrêmement périlleuse pour l'avenir.-

---

1. *Rapid Deployment Force,* ou Force de déploiement rapide, créée en 1980 par Jimmy Carter pour les interventions dans le tiers monde au lendemain de l'invasion soviétique de l'Afghanistan.
2. Général LACAZE, *Art. cit.*

Ma crainte est que la pente naturelle étant la plus douce, la France ne fasse que se replier sur elle-même — et sur ses armements nucléaires qu'elle tâchera de protéger contre la SDI et la course aux ABM —, en laissant tomber en désuétude son potentiel classique déjà bien affaibli derrière une contribution symbolique (avant tout destinée aux Allemands), et qui s'appelle la FAR.

Dans ce cas, bien évidemment, la déception qui s'ensuivra outre-Rhin sera à la mesure des espoirs que les Allemands avaient cru pouvoir investir dans la coopération militaire avec la France. Le résultat final serait alors bien pire que celui qu'on a voulu prévenir du côté français, précisément en créant la FAR et en relançant la coopération stratégique entre les deux pays.

# III

# Vers un nouveau concept de sécurité
# pour la France

Toutes les contradictions et les oscillations que l'on vient d'analyser dans la politique de sécurité de la Francé, ramènent au bout du compte à une seule et unique constatation : la France n'a jamais pu ou voulu choisir entre la neutralité — certes plus confortable pour elle mais parfaitement impossible en temps de paix comme en temps de guerre — et la prise en charge de responsabilités concrètes dans la défense de l'Allemagne, à la fois contradictoires au regard de la stratégie nucléaire nationale, et nécessairement coûteuses pour la totale indépendance dont elle continue de jouir dans l'élaboration et la gestion de sa politique de défense.

Depuis une dizaine d'années, sous la contrainte des transformations de son environnement politico-stratégique, la France peu à peu et non sans difficultés, a évolué vers le pôle européen, mais sans trancher toutefois le nœud gordien de la « sanctuarisation nationale ».

Bref, la France donne aujourd'hui l'impression d'être au milieu du gué, cherchant à donner aux Allemands des gages tangibles de solidarité (la FAR), sans pour autant remettre en question son propre système de dissuasion antérieur. Si bien qu'en définitive, et compte tenu de la compression continue des moyens budgétaires, le résultat final risque d'être négatif sur les deux tableaux...

Comment sortir de cette impasse ?

La première priorité consiste à savoir ce que l'on veut.

Dans l'état actuel de l'Europe, menacée de l'extérieur par l'URSS, de l'intérieur par l'affaiblissement des volontés et l'appauvrissement des potentiels de défense, et d'où les États-Unis seront amenés à se désengager de plus en plus (ce qui est déjà le cas en matière nucléaire), le danger qui nous guette tous, est de voir se généraliser la tentation du chacun pour soi. Les uns (Danemark, Grèce, Benelux) glissant dans le neutralisme de fait, les autres cherchant le salut à Washington (Grande-Bretagne) ou dans la négociation avec Moscou (RFA) tandis que nous, Français, choisirions le repli derrière notre sanctuaire atomique (en consacrant toutes nos ressources disponibles à faire que nos missiles demeurent crédibles, malgré la compétition technologique des deux grands).

Face à ce danger, la question fondamentale que nous devrions nous poser en priorité, nous Français, est de savoir si oui ou non il est concevable de défendre sérieusement la France seule derrière son « donjon ». Oui ou non, avons-nous intérêt à voir l'Europe continuer à s'affaiblir avant de s'émietter complètement ?

Certains en France, parmi nos plus hauts responsables politiques, pensent qu'une telle évolution est inévitable, qu'il est illusoire de vouloir « retenir » l'Allemagne (à moins qu'il ne soit simplement trop tard) et que la France devrait concentrer dès à présent tous ses efforts à se défendre seule. Essentiellement donc, à base d'armes atomiques.

D'autres pensent (c'est la politique du chef de l'État) que la France doit manifester sa solidarité à l'égard de l'Allemagne, mais sans toucher aux armes nucléaires et avec des moyens classiques limités (austérité financière et défense de nos frontières obligent).

D'autres enfin ont évoqué (avant de changer d'avis, apparemment) l'idée d'élargir la couverture nucléaire française à l'Allemagne, en partageant même la décision sur l'emploi de ces armes.

Mais quelle que soit la position de chacun dans ce débat au demeurant passionnant, entre nos chefs politiques, il me paraît impératif de réorienter notre politique de défense dans deux directions parallèles :

— Une plus grande *flexibilité,* tout d'abord, du concept de dissuasion. Flexibilité à la fois dans le domaine nucléaire (qui nous ferait définitivement sortir du « tout ou rien »), mais aussi au plan des forces conventionnelles, de façon à prendre en compte l'importance nouvelle des moyens classiques (*y compris* chimiques).

— Une plus grande *unité,* enfin instaurée, tant sur le plan conceptuel qu'opérationnel, dans l'ensemble de notre posture de défense : du conventionnel au nucléaire.

Fondamentalement, cette unité ne peut s'établir que sur deux lignes de défense :

— Le Rhin. Et dans ce cas soyons logiques. Mettons en place une défense du donjon et du donjon exclusivement. Cessons de nous préoccuper du « glacis » et ne dispersons pas nos forces. Gardons-nous aussi de gestes plus symboliques que réels (qu'il s'agisse de la FAR, ou dans l'opposition, de promesses de « garantie nucléaire » ne s'appuyant sur rien de concret) qui ne font qu'affaiblir notre système de défense, tout en n'étant crédibles ni pour l'allié que l'on entend conforter, ni pour l'adversaire que l'on veut dissuader.

— Deuxième hypothèse : l'Elbe. Si, comme je le pense, l'intérêt vital de la France est d'éviter à tout prix de se retrouver une fois de plus seule et en première ligne face à l'adversaire et que notre défense — celle de nos libertés, comme de notre survie — commence sur l'Elbe et non sur le Rhin, alors l'option du repli sur soi doit être exclue une fois pour toutes. Mais dans ce cas, soyons logiques avec nous-mêmes, avec l'Allemagne, comme avec l'adversaire. La seule façon de transmettre ce signal consiste à *redéployer l'ensemble de notre dispositif non plus sur le Rhin, mais sur l'Elbe précisément.*

J'entends déjà les cris horrifiés des gardiens du temple. « Comment, occuper un créneau à l'avant ? Mais vous n'y pensez pas ! Voilà notre indépendance sacrifiée à l'atlantisme ! »

Je laisserai de côté l'accusation d' « atlantisme », insulte obligée dans le débat politico-stratégique français, assenée à quiconque ose déranger les dogmes. Je crois avoir suffisamment démontré les ruptures internes du système atlantique pour qu'on comprenne qu'il n'entre pas dans mes intentions de placer la France sous les ordres des États-Unis, mais tout simplement de servir au mieux ses intérêts à elle.

Ce qui m'amène à la notion « d'indépendance ». L'un des piliers conceptuels du schéma de pensée établi en France consiste en un amalgame rapide et trompeur entre trois notions différentes : 1) la dissuasion nucléaire, qui dans le schéma gaullien s'applique exclusivement au 2) territoire national, et 3) l'indépendance qu'exige la décision d'emploi de l'atome. Mises bout à bout, comme le veut le réflexe mental français, on obtient : indépendance = dissuasion = territoire national. *Ergo* : tout ce qui est extérieur à notre territoire est contraire à notre indépendance.

L'ennui, c'est qu'un tel « raisonnement » aboutit à dévoyer la notion d'indépendance. L'indépendance de la France consiste précisément à faire en sorte qu'elle demeure libre..., et indépendante. Son « indépendance » est-elle mieux servie par un repli frileux et désastreux sur la ligne bleue des Vosges, ou au contraire par les actions qui s'imposent aux côtés de ses alliés pour la défense, en dernière analyse, de *ses* intérêts nationaux à elle ? En défendant ses libertés et sa survie sur l'Elbe, au lieu d'attendre les chars soviétiques sur le Rhin, une fois l'OTAN défaite, la France ne sacrifie pas son indépendance. Elle sert ses intérêts propres. Le reste n'est que propagande polticienne : indépendance n'a jamais voulu dire neutralité — surtout pas dans l'esprit du général de Gaulle qui, est-il besoin de le rappeler, l'a prouvé à maintes reprises.

Si l'on admet l'objectif ultime qui vient d'être proposé, la question suivante à laquelle il faut maintenant tenter de répondre est « comment ? », avec quels moyens ?

La pire façon de répondre à cette question que j'exclurai donc d'entrée de jeu — consiste à parler institutions : allons-nous réintégrer l'OTAN ? Ou bien choisir une « voie européenne » via l'UEO, la CEE ou, pourquoi pas, une organisation nouvelle créée pour la circonstance ?

Pour avoir longtemps étudié et pratiqué le droit et observé le comportement des États, je suis convaincu que la seule façon de ne *rien* faire consiste précisément à entamer un tel débat institutionnel. C'est en effet la recette la plus sûre pour se heurter de front aux inerties bureaucratiques, aux intérêts acquis, aux préjugés de chacun[1].

L'important, en effet, ce sont les réalités concrètes. Ce sont elles qui commandent par leur signification politique et psychologique. Quelles sont-elles ?

A mon sens, le système de défense de la France devrait être réorienté de la façon suivante :

1. Sur le plan du théâtre européen :

— Les trois divisions du 2ᵉ corps d'armée (soit 50 000 hom-

---

mes), augmentées de la 6ᵉ division légère blindée et de la 4ᵉ division aéromobile (ces dernières étant actuellement affectées à la FAR), devraient être déployées à l'avant, le long du front central, dans une zone à définir avec les autorités allemandes, en liaison avec l'OTAN.

— Ces unités seraient renforcées en deuxième échelon par les 7 divisions du 1ᵉʳ et du 3ᵉ corps d'armées, lesquelles seraient déployées de part et d'autres du Rhin[1]. Pourraient également s'ajouter en renfort la 9ᵉ division d'infanterie de Marine et la 11ᵉ division parachutiste (affectées actuellement à la FAR, mais généralement employées pour des missions d'intervention extérieure).

— Les unités situées en Allemagne à l'avant comme en deuxième échelon, comporteraient leurs propres armements nucléaires tactiques terrestres (Pluton puis Hadès) et aériens (ASMP)[2].

Au total, la présence militaire française en Allemagne serait pratiquement doublée en termes d'effectifs (près de 100 000 hommes) et comprendrait l'essentiel de nos moyens blindés et de lutte antichars (y compris les hélicoptères).

2. Sur le plan des armements nucléaires stratégiques, la France devrait, à la fois dans un souci de flexibilité de ses options de frappe et pour se prémunir contre le probable déploiement de systèmes ABM dans les quinze ans à venir :

— Accélérer la mise en service du septième sous-marin lanceur d'engins (SNLE) — prévue pour 1994[3] — et commander d'ores et déjà au moins deux autres SNLE. L'objectif devrait être, dans une dizaine d'années au plus tard, de compter 5 sous-marins en patrouille à tout moment au lieu de 3 en ce moment, soit au total 400 ogives (sur lanceur M-4).

— Mettre en œuvre, également au milieu de la prochaine décennie, une centaine de lanceurs sol-sol mobiles, ce qui implique soit l'accélération du programme S-X (laissé pour compte dans la présente loi de programmation militaire) soit l'achat aux États-Unis d'un nombre équivalent de lanceurs Pershing II, que nous équiperions nous-mêmes en ogives.

— Mettre à l'étude dès à présent un programme d'engins non

---

1. Le 1ᵉʳ corps venant remplacer le 2ᵉ corps dans ses positions actuelles en RFA.
2. Ce qui autoriserait une frappe en profondeur du dispositif soviétique au-delà des deux États allemands.
3. Ce septième SNLE ne sera en fait que le sixième, dans la mesure où notre premier sous-marin nucléaire, le *Redoutable*, en opération depuis 1971, devra être retiré du service à peu près à cette date.

balistiques et en priorité celui du missile de croisière supersonique ;

— Mettre à l'étude l'éventuelle introduction de systèmes anti-missiles pour la protection de nos principales installations nucléaires fixes (y compris les centres de commandement et de transmissions).

— Préparer le lancement d'un premier satellite militaire d'observation pour la fin de la présente décennie, et développer au maximum les activités spatiales à l'échelle européenne.

L'ensemble de ces moyens classiques et nucléaires tactiques devrait s'articuler autour d'une doctrine, mise en œuvre conjointement entre la France et l'Allemagne, au sein d'un groupe de planification nucléaire d'abord bilatéral, mais qui pourrait par la suite être élargi à la Grande-Bretagne (également détentrice d'ANT sur le sol allemand). La décision d'emploi de ces armes, après consultation avec les autorités de la RFA, resterait exclusivement aux mains du président de la République française, la France gardant un contrôle exclusif sur ses armes nucléaires stratégiques. Quant au stationnement des forces françaises en RFA, celui-ci resterait soumis, comme c'est présentement le cas, à un accord bilatéral franco-allemand. Leur coordination opérationnelle avec les autres forces alliées nécessiterait des accords techniques avec la RFA et l'OTAN, dans le prolongement de ceux qui existent déjà, mais n'exigerait nulle réintégration de la France dans le commandement intégré de l'OTAN.

Voilà pour les grandes lignes de ce qui pourrait être fait. Les avantages d'une telle révision sont évidents :

— Politiquement, une telle initiative aurait un impact immense en RFA : elle permettrait non seulement de restabiliser le consensus intérieur sur la défense et l'appartenance au camp occidental, mais elle donnerait une nouvelle chance à l'idée européenne, la seule qui à long terme puisse permettre de « sortir de Yalta ». L'initiative de la France aurait également pour résultat d'enrayer les tendances néo-isolationnistes aux États-Unis, en démontrant que les Européens, enfin, sont capables de prendre en main leur propre défense. Enfin, à l'échelle de l'ensemble des démocraties d'Europe, une telle initiative ne pourrait qu'endiguer le processus de résignation défaitiste en cours, en redonnant aux Européens la confiance en eux-mêmes qu'ils ont perdue.

— Militairement, l'adjonction de cinq divisions françaises sur l'Elbe, dotées de surcroît de moyens nucléaires à longue portée, enrayerait le dangereux processus de dénucléarisation entamé dans la posture de l'OTAN. Elle réintroduirait chez l'adversaire le risque de voir toute agression classique en Centre Europe dégénérer rapidement à l'échelle nucléaire. Risque d'autant plus réel que la France se dotera, au plan stratégique, de vecteurs précis et diversifiés, donc capables de frappes sélectives sur les centres politiques et militaires vitaux de l'URSS.

On entend souvent dire chez nous que la France n'a pas les moyens d'élargir sa garantie nucléaire à la RFA. Et quand bien même elle le ferait, elle ne serait pas crédible, puisque les Américains eux-mêmes ne le sont pas[1].

Je prétends, quant à moi, exactement l'inverse. Ce qui n'est pas crédible, c'est la stratégie du donjon qui sépare la France de l'Allemagne et condamne l'assiégé à la mort lente ou au suicide. Ce qui est crédible, au contraire, c'est d'unir les moyens classiques des deux pays, comme le suggérait Helmut Schmidt dans un important discours au Bundestag en juin 1984[2], et de leur donner de surcroît des capacités nucléaires à longue portée. A elles seules, ces forces modernisées (surtout pour ce qui concerne les divisions françaises), devraient permettre, au minimum, d'enrayer le premier assaut des 20 divisions soviétiques de l'Allemagne de l'Est. Après quoi, l'URSS ne pourrait plus ignorer le risque d'escalade : car, si les États-Unis, distants de 6 000 kilomètres, peuvent légitimement hésiter à franchir ce seuil, même devant le risque de perdre leur corps expéditionnaire en Allemagne, l'alternative est tout autre pour la France qui *est* en Europe et qui risquerait bien plus, en cas de défaite, que la seule perte de ses divisions.

On me répondra que jamais l'opinion publique française n'accepterait de lier ainsi son destin à celui de l'Allemagne. Voire : lui a-t-on expliqué l'alternative *réelle,* qui résulte des ambiguïtés actuelles ? Ne vaut-il pas mieux dissuader à deux que risquer seul l'alternative terrible capitulation-suicide ?

On me dira enfin que financièrement, tout cela est parfaitement irréaliste. Mais croit-on que la situation actuelle l'est moins ? Le fait est qu'avec les budgets stagnants et désormais en régression des dix ou quinze dernières années nous nous trouvons aujourd'hui avec des forces nucléaires insuffisamment modernisées (à force d'étaler les programmes : qu'il s'agisse du septième SNLE,

---

1. Voir par exemple André ADRETS, *Art. cit.*
2. Ce discours a été publié en français dans *Commentaires,* automne 1984.

du S-X, ou du projet de satellite SAMRO repoussé aux calendes grecques), et des forces conventionnelles cruellement sous-équipées : sans chars modernes, sans protection antiaérienne et avec une aviation réduite au strict minimum. Ce qui est irréaliste, c'est de penser qu'avec de tels budgets, la France pourra espérer continuer de posséder, à échelle plus réduite certes, la « triade » complète des super-puissances : nucléaire, classique, intervention extérieure.

D'un point de vue financier — et en laissant de côté toute autre considération politique ou stratégique —, la défense de la France seule, par nos seuls moyens — à supposer qu'elle soit possible — serait infiniment plus onéreuse qu'une défense élargie à l'avant en conjonction avec l'Allemagne. D'autant que, dans ce dernier cas, il serait possible d'envisager un apport financier de la RFA, ainsi que le suggérait Helmut Schmidt, pour la modernisation de nos moyens classiques notamment. En effet, seule une initiative aussi fondamentale que celle qui vient d'être suggérée ici pourrait être de nature à donner un réel essor à la coopération intra-européenne en matière d'armements (y compris dans des domaines nouveaux comme l'espace). Sans le support indispensable d'une stratégie commune (qui fait défaut aujourd'hui) cette coopération poursuivra son médiocre chemin actuel, qui, à terme, condamne l'ensemble des industries européennes d'armements face aux géants industriels américains.

Mais, quelle que soit l'orientation qui sera finalement retenue, que la France se replie sur elle-même ou qu'elle choisisse la voie de la défense à l'avant en liaison avec la RFA, il est clair que les Français devront consentir à l'avenir un effort financier considérable en faveur de leur sécurité. Il incombe aux politiques de le dire sans détour à l'opinion : après tout, la première sécurité sociale d'une nation est sa sécurité tout court. Et les dépenses militaires sont, contrairement aux mythes répandus, le plus souvent des investissements productifs notamment dans les domaines de la recherche et de l'industrie de haute technologie[1].

---

1. Sans entrer dans le chiffrage détaillé des mesures proposées ici et sur la base des évaluations déjà effectuées tant par les planificateurs militaires que par différents travaux parlementaires, il paraît tout à fait possible d'obtenir cet accroissement nécessaire de nos moyens tant nucléaires que conventionnels en faisant passer notre budget de défense de 3,5 % à 5 % du PNB. Un effort à notre portée, par conséquent, et qui est avant tout affaire de volonté politique. La base de référence retenue par les planificateurs du ministère de la Défense pour que tous les programmes de modernisation actuellement prévus puissent « passer » (c'est-à-dire être financés convenablement) est de l'ordre de 4,5 % du PIBM. Par ailleurs, les travaux très détaillés de la Commission Tourrain en 1979-1980 ont montré qu'un accroissement beaucoup plus conséquent que celui qui est proposé ici pour nos forces nucléaires (y compris notamment le doublement de la flotte de SNLE) pourrait être obtenu pour une somme de 80 milliards de francs (soit la moitié d'un budget annuel de la défense). La Commission recommandait elle aussi le passage à 4,5 puis à 5 % du PNB échelonné sur 8 ans. (Voir Rapport d'Information de la Commission de la Défense nationale et des forces armées sur « l'état et la modernisation des forces nucléaires françaises », Assemblée nationale, Doc. n° 1730 (mai 1980).)

Mais allons plus loin. Pour essentielle qu'elle puisse être, la sécurité n'est pas une fin en soi. Car la question qui se pose à l'Europe n'est pas seulement celle de sa propre défense dans un environnement stratégique bouleversé, mais aussi, et peut-être surtout, le pourquoi de cette défense : ce que les Européens conservent encore de leurs valeurs et de leur civilisation qui mérite d'être protégé.

De ce point de vue, et au-delà de ses seuls aspects militaires, l'initiative proposée ici est également la condition de la nécessaire redéfinition d'un projet politique européen, qui passe certes par la sécurité, mais qui englobera la question plus vaste de l'identité de l'Europe face au défi politique et militaire de l'URSS et à celui, économique et technologique des États-Unis.

Ne nous leurrons pas : ce n'est ni à Washington ni à Moscou que les Européens trouveront la solution de leurs problèmes, mais en agissant eux-mêmes. Or, ici, seule la France, par la position particulière qu'elle occupe dans l'ensemble européen, est en mesure d'agir avec vigueur et imagination pour relancer une dynamique européenne engluée dans la bureaucratie bruxelloise, et la dé-responsabilisation d'opinions publiques habituées depuis trop longtemps à confier leur sécurité, donc leur avenir, au protecteur américain.

Helmut Schmidt, lors de l'une de ses dernières déclarations à la presse en tant que Chancelier en février 1982, illustra parfaitement mon propos en parlant de l'Europe comme d'un « ensemble de nations commerçantes avant tout attachées à la paix ». L'Histoire malheureusement montre que les peuples sans autre idéal que le commerce, et sans moyens autonomes de se défendre eux-mêmes, ont rarement réussi à préserver leur paix face aux appétits extérieurs. La notion selon laquelle l'Europe doit rester une puissance « civile » par opposition aux deux grands « militaires », et qu'elle est condamnée à la division à perpétuité en même temps qu'au protectorat de l'un ou à l'asservissement par l'autre, est une idée que nous devons nous efforcer de supprimer du mode de pensée européen. Et la meilleure façon de le faire est d'agir très concrètement en vue de prendre en charge par nous-mêmes et progressivement l'essentiel de notre propre défense.

Dans cette perspective, si j'ai insisté à dessein sur les initiatives concrètes qui pourraient être prises, c'est aussi pour montrer que la question de la « défense européenne » doit cesser d'être conçue en termes abstraits, comme cela a malheureusement été le cas depuis près de quarante ans.

Laissons donc de côté les grandes déclarations de principes trop souvent entendues, mais qui pour l'essentiel restent sans lendemain faute de contenu concret ! L'heure n'est plus à la philosophie des institutions européennes, le problème n'est pas de créer demain des « États-Unis d'Europe » dotés d'un gouvernement supranational, ni de savoir s'il faut commencer par la défense en attendant l'union politique ou l'inverse — le vieux problème européen de la poule et de l'œuf. Il n'est pas non plus d'envisager la coopération entre Européens comme irrémédiablement antinomique avec le maintien d'une alliance avec les États-Unis. Car cette alliance, indispensable pour les deux parties, sera de toute façon amenée à être rééquilibrée : mieux vaut que les Européens en prennent l'initiative en assumant eux-mêmes une part accrue de leur propre défense, plutôt que d'attendre que le Congrès ne dicte lui-même les termes du retrait américain.

Je ne prétends pas, bien sûr, que la refonte de notre système de défense qui vient d'être présentée, résoudra tous nos problèmes et tous ceux de l'Europe. Je me doute aussi qu'elle soulèvera une multitude de critiques de tous ordres, du politique à la technique militaire. Je tenais cependant à l'exposer dans ses grandes lignes, malgré toutes ses insuffisances, parce que je suis profondément convaincu que la révolution stratégique que nous vivons en Europe, et que j'ai tenté d'exposer dans ce livre, impose des actions au moins aussi « révolutionnaires » dans leur conception et dans leurs conséquences. Pour ma part, contrairement aux « Europessimistes » de notre continent et aux néo-conservateurs d'outre-Atlantique, je demeure convaincu que le sort de l'Europe est encore loin d'être scellé. Aucun « sens » de l'Histoire, comme on dit à Moscou, aucune fatalité ne nous condamne à la décadence économique ni à l'asservissement politique. Il ne tient qu'à nous Européens, à commencer par nous Français, d'attirer ou non ce sort peu enviable sur notre civilisation.

Mais, attention ! Si la passivité et la résignation devaient remplacer l'imagination et la volonté, le théorème de Raymond Aron, « Paix impossible, guerre improbable » risquerait alors de ne plus s'appliquer. Face à une Europe désunie et faible, de plus en plus coupée des Américains, la guerre redeviendrait tentante, donc possible. A moins que la Pax Sovietica ne la précède...

En dernière analyse, le sort de l'Europe et de la France est et restera affaire de volonté. *Notre* volonté.

ANNEXES

CARTES ET TABLEAUX

**ANNEXE I**

**LE RAPPORT DES FORCES MILITAIRES
PAR PRINCIPALES CATEGORIES D'ARMEMENTS**

# I. Armements conventionnels

*1. Evolution du rapport des forces sur l'ensemble du théâtre européen entre 1970 et 1983*

**Nombre de divisions OTAN/Pacte de Varsovie en Europe***

| OTAN | | Pacte de Varsovie | |
|---|---|---|---|
| 1970 | 1983 | 1970 | 1983 |
| 79 | 84 | 166 | 173 |

* Le nombre de divisions résulte de la somme des divisions présentes ainsi que des brigades et régiments supplémentaires exprimés en équivalents de divisions.

**Principales augmentations de la valeur opérationnelle des divisions soviétiques depuis 1970** *(en %)*

| | Divisions de fusiliers motorisés | Divisions blindées |
|---|---|---|
| **Effectifs** | + 18 | + 22 |
| **Chars de combat** | + 2 | + 5 |
| **VCI*** | + 58 | + 200 |
| **Pièces d'artillerie** | + 75 | + 100 |
| **Missiles guidés antichars** | + 120 | ± 0 |

* VCI : Véhicules de combat et d'infanterie.

## Systèmes d'armes principaux

|  | OTAN | | Pacte de Varsovie | |
|---|---|---|---|---|
|  | 1970 | 1983 | 1970 | 1983 |
| Chars de combat | 10 300 | 13 000* | 32 000 | 42 500 |
| Armes guidées anti-chars | 1 250 | 8 100 | 4 700 | 24 300 |
| Artillerie/mortiers (tubes de 100 mm, et plus, y compris les lance-roquettes) | 14 000 | 10 750 | 23 000 | 31 500 |
| Véhicules blindés de combat d'infanterie | 23 000 | 30 000 | 40 100 | 78 800 |

* La somme des chars de combat stationnés en Europe du Nord, Europe centrale et Europe du Sud ne donne qu'un total de 12 850 chars, la différence de 150 chars par rapport aux 13 000 mentionnés ci-dessus résulte des arrondissements effectués lors de la distribution du potentiel total suivant la comparaison des forces adoptée par l'OTAN.

## Avions de combat de l'OTAN et du Pacte de Varsovie en Europe

|  | OTAN | | Pacte de Varsovie | |
|---|---|---|---|---|
|  | 1970 | 1983* | 1970 | 1983 |
| Avions de combat | 2 800 | 2 975 (500) | 6 900 | 6 890 |
| dont<br>chasseurs bombardiers | 1 700 | 1 950 (295) | 1 500 | 1 920 |
| intercepteurs | 650 | 740 (135) | 4 800 | 4 370 |
| avions de reconnaissance | 450 | 285 (50) | 600 | 600 |

* Le nombre d'avions français est indiqué entre parenthèses.

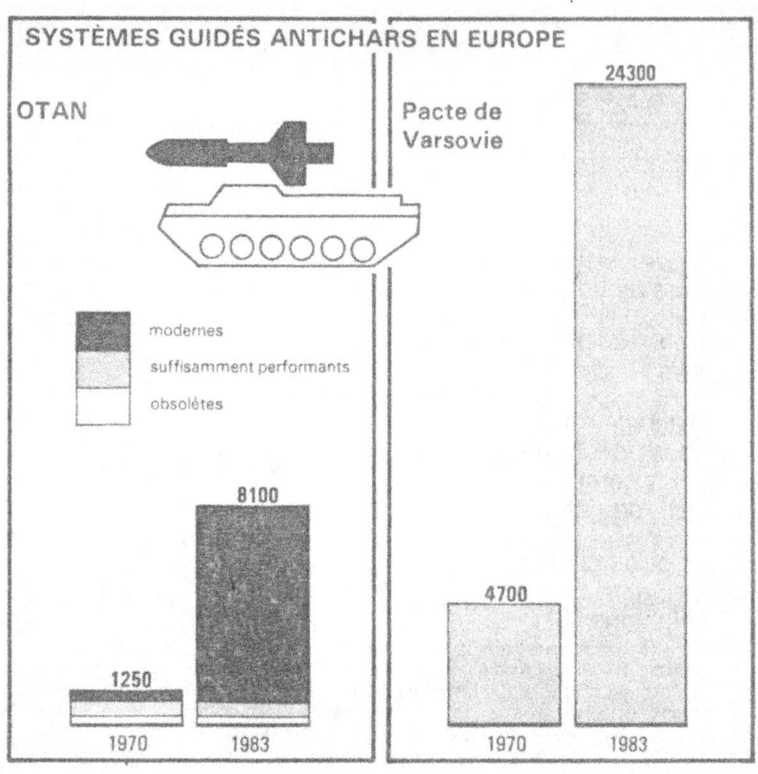

SYSTÈMES GUIDÉS ANTICHARS EN EUROPE
OTAN
Pacte de
Varsovie
24300
modernes
suffisamment performants
obsolètes
8100
4700
1250
1970
1983
1970
1983


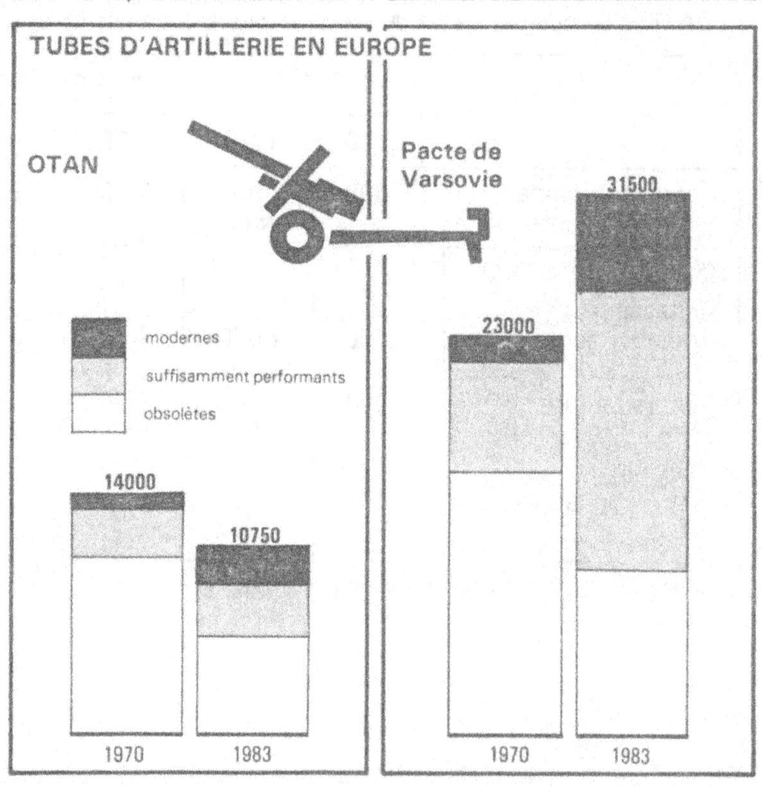

TUBES D'ARTILLERIE EN EUROPE
OTAN
Pacte de
Varsovie
31500
modernes
suffisamment performants
obsolètes
23000
14000
10750
1970
1983
1970
1983

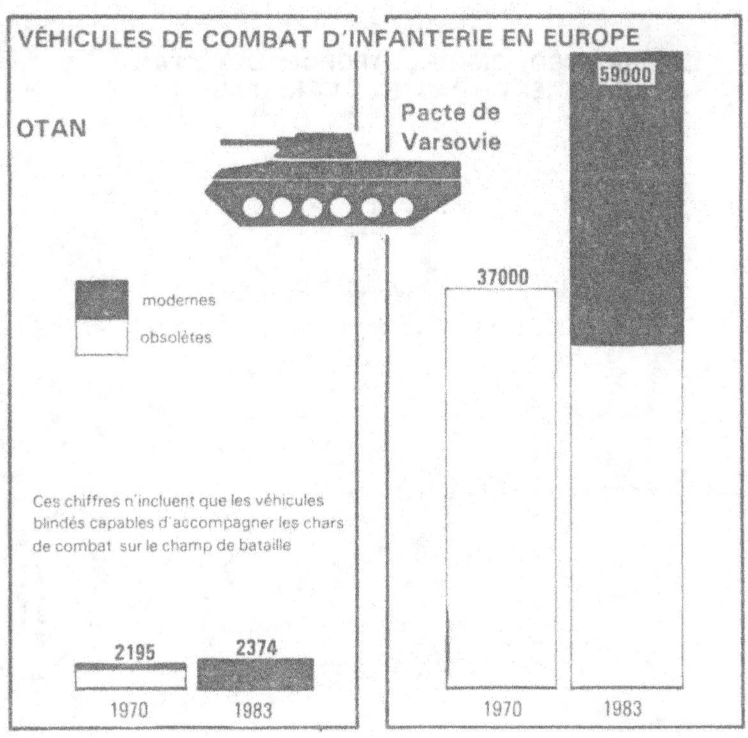

VÉHICULES DE COMBAT D'INFANTERIE EN EUROPE
OTAN
Pacte de
Varsovie
59000
modernes
obsolètes
37000
Ces chiffres n'incluent que les véhicules
blindés capables d'accompagner les chars
de combat sur le champ de bataille
2195
2374
1970
1983
1970
1983


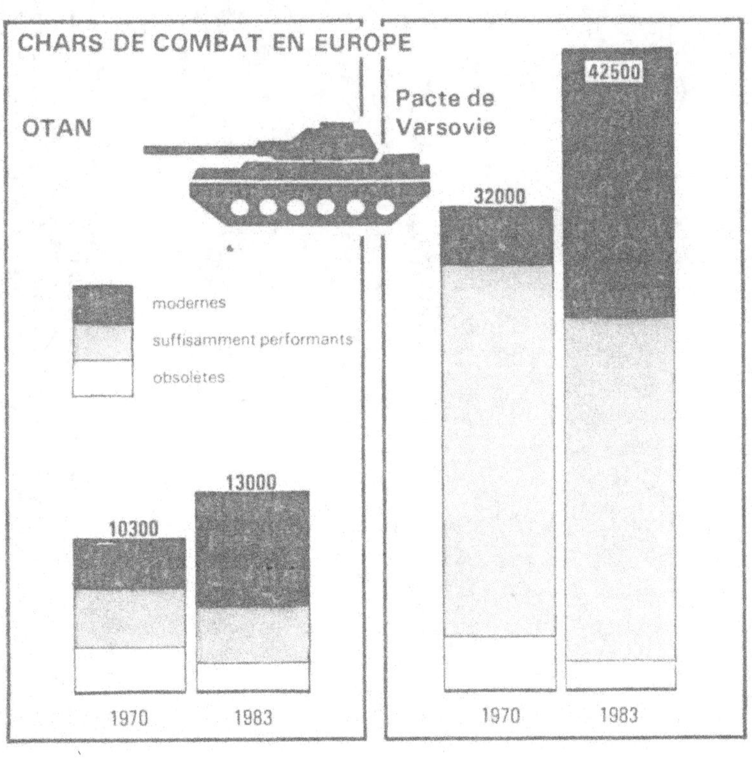

CHARS DE COMBAT EN EUROPE
OTAN
Pacte de
Varsovie
42500
32000
modernes
suffisamment performants
obsolètes
13000
10300
1970
1983
1970
1983

# COMPARAISON ENTRE LES FORCES DE L'OTAN ET CELLES DU PACTE DE VARSOVIE*

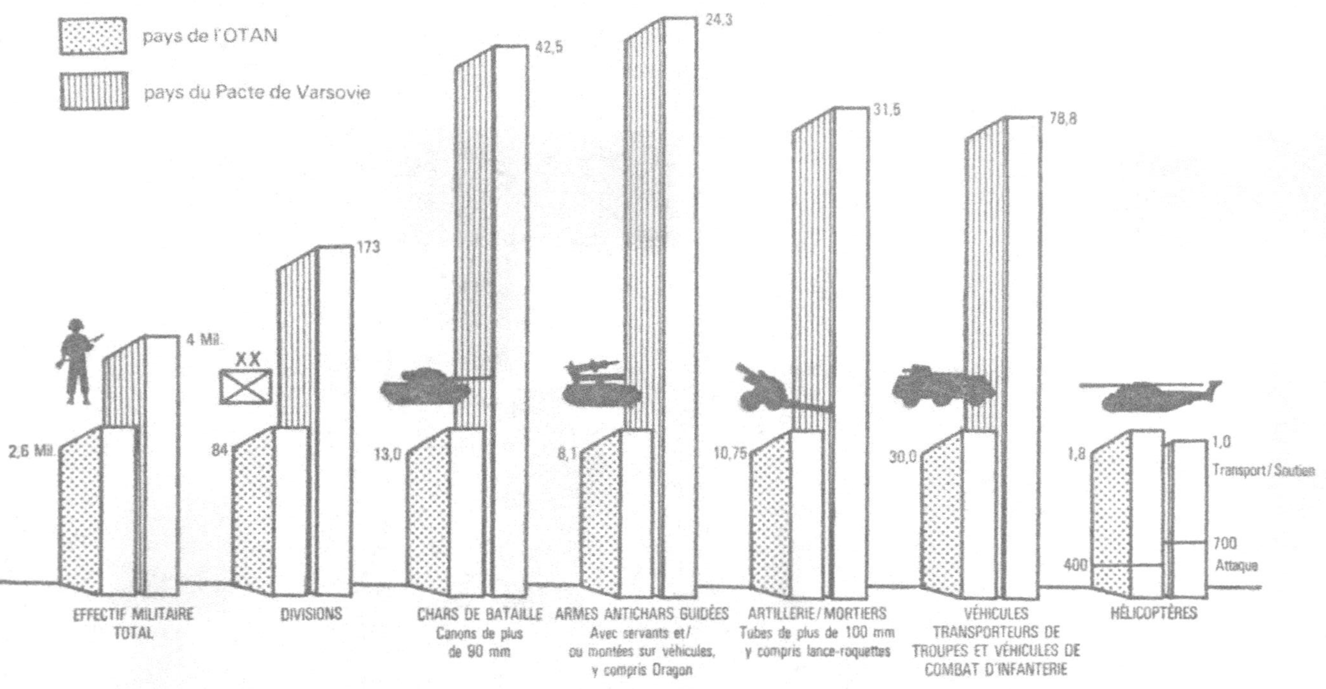


✻ en 1981

NOTES : 1. Les divisions du Pacte de Varsovie ont en général des effectifs moins nombreux qu'une grande partie de celles de l'OTAN, mais elles comptent plus de chars et de pièces d'artillerie, ce qui leur donne un potentiel de combat similaire.

2. Forces en place dans les pays européens de l'OTAN et dans les pays du Pacte de Varsovie jusqu'aux trois régions militaires (Moscou, Volga et Oural) de Russie Occidentale, non comprises.

*2. Région centre Europe : évolution du rapport des forces conventionnelles entre 1965 et 1980.*

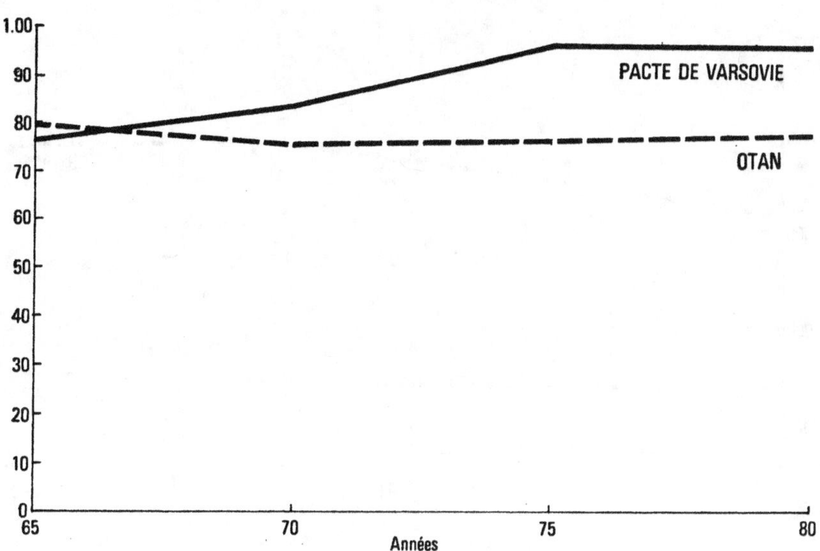



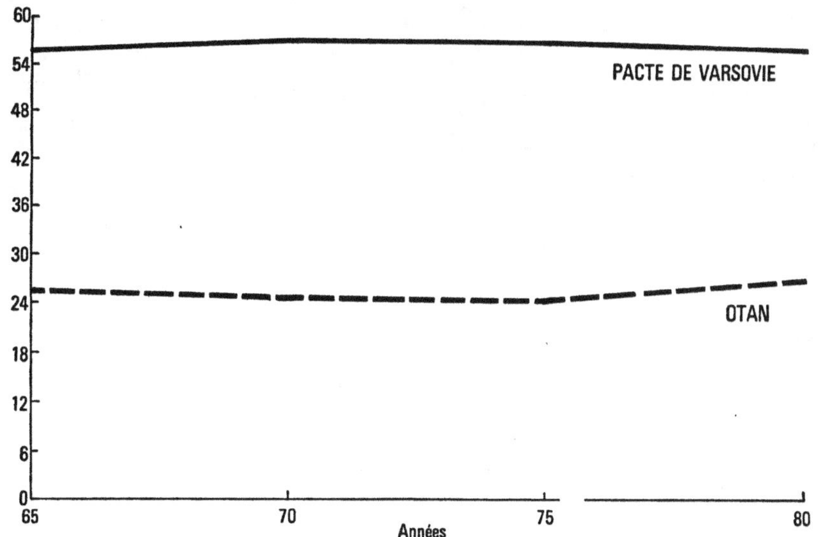

## CHARS DE COMBAT

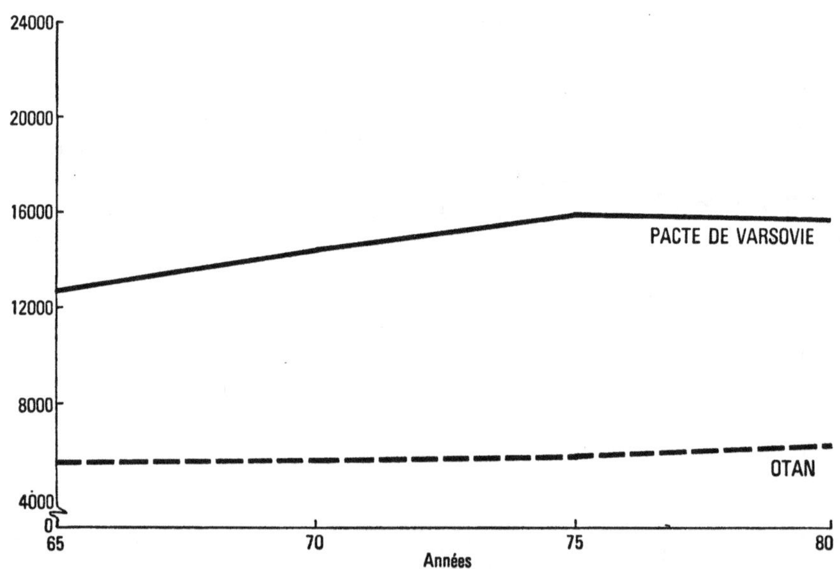


## VÉHICULES D'INFANTERIE BLINDÉS

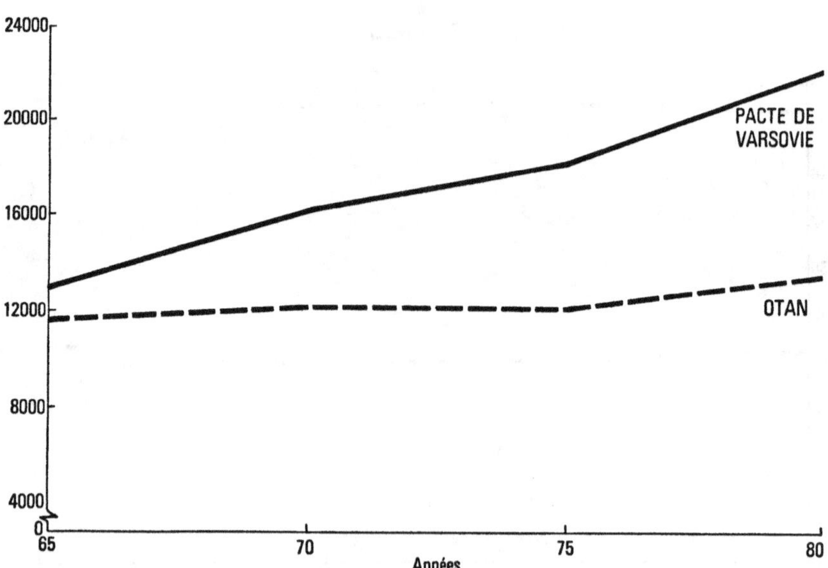

## ARTILLERIE ANTITANK

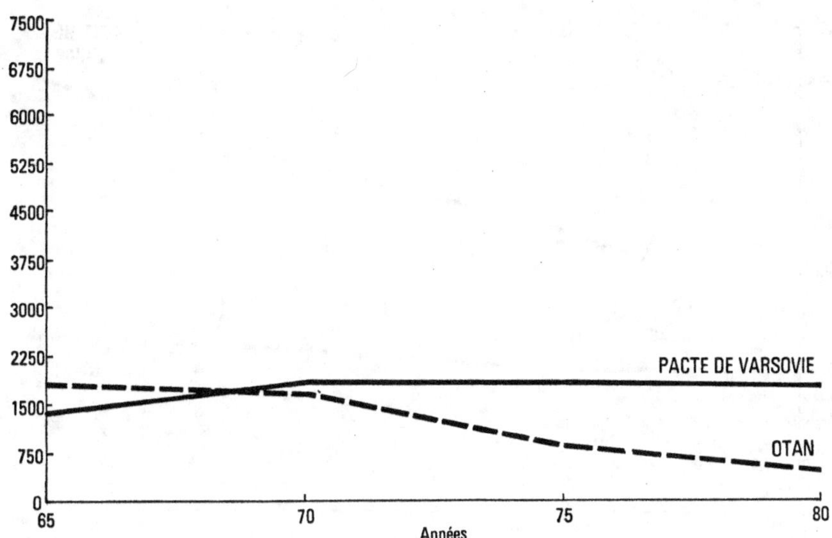


## MISSILES GUIDÉS ANTITANK

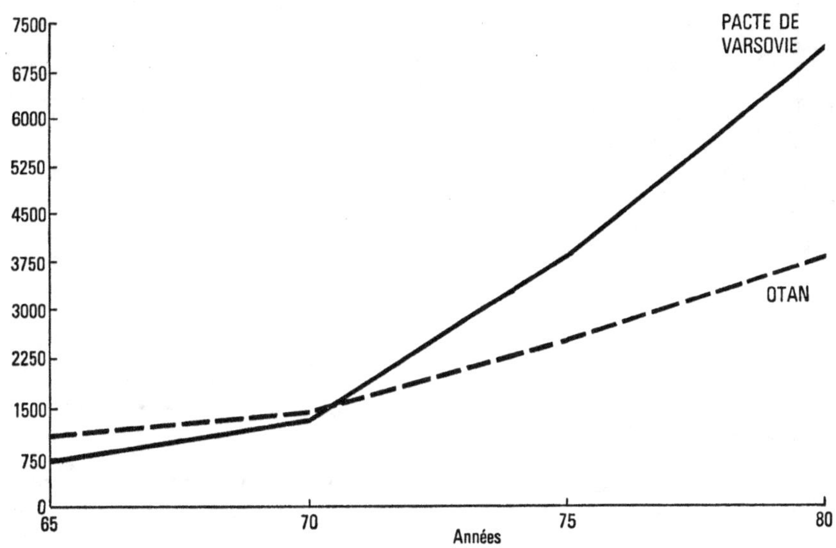

## TUBES D'ARTILLERIE

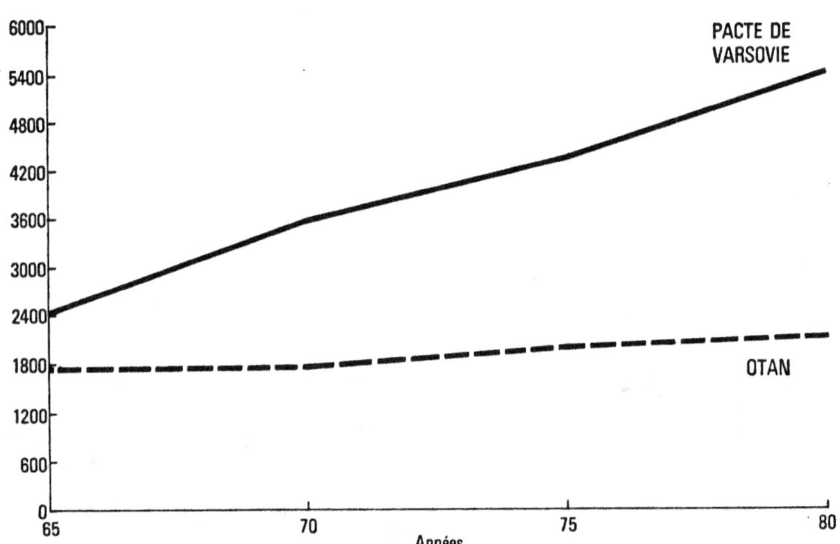


## TUBES LANCE-MISSILES MULTIPLES

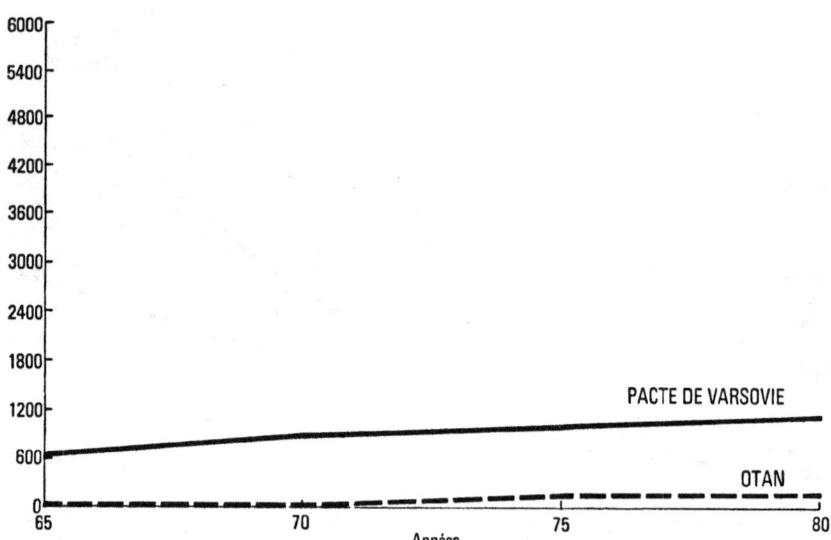

## AVIONS DE COMBAT

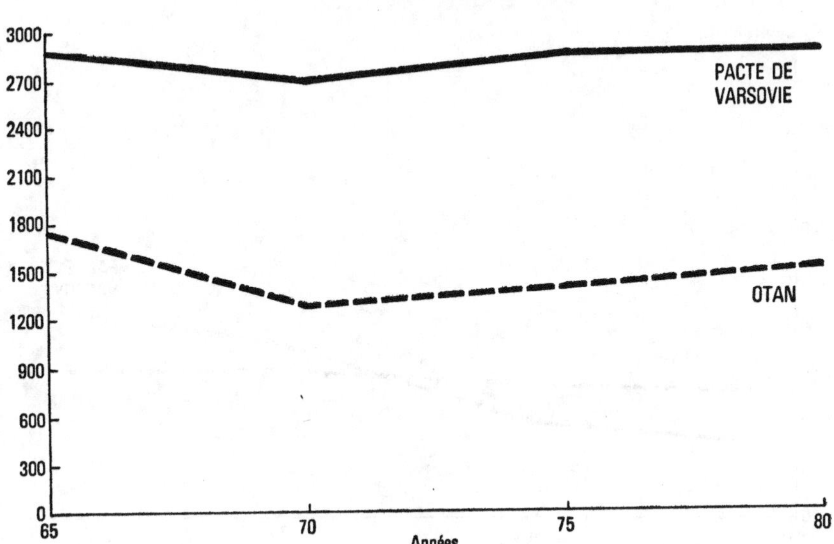



## HÉLICOPTÈRES D'ATTAQUES BLINDÉS

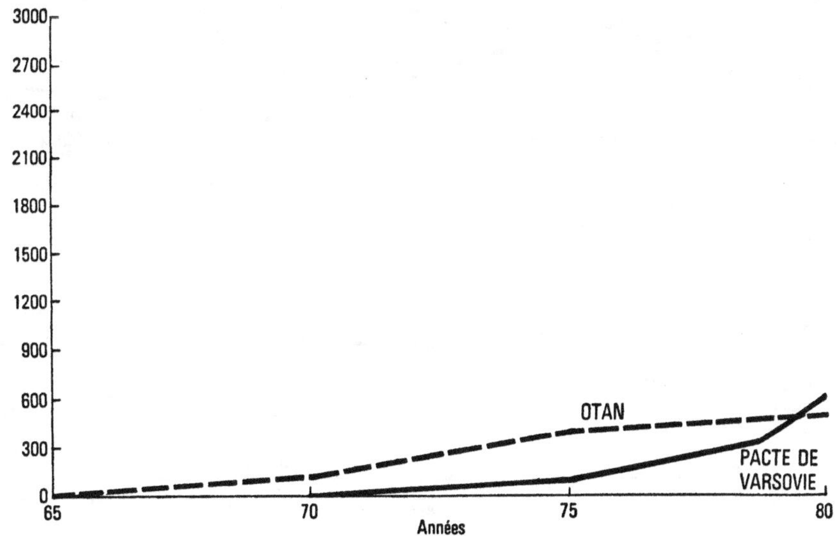

## MISSILES SOL-AIR

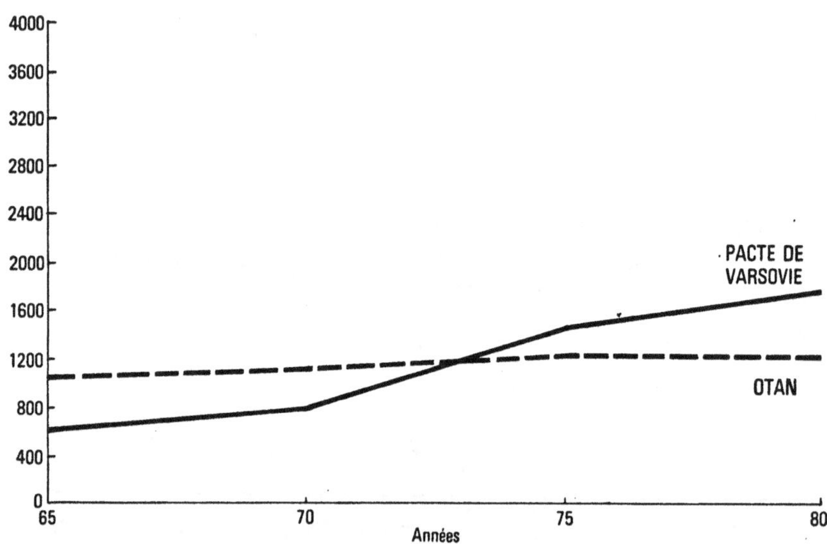


## ARTILLERIE ANTI-AÉRIENNE

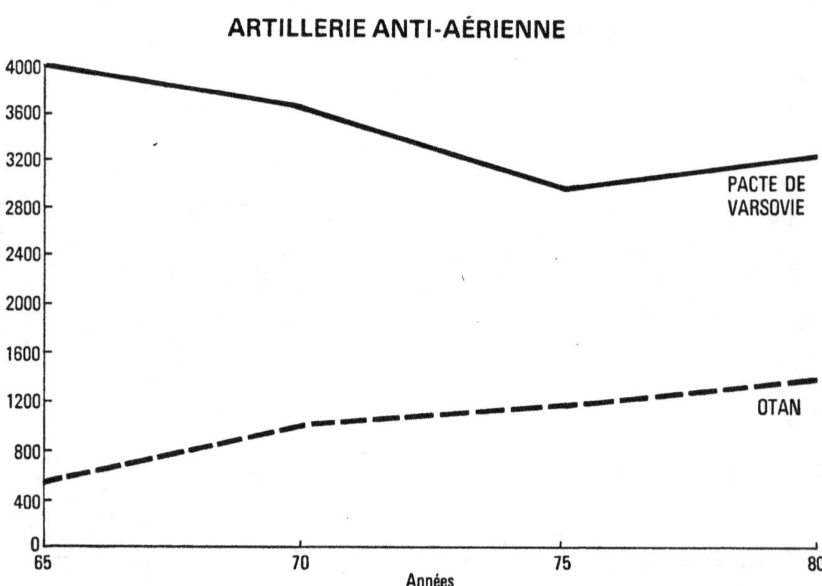

## II. Armements nucléaires
### 1. Armes nucléaires stratégiques

**Evolution du nombre des vecteurs stratégiques américains et soviétiques entre 1968 et 1983**

| Etats Unis | 1968 | 1969 | 1970 | 1971 | 1972 | 1973 | 1974 | 1975 | 1976 | 1977 | 1978 | 1979 | 1980 | 1981 | 1982 | 1983 |
|---|---|---|---|---|---|---|---|---|---|---|---|---|---|---|---|---|
| ICBM | 1 054 | 1 054 | 1 054 | 1 054 | 1 054 | 1 054 | 1 054 | 1 054 | 1 054 | 1 054 | 1 054 | 1 054 | 1 054 | 1 052 | 1 052 | 1 045 |
| SLBM | 656 | 656 | 656 | 656 | 656 | 656 | 656 | 656 | 656 | 656 | 656 | 656 | 656 | 576 | 520 | 568 |
| Bombardiers | 545 | 560 | 400 | 360 | 390 | 397 | 397 | 397 | 387 | 373 | 366 | 365 | 338 | 316 | 316 | 272 |

| Union soviétique | 1968 | 1969 | 1970 | 1971 | 1972 | 1973 | 1974 | 1975 | 1976 | 1977 | 1978 | 1979 | 1980 | 1981 | 1982 | 1983 |
|---|---|---|---|---|---|---|---|---|---|---|---|---|---|---|---|---|
| ICBM | 858 | 1 028 | 1 513 | 1 527 | 1 527 | 1 575 | 1 618 | 1 527 | 1 477 | 1 350 | 1 400 | 1 398 | 1 398 | 1 398 | 1 398 | 1 398 |
| SLBM | 121 | 196 | 304 | 448 | 500 | 628 | 720 | 784 | 845 | 909 | 1 028 | 1 028 | 1 028 | 989 | 989 | 989 |
| Bombardiers | 155 | 145 | 140 | 140 | 140 | 140 | 140 | 135 | 135 | 135 | 135 | 156 | 156 | 150 | 150 | 150 |

# GÉNÉRATIONS SUCCESSIVES DE MISSILES STRATÉGIQUES
## (1960-1980)

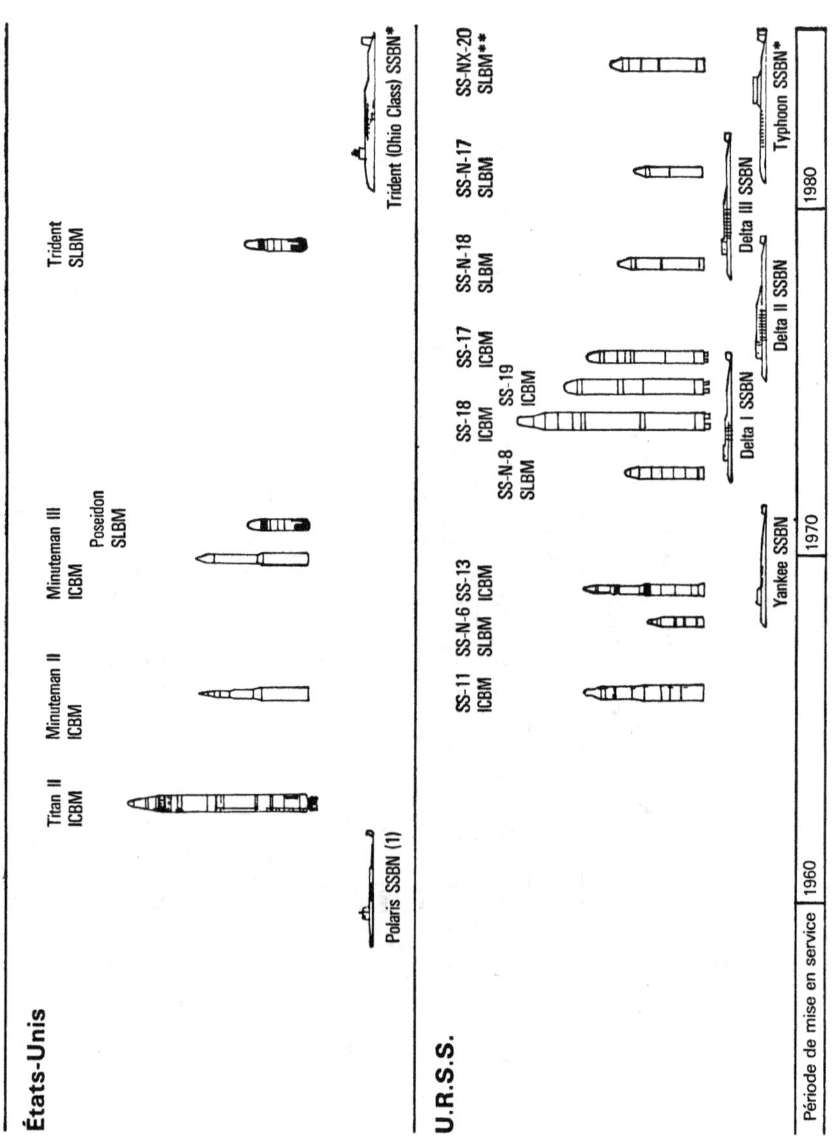


* Essais en mer en cours    ** Essais en vol en cours

(1) Trente-et-un sous-marins Polaris ont été modifiés pour leur permettre de porter des missiles Poseidon ; parmi ces sous-marins douze sont en train d'être modifiés pour leur permettre de porter des missiles Trident I (C-4).

LEGENDE :
ICBM = Missile balistique intercontinentale
SLBM = Missile balistique à lanceur sous-marin
SSBN = Sous-marin lanceur de missiles nucléaires balistiques

# OGIVES STRATÉGIQUES

## A. Nombre d'ogives pour 1971-1981

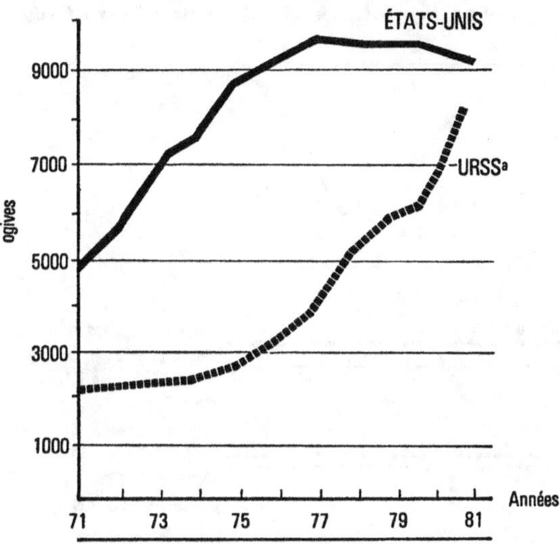


a - Si tous les missiles soviétiques étaient MIRVés dans la limite de leur capacité aux essais, le nombre total des ogives soviétiques serait de l'ordre de 8.500.

## B. Totaux d'ogives actuels

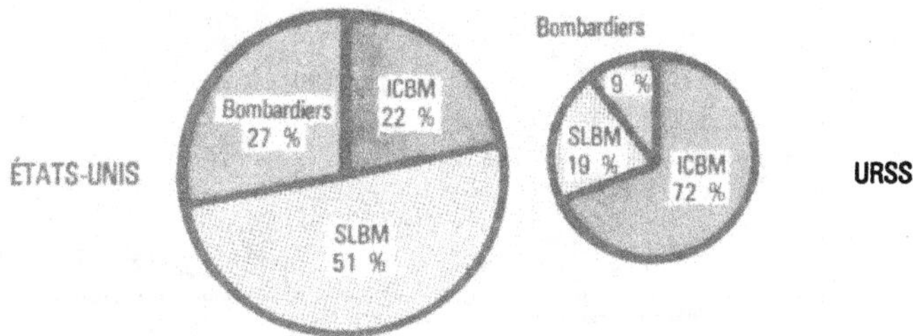


## C. Équivalent charge utile éjectable

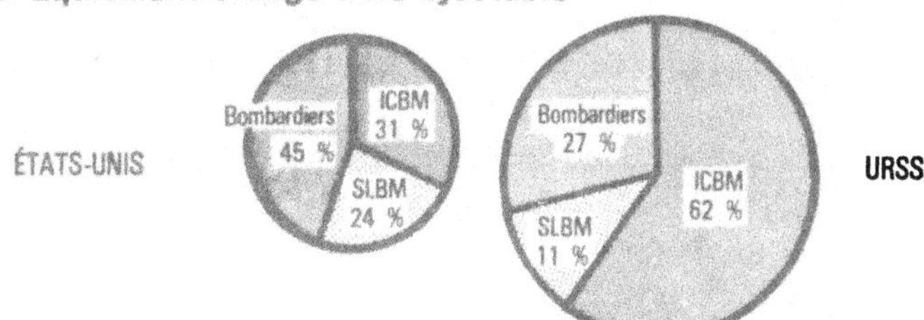


1981 FORCES STRATÉGIQUES DES ÉTATS-UNIS ET DE L'URSS
- Total des forces d'active
- Y compris FB-111
- Y compris forces de l'aéronavale et de l'aviation à long rayon d'action (BACKFIRE)

# VULNÉRABILITÉ DES ICBM BASÉS A TERRE

## A. Vulnérabilité de la force d'ICBM des États-Unis

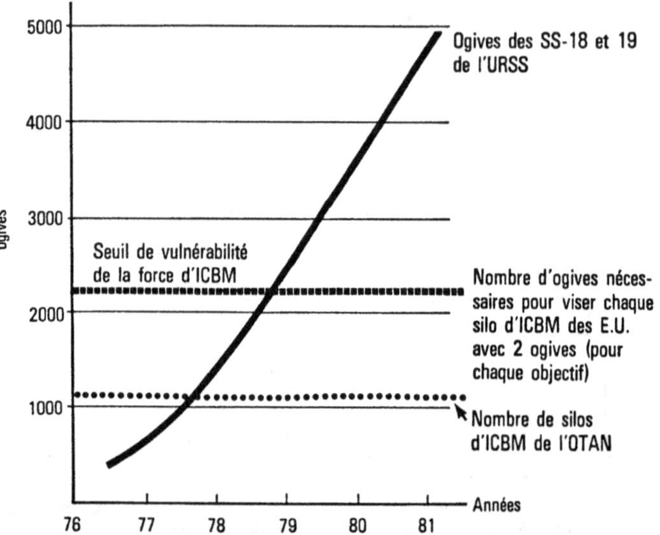


## B. Vulnérabilité de la force d'ICBM de l'URSS

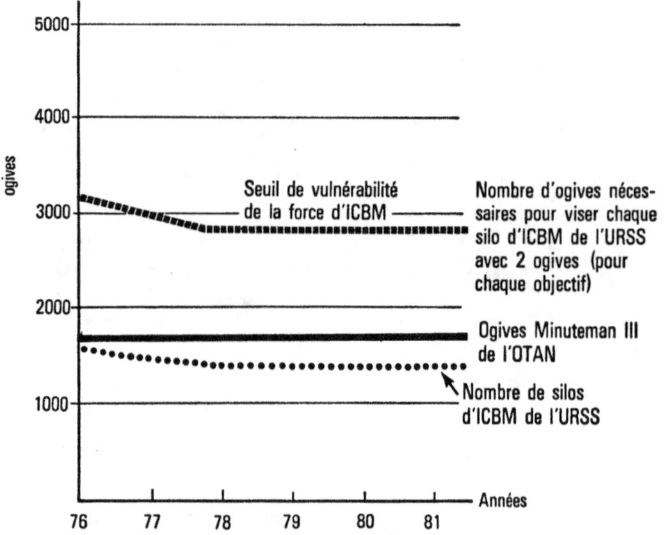


Seul le Minuteman III des États-Unis et les ICBM SS-18 et 19 de l'URSS portent des ogives ayant la puissance et la précision nécessaires. Les États-Unis possèdent actuellement environ 1.650 ogives sur Minuteman III, alors que l'URSS a déployé plus de 4.800 ogives sur SS-18 et 19 prenant pour hypothèse la capacité maximale aux essais.

## 2. *Armes nucléaires à portée intermédiaire en Europe*

**Nombre total de têtes nucléaires équipant
les missiles soviétiques à longue portée basés à terre**

|  | 1976 | 1977 | 1978 | 1979 | 1980 | 1981 | 1982 | 1983 |
|---|---|---|---|---|---|---|---|---|
| SS-20, SS-4/-5 | 640 | 600 | 827 | 870 | 1 000 | 1 100 | 1 269 | 1 301 |

**Nombre total dans le cas d'un
rechargement pour les SS-20***

|  | 1976 | 1977 | 1978 | 1979 | 1980 | 1981 | 1982 | 1983 |
|---|---|---|---|---|---|---|---|---|
| SS-20, SS-4/-5 | 670 | 630 | 1 151 | 1 290 | 1 600 | 1 800 | 2 268 | 2 354 |

* Chaque rampe de missile SS-20 est équipée d'au moins un missile supplémentaire de recharge.
(État à la fin de chaque année ; pour 1983, état à la fin septembre 1983)

## COUVERTURE DE L'EUROPE A PARTIR DE BASES DE SS-20 SITUÉES A L'EST DE L'OURAL

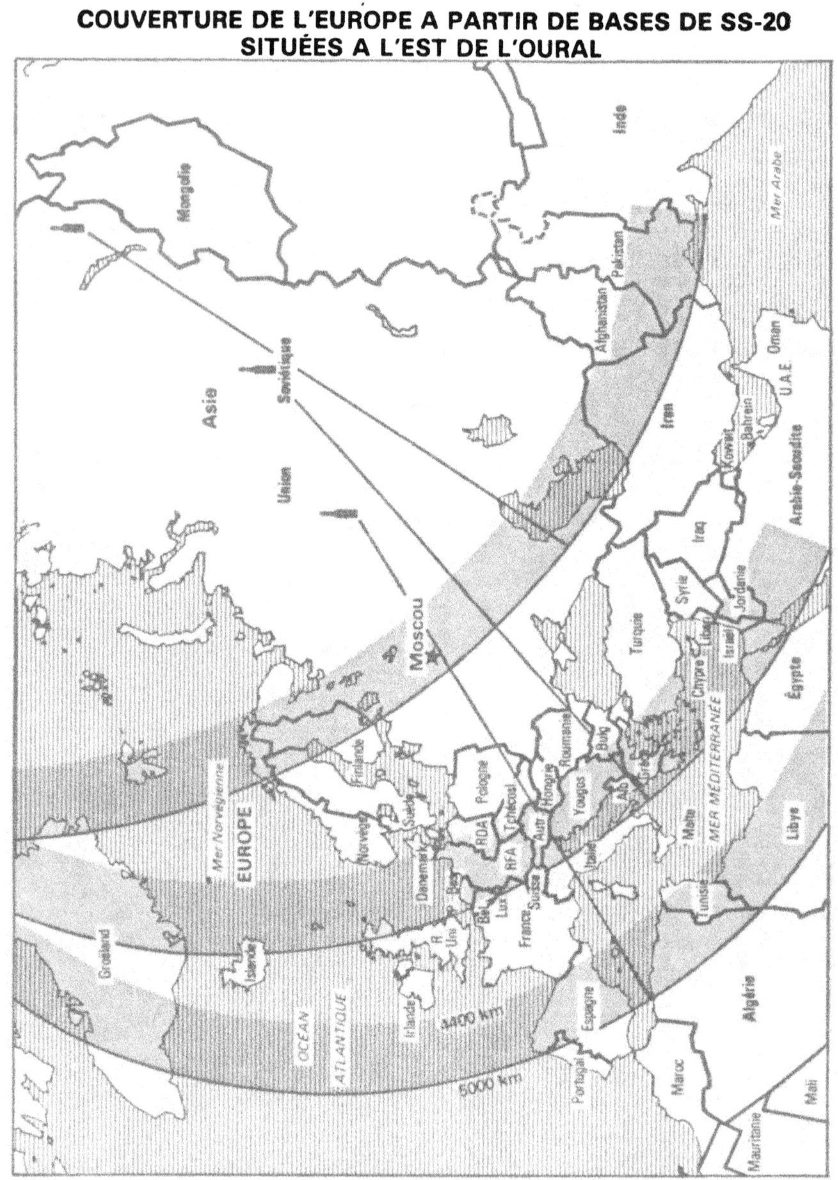

## COMPARAISON ENTRE LES ZONES DE COUVERTURE D'OBJECTIFS DU SS-20 ET DES PERSHING II ET GLCM

## COUVERTURE D'OBJECTIFS DES PERSHING II
## ET DES GLCM DE L'OTAN

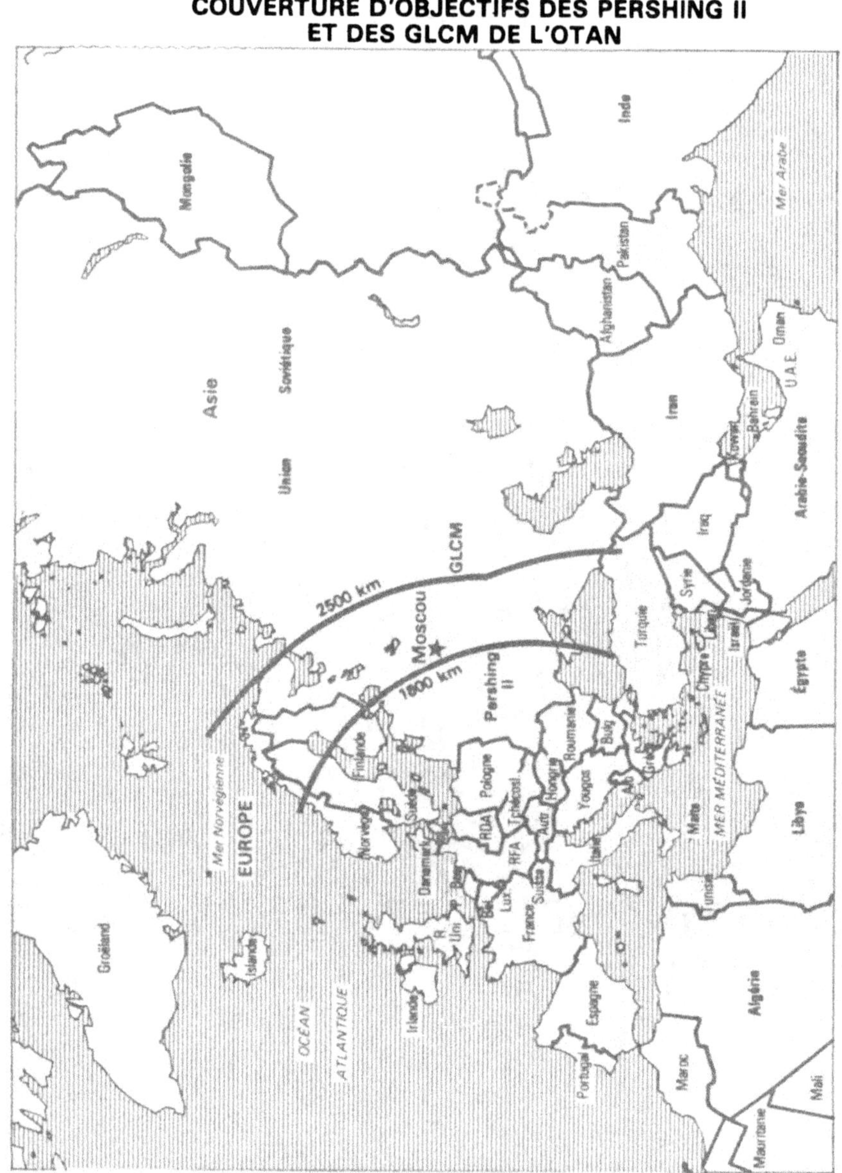

# ANNEXE II

## EXPANSION DE
## L'EMPIRE RUSSO-(SOVIETIQUE)

31 décembre 1914

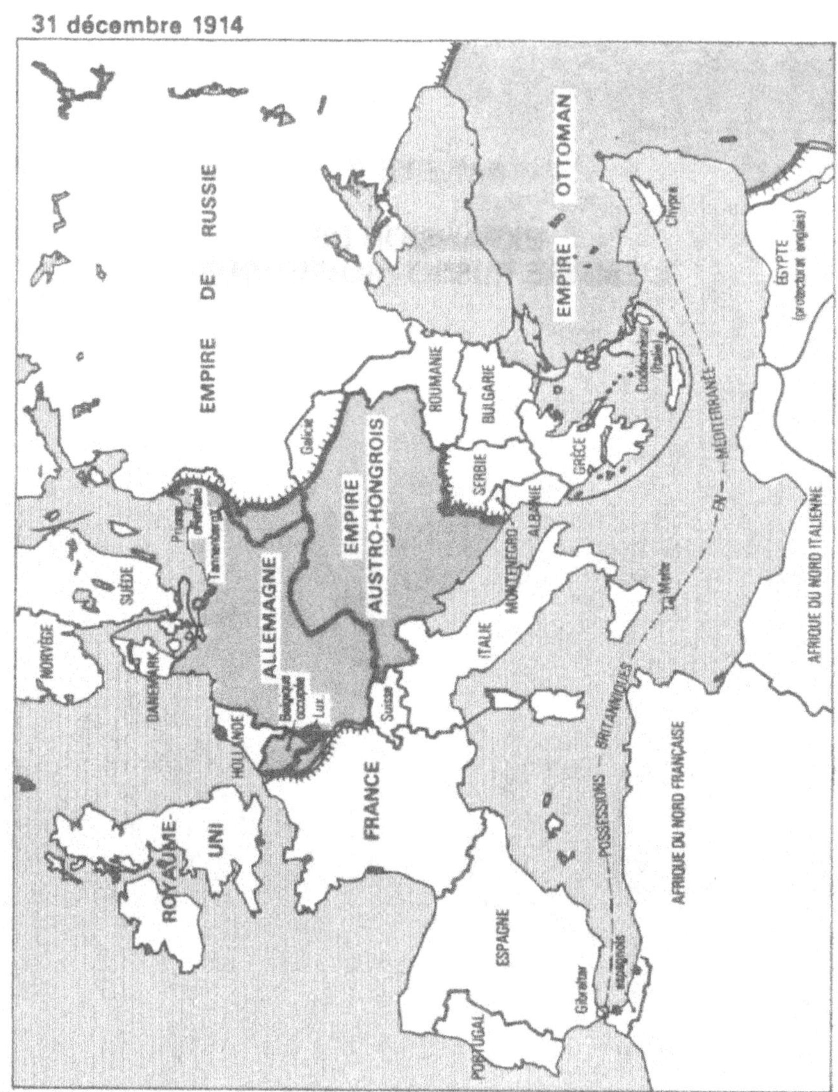


Situation des frontières après six mois de guerre.

**31 décembre 1921**

*Situation des frontières au lendemain de la Première Guerre mondiale et de la Révolution d'Octobre.*

30 juin 1940

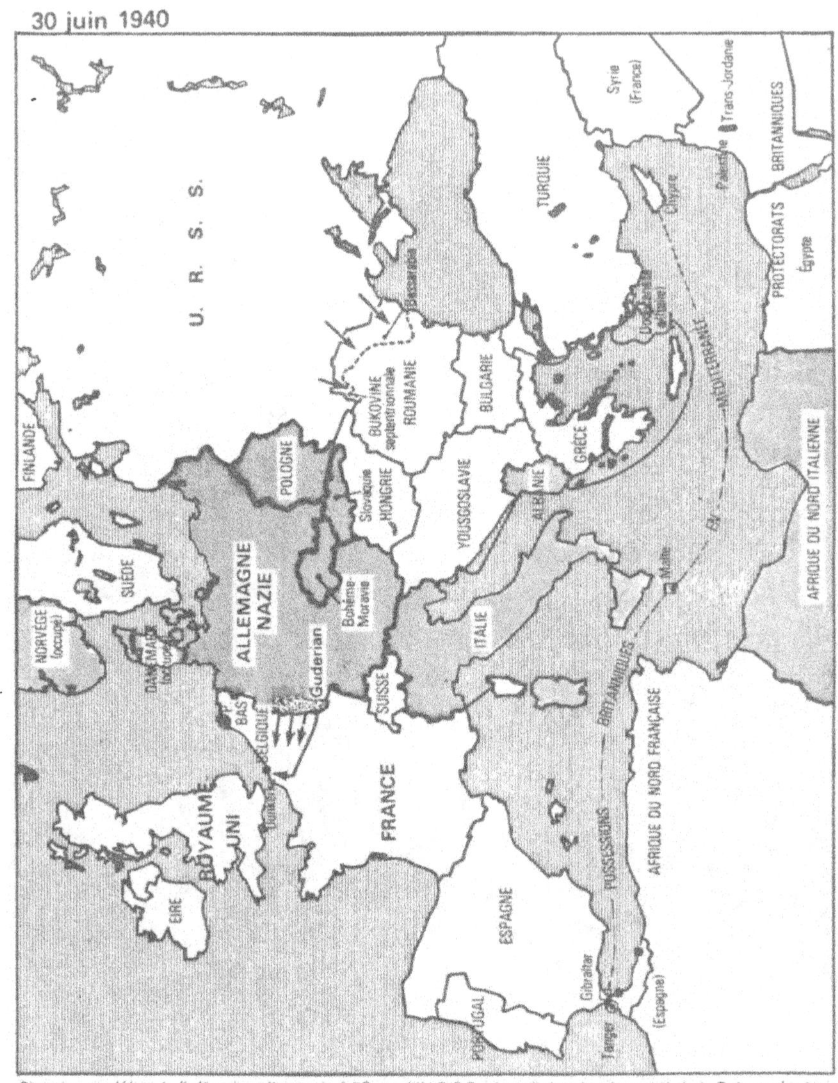


*Situation au début de l'offensive allemande à l'Ouest (l'U.R.S.S. vient d'absorber la moitié de la Pologne, les trois États baltes et la Karélie finlandaise).*

**1er janvier 1980**

*Situation onze mois avant Kaboul.*

ANNEXE III

# LA PERCEE STRATEGIQUE DE L'URSS DANS LE TIERS MONDE

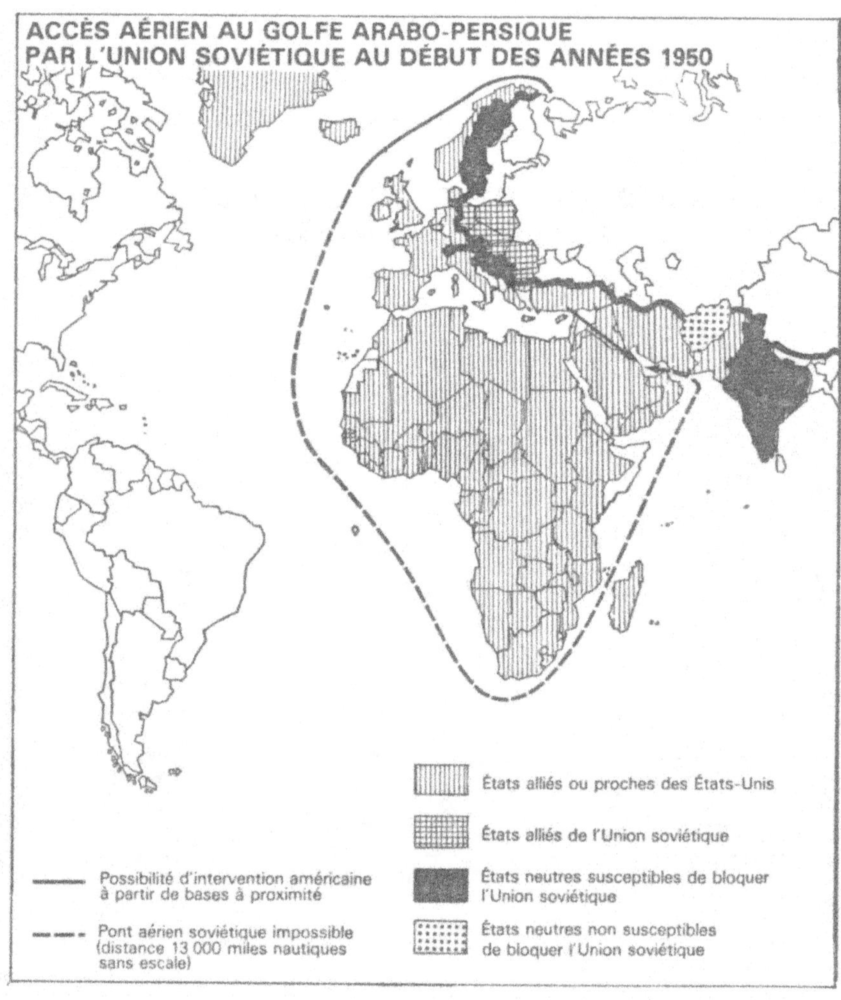


ACCÈS AÉRIEN AU GOLFE ARABO-PERSIQUE
PAR L'UNION SOVIÉTIQUE AU DÉBUT DES ANNÉES 1950
États alliés ou proches des États-Unis
États alliés de l'Union soviétique
États neutres susceptibles de bloquer l'Union soviétique
États neutres non susceptibles de bloquer l'Union soviétique
Possibilité d'intervention américaine à partir de bases à proximité
Pont aérien soviétique impossible (distance 13 000 miles nautiques sans escale)

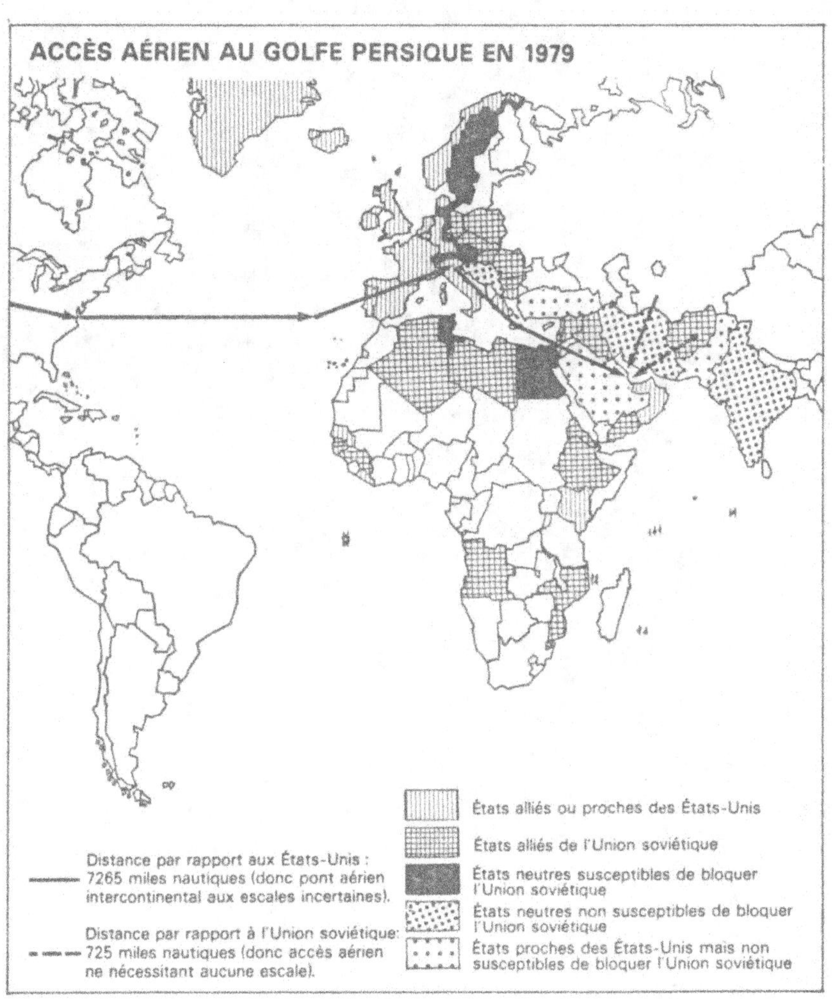

ACCÈS AÉRIEN AU GOLFE PERSIQUE EN 1979
Distance par rapport aux États-Unis :
7265 miles nautiques (donc pont aérien intercontinental aux escales incertaines).
Distance par rapport à l'Union soviétique: 725 miles nautiques (donc accès aérien ne nécessitant aucune escale).
États alliés ou proches des États-Unis
États alliés de l'Union soviétique
États neutres susceptibles de bloquer l'Union soviétique
États neutres non susceptibles de bloquer l'Union soviétique
États proches des États-Unis mais non susceptibles de bloquer l'Union soviétique

## OCÉAN INDIEN : POINTS D'APPUI AMÉRICAINS ET SOVIÉTIQUES AU DÉBUT DES ANNÉES 1950

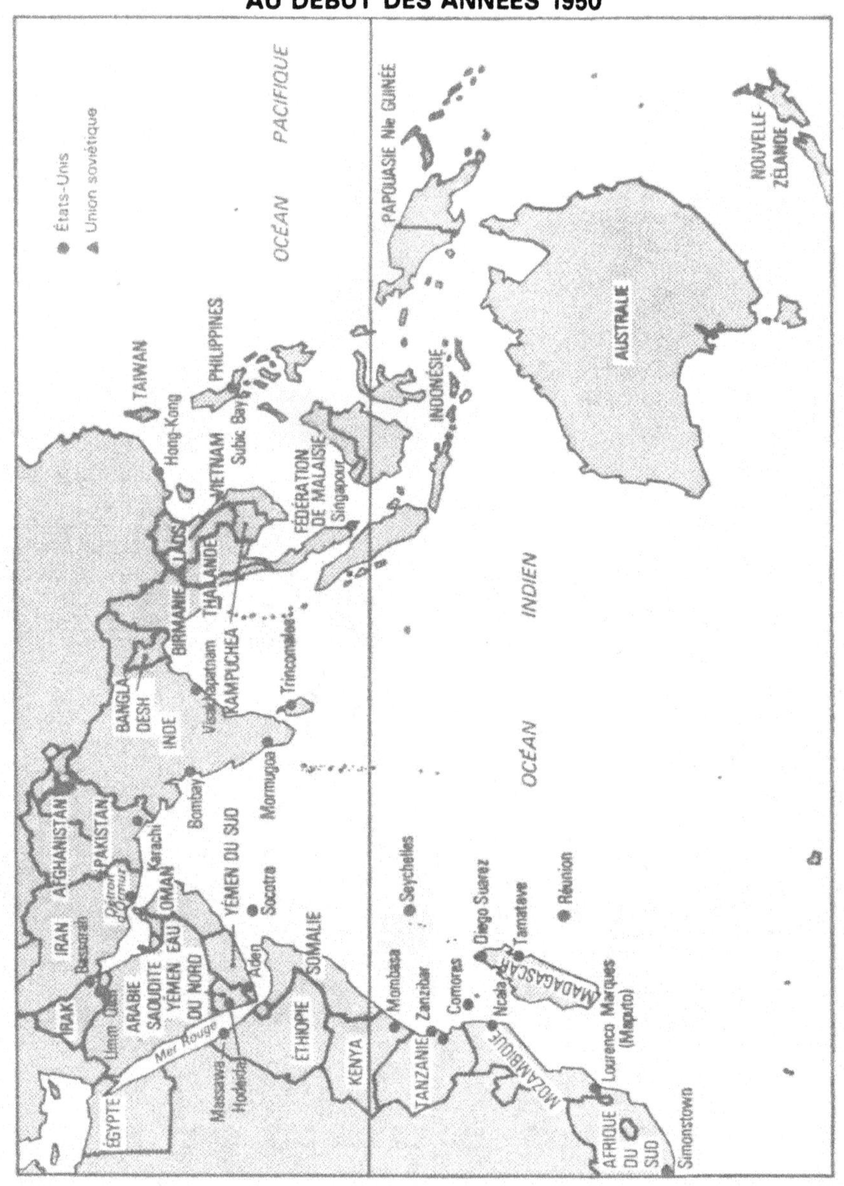

## OCÉAN INDIEN :
## POINTS D'APPUI AMÉRICAINS ET SOVIÉTIQUES EN 1979

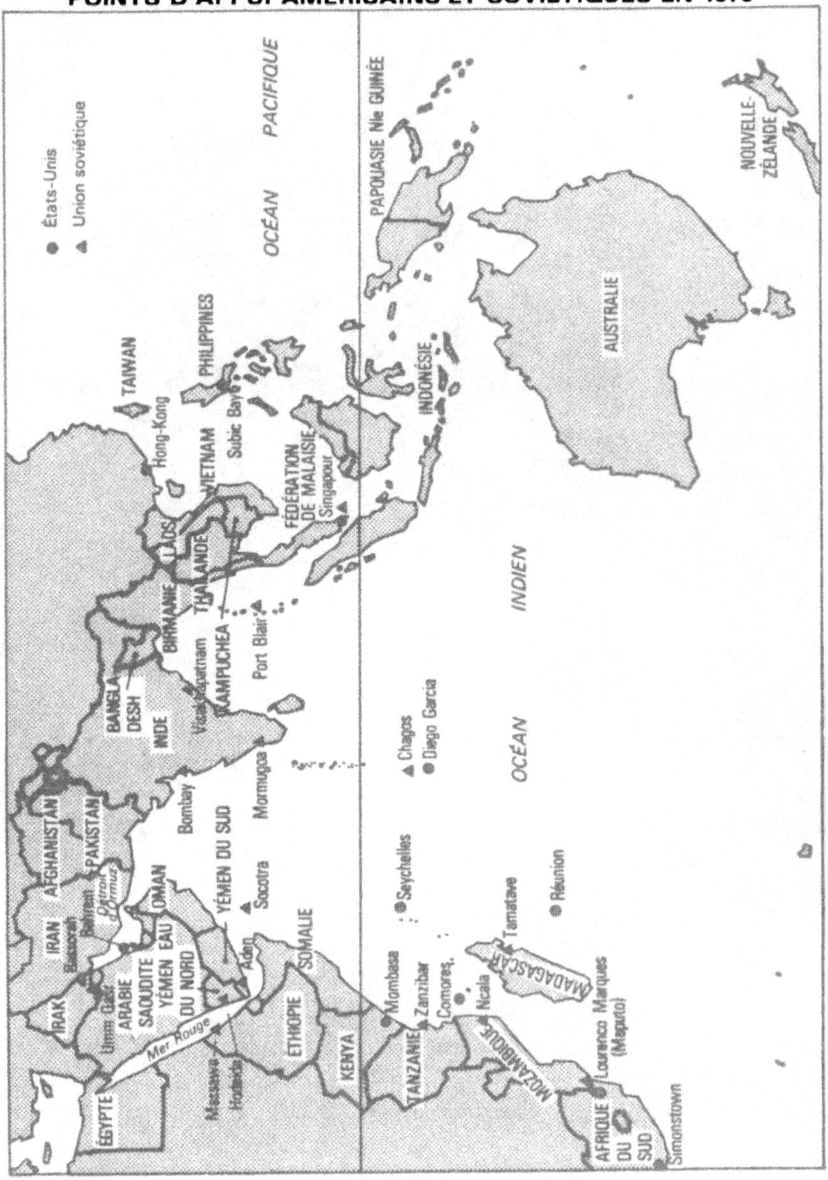

## OCÉAN INDIEN : POINTS D'APPUI MILITAIRES EN 1984

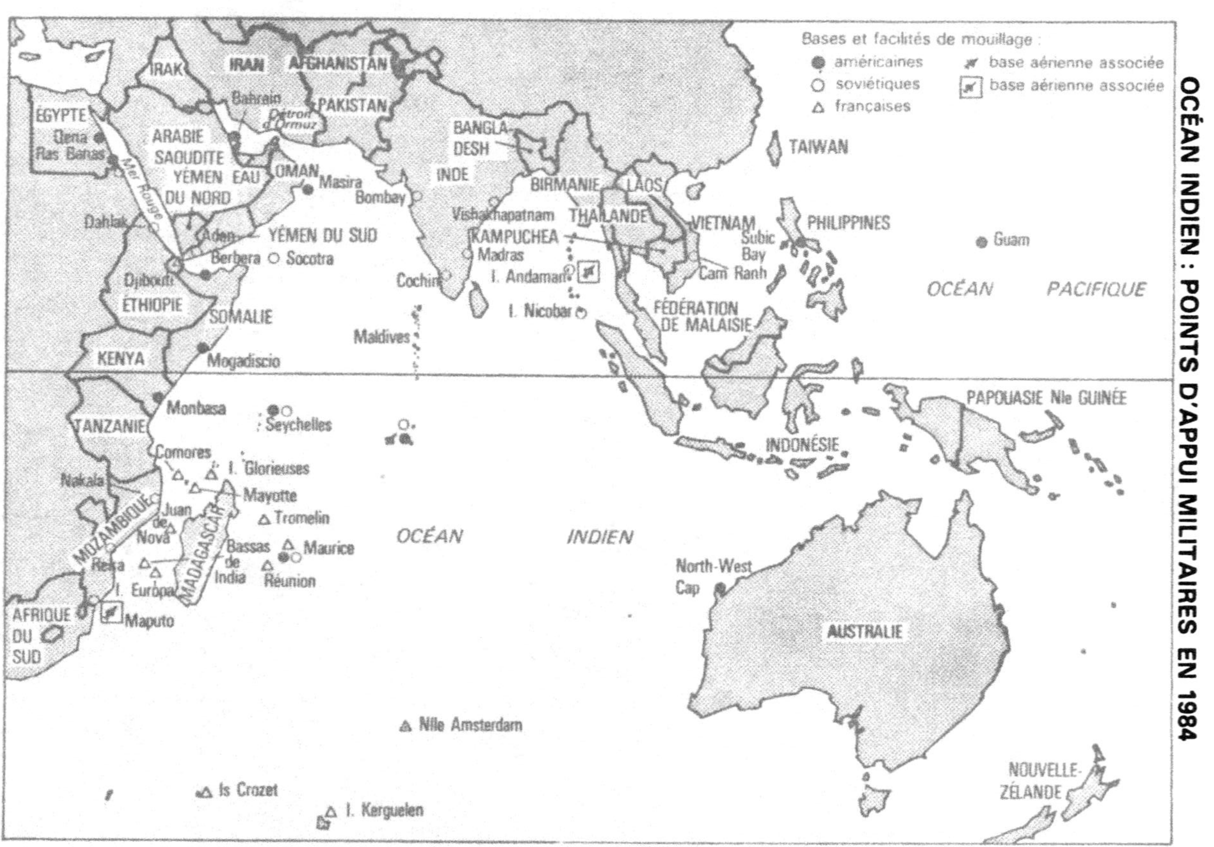

**Commerce soviétique en devises :**
**le rôle de l'Europe de l'Ouest** *(1982-83, millions de $)*

|  | Exportations | | Importations | |
|---|---|---|---|---|
|  | **1982** | **1983** | **1982** | **1983** |
| Total du commerce de biens en devises* dont | 32,175 | 32,529 | 27,355 | 27,630 |
| PVD** Armement exclu | 3,496 | 3,420 | 5,207 | 6,060 |
| PVD Armement | 6,290 | 6,000 | - | - |
| Ouest (Europe exclue) | 1,312 | 1,617 | 9,791 | 6,546 |
| Europe de l'Ouest*** | 21,075 | 21,492 | 12,357 | 14,024 |

* Sauf les transactions en devises avec le COMECON
** PVD : Pays en voie de développement
*** Sauf Finlande

**Importations soviétiques de machines et d'équipement,**
**réglées en devises** *(1982-83, millions de $)*

|  | 1982 | 1983 |
|---|---|---|
| Total | 8,583 | 13,338 |
| dont — en provenance de l'Europe de l'Ouest | 5,443 | 11,217 |
| — en provenance de la Finlande | 1,990 | 2,124 |

**Importations soviétiques de produits alimentaires,**
**boisson et tabac, y compris l'alimentation pour les animaux.**
**Réglées en devises.** *(1982-83, millions de $)*

|  | 1982 | 1983 |
|---|---|---|
| Importations totales | 8,210 | 8,328 |
| en provenance de l'Europe de l'Ouest | 1,235 | 2,231 |

**Estimation de la part des importations de machines et équipement** *(en équivalent devises)* **dans les investissements en équipement** *(en roubles de 1969 constants)* — **1979-83**

|  | Importation de biens capitaux occidentaux prix courants (millions de $) | Indice de prix (1964 = 100) | Valeur estimée en roubles (en millions de roubles 1969) | Part de la valeur en roubles dans l'investissement en équipement dans l'année suivante (%) |
|---|---|---|---|---|
| 1979 | 7,656 | 287 | 3,058 | 6.0 |
| 1980 | 7,507 | 319 | 2,676 | 5.0 |
| 1981 | 6,290 | 303 | 2,380 | 4.3 |
| 1982 | 8,583 | 300 | 3,280 | 5.6 |
| 1983 | 13,338 | 280 | 5,417 | 8.9 (estimation) |

**Exportations soviétiques d'énergie** **(pétrole brut + produits pétroliers + gaz + charbon)** **contre des devises** *(1982-83 millions de $)*

|  | 1982 | 1983 |
|---|---|---|
| Exportations totales | 18,676 | 18,358 |
| Vers l'Europe de l'Ouest | 18,519 | 17,908 |

## Commerce de l'Union soviétique
### avec les pays de l'Ouest (1970-1982)

| | 1970 | | 1973 | | 1976 | | 1980 | | 1982 | |
|---|---|---|---|---|---|---|---|---|---|---|
| | Imp. | Exp. | Imp. | Exp. | Imp. | Exp. | Imp. | Exp. | Imp. | Exp. |
| *(en millions de roubles)* | | | | | | | | | | |
| RFA* | 231 | 338 | 482 | 764 | 1,168 | 1,977 | 3,096 | 3,019 | 4,065 | 2,913 |
| France | 126 | 287 | 272 | 449 | 774 | 923 | 2,242 | 1,510 | 2,291 | 1,267 |
| Italie | 191 | 281 | 310 | 304 | 1,069 | 709 | 2,101 | 934 | 2,864 | 1,222 |
| Japon | 341 | 311 | 622 | 372 | 748 | 1,372 | 950 | 1,773 | 757 | 2,926 |
| Grande-Bretagne | 418 | 223 | 541 | 175 | 825 | 408 | 859 | 953 | 813 | 752 |
| Etats-Unis | 58 | 103 | 138 | 1,023 | 199 | 2,007 | 151 | 1,352 | 155 | 2,072 |
| Ensemble des pays industriels capitalistes | 2,154 | 2,540 | 3,750 | 4,589 | 7,834 | 10,824 | 15,862 | 15,721 | 18,849 | 18,892 |
| Totalité des pays de l'Ouest | 11,520 | 10,559 | 15,802 | 15,544 | 28,022 | 28,733 | 49,635 | 44,463 | 63,165 | 56,411 |
| *Part du commerce avec les pays industriels capitalistes (en %)* | | | | | | | | | | |
| RFA* | 10.7 | 13.3 | 12.9 | 16.6 | 14.9 | 18.3 | 19.5 | 19.2 | 21.6 | 15.4 |
| France | 5.8 | 11.3 | 7.3 | 9.8 | 9.9 | 3.2 | 14.1 | 9.6 | 12.2 | 6.7 |
| Italie | 8.9 | 11.1 | 8.3 | 6.6 | 13.6 | 6.6 | 13.2 | 5.9 | 15.2 | 6.5 |
| Japon | 15.8 | 12.2 | 16.6 | 8.1 | 9.5 | 12.7 | 6.0 | 11.3 | 4.0 | 15.5 |
| Grande-Bretagne | 19.4 | 8.8 | 14.4 | 3.8 | 10.5 | 3.8 | 5.4 | 6.1 | 4.3 | 4.0 |
| Etats-Unis | 2.7 | 4.1 | 3.7 | 22.3 | 2.5 | 18.5 | 1.0 | 8.6 | 0.8 | 11.0 |
| **Total** | 63.3 | 60.8 | 63.2 | 67.2 | 60.9 | 63.1 | 59.2 | 60.7 | 58.1 | 59.1 |

* Berlin Ouest inclus

# GLOSSAIRE DES SIGLES

| | |
|---|---|
| ABM | Anti-Ballistic Missile = Missile antimissile balistique. |
| ALCM | Air Launched Cruise Missile = Missile de croisière air-sol. |
| ANT | Arme nucléaire tactique. |
| ASAT | Arme antisatellite. |
| ASMP | Air-sol moyenne portée. |
| BAOR | British Army of the Rhine = Armée britannique du Rhin. |
| C³ | Command, Control and Communication = Commandement, Contrôle et Transmission. |
| CDE | Conférence sur le désarmement en Europe. |
| CED | Communauté européenne de Défense. |
| CENTAG | Central Army Group = Groupe de forces de l'OTAN en RFA. |
| CSCE | Conférence sur la sécurité et la coopération en Europe. |
| ET | Emerging Technologies = nouvelles technologies (en matière d'armes conventionnelles). |
| FAR | Force d'action rapide. |
| FBS | Forward Based Systems = Systèmes avancés américains en Europe. |
| FOFA | Follow-on Forces Attack = Attaque des forces du deuxième échelon. |
| GMO | Groupes de manœuvre opérationnels. |
| ICBM | Intercontinental Ballistic Missile = Missile balistique de portée intercontinentale. |
| INF | Intermediate Nuclear Forces = Forces nucléaires de portée intermédiaire. |
| IRBM | Intermediate Range Ballistic Missile = Missile balistique de portée intermédiaire. |

| | |
|---|---|
| Kt | Kilotonne = 1 000 tonnes de TNT. |
| LTDP | Long Term Defense Plan = programme à long terme sur la modernisation des forces classiques. |
| MAD | Mutual Assured Destruction = Destruction mutuelle assurée. |
| MAP | Mutual Assured Protection = Protection mutuelle assurée. |
| MBFR | Mutual and Balanced Force Reduction = (négociations) sur la réduction mutuelle des armements conventionnels en Centre Europe. |
| MIRV | Multiple Independantly Targeted Re-entry Vehicle = Ogives multiples guidées séparément. |
| MLF | Multilateral Nuclear Force = Force nucléaire multilatérale. |
| Mt | Mégatonne = 1 000 000 de tonnes de TNT. |
| NORTHAG | Northern Army Group = Groupe de forces de l'OTAN en RFA. |
| NPG | Nuclear Planning Group = Groupe de planification nucléaire. |
| OTAN | Organisation du Traité de l'Atlantique-Nord. |
| RDF | Rapid Deployment Force = Force de déploiement rapide. |
| SALT | Strategic Arms Limitation Talks = Pourparlers sur la limitation des armes stratégiques. |
| SAMRO | Satellite militaire de reconnaissance et d'observation. |
| SDI | Strategic Defense Initiative = Initiative de défense stratégique. |
| SLBM | Sea Launched Ballistic Missile = Missile balistique mer-sol. |
| SLCM | Sea Launched Cruise Missile = Missile de croisière mer-sol. |
| SNLE | Sous-marin nucléaire lanceur d'engins. |
| START | Strategic Arms Reduction Talks. |
| TABM | Tactical Anti-Ballistic Missile = Missile antimissile balistique tactique. |
| UEO | Union de l'Europe occidentale. |

# TABLE DES CARTES ET TABLEAUX


Sondages sur l'attitude des Français à l'égard de leur défense. *L'Express,* 31 mai-6 juin 1980 **(p. 22)** ; *L'Express,* 10-16 juillet 1981 **(p. 23)** ; *Le Point,* 9 juin 1980 **(p. 23)**.

Secteurs des différents corps d'armées alliés sur le front central. David S. Yost, *France and Conventional Defense in Central Europe,* European-American Institute for Security Research, 1984 **(p. 54)**.

Nombre et types d'armes nucléaires tactiques américaines déployées en Europe en 1982 **(p. 85)**.

Situation de l'économie soviétique 1966-1985. *Ramses,* 1982, IFRI, Ed. Economica, 1983 **(p. 111)**.

Croissance de l'économie soviétique depuis 1965. Philip Hanson, *The Soviet Economic Stake in European Detente,* octobre 1984, étude préparée pour l'IFRI, Rand Corp. et SWP, à paraître dans la coll. « Travaux et recherches », IFRI, 1985 **(p. 112)**.

Production et importations nettes de céréales de l'Union soviétique 1971-1982. Angel O. Byrne *et al.,* « *US-USSR Grain Trade* », *Soviet Economy in the 1980s : Problems and Prospects,* Washington DC, 1983, 2ᵉ partie, pp. 74-75 ; cité dans Abraham S. Becker, *Economic Leverage on the Soviet Union in the 1980s,* Rand Corp., juillet 1983 **(p. 113)**.

Evolution comparée de l'innovation technologique en matière d'armes stratégiques offensives. William H. Kincade, « *Over the Technological Horizon* », *Daedalus,* hiver 1981 **(p. 116)**.

Evolution des dépenses militaires américaines 1981-1988. Département américain à la Défense, cité dans *New York Times,* 2 février 1984 **(p. 138).**

Evolution des forces stratégiques américaines et soviétiques depuis le traité SALT II (1979) **(p. 177).**

Dépenses militaires des pays de l'OTAN (en % du PNB). Barry Blechman, Edward Luttwak, *International Security Yearbook 1983-1984,* Center for Strategic and International Studies (CSIS), Georgetown, 1984, pp. 91-92 **(p. 207).**

Evolution des budgets de défense des pays de l'OTAN (en % d'augmentation ou de réduction en termes réels). *Ibid.* **(p. 207).**

Système de défense multi-couche et trajectoire d'un missile balistique. US Department of Defense **(p. 227).**

Modernisation des forces nucléaires stratégiques françaises (1984-1997). Pascal Boniface *et al., L'Année stratégique,* INSED-FEDN, Editions Maritimes et d'Outre-Mer, 1985 **(p. 262).**

Déploiement des forces américaines et alliées en Europe occidentale. Carte établie par le général Gallois, reproduite dans *Ramses,* 1983-1984, IFRI, p. 53 **(p. 268).**

Implantation des grandes unités de l'armée de Terre française. *La Programmation militaire 1984-1988,* Sirpa, ministère de la Défense **(p. 274).**

Nombre de division OTAN/Pacte de Varsovie en Europe. Ministère de la Défense de la RFA, « Livre blanc », *La Sécurité de la République fédérale d'Allemagne,* 1983 **(p. 292).**

Principales augmentations de la valeur opérationnelle des divisions soviétiques depuis 1970 (en %). *Ibid.* **(p. 292).**

Systèmes d'armes principaux. *Ibid.* **(p. 293).**

Avions de combat de l'OTAN et du Pacte de Varsovie en Europe. *Ibid.* **(p. 293).**

Systèmes guidés antichars en Europe. *Ibid.* **(p. 294).**

Tubes d'artillerie en Europe, *Ibid.* **(p. 294).**

Véhicules de combat d'infanterie en Europe. *Ibid.* **(p. 295).**

Chars de combat en Europe. *Ibid.* **(p. 295).**

Comparaison entre les forces de l'OTAN et celles du Pacte de Varsovie. OTAN, *L'OTAN et le Pacte de Varsovie : comparaison des forces en présence,* 1982 **(p. 296).**

Région Centre Europe : Evolution du rapport des forces conventionnelles entre 1965 et 1980. Ph. D. Karber, « *To Lose an Arms Race : the Competition in Conventional Forces Deployed in Central Europe 1965-1980* », European-American Institute for Security Studies, 1981 **(pp. 297-302).**

Evolution du nombre des vecteurs stratégiques américains et soviétiques entre 1968 et 1983. IISS, *Military Balance,* 1968-1983 **(p. 303).**

Générations successives de missiles stratégiques (1960-1980). OTAN, *L'OTAN et le Pacte de Varsovie..., Op. cit.* **(p. 304).**

Ogives stratégiques. *Ibid.* **(p. 305).**

Vulnérabilité des ICBM basés à terre. *Ibid.* **(p. 306).**

Nombre total de têtes nucléaires équipant les missiles soviétiques à longue portée basés à terre. Ministère de la Défense de la RFA, *La Sécurité..., Op. cit.* **(p. 307).**

Couverture de l'Europe à partir de bases de SS-20 situées à l'est de l'Oural. OTAN, *L'OTAN et le Pacte de Varsovie..., Op. cit.* **(p. 308).**

Comparaison entre les zones de couverture d'objectifs du SS-20 et des Pershing II et GLCM. *Ibid.* **(p. 309).**

Couverture d'objectifs des Pershing II et des GLCM de l'OTAN. *Ibid.* **(p. 310).**

L'Empire russo-(soviétique) : 31 décembre 1914 ; 31 décembre 1921 ; 30 juin 1940 ; 1er janvier 1980. Colin McEvedy, *The Penguin Atlas of Recent History : Europe since 1815,* Penguin Books **(pp. 312-315).**

Accès aériens au golfe Arabo-Persique (E-U et URSS) au début des années 1950. Albert Wohlstetter, « *Half Wars and Half Policies in the Persian Gulf* », in Scott Thompson, éd., *From Weakness to Strength,* San Francisco Institute for Contemporary Studies, 1980 **(p. 318).**

Accès aériens au golfe Arabo-Persique (E-U et URSS) en 1979. *Ibid* **(p. 319).**

Océan Indien : points d'appui américains et soviétiques au début des années 50. *Ibid.* **(p. 320).**

Océan Indien : points d'appui américains et soviétiques en 1979. *Ibid.* **(p. 321).**

Océan Indien : points d'appui militaires en 1984, Pascal Boniface, *L'Année stratégique, Op. cit.* **(p. 322).**

Commerce soviétique en devises : le rôle de l'Europe de l'Ouest (1982-1983). Philip Hanson, *Op. cit.* **(p. 323).**

Importations soviétiques de machines et d'équipement, réglées en devises (1982-1983). *Ibid.* **(p. 323).**

Importations soviétiques de produits alimentaires, boisson et tabac, y compris l'alimentation pour les animaux (1982-1983). *Ibid.* **(p. 323).**

Estimation de la part des importations de machines et d'équipement (en équivalent devises) dans les investissements en équipement (en roubles de 1969 constants) (1979-1983). *Ibid.* **(p. 324).**

Exportations soviétiques d'énergie contre des devises (1982-1983). *Ibid.* **(p. 324).**

Commerce de l'Union soviétique avec les pays de l'Ouest (1970-1982). *Vneshniaia Torgovlia SSSR,* cité dans Abraham S. Becker, *Economic Leverage on the Soviet Union in the 1980s, Op. cit.* **(p. 325).**

# TABLE DES MATIÈRES


PRÉFACE.                                                    11

INTRODUCTION. — Mai 40 bis ?                               15


PREMIÈRE PARTIE
L'AVENIR DE L'ALLIANCE :
UNE EUROPE SANS « PARAPLUIE » NUCLÉAIRE

  I. La France et l'OTAN : au-delà du psychodrame...   41
 II. « La non-guerre » au moindre coût : les données
fondamentales du système de défense atlantique            50
III. Le parapluie s'ouvre : le « New-Look » ou l'âge d'or
des représailles massives                                 55
 IV. Le parapluie se referme : la transition à la « riposte
graduée »                                                 59
  V. Le coup de grâce des SS-20                        66
 VI. L'OTAN dans l'après-Pershing : retour à la case
départ                                                    73


DEUXIÈME PARTIE
L'AVENIR DE LA PAIX : L'ÉPREUVE DE FORCE DES VOLONTÉS

  I. L'empire et sa proie : ce que veut l'Union soviétique   93
 II. Le pacifisme occidental : la cassure des volontés    121
III. Un « divorce progressif » ? question nationale alle-
mande et « unilatéralisme » américain                     147

TROISIÈME PARTIE
L'AVENIR DE LA GUERRE : LES GRANDES ILLUSIONS

  I. L'illusion de la sécurité négociée : le mythe de l' « Arms Control »                                          172
 II. Les grandes illusions technologiques : des armes classiques « intelligentes » à la guerre des étoiles        193
III. ET : une solution ou un mythe ?                                                                                200
 IV. La SDI : désinventer la bombe ou protéger les missiles ?                                                       214

CONCLUSIONS POUR LA FRANCE
REPENSER LA GUERRE

  I. Pour en finir avec la mythologie du « tout ou rien » nucléaire                                                254
 II. Pour en finir avec le mythe de la neutralité                                                                   264
III. Vers un nouveau concept de sécurité pour la France                                                            279

ANNEXES

  I. Le rapport des forces militaires par principales catégories d'armements                                        291
 II. Expansion de l'empire russo-soviétique                                                                         311
III. Part de l'Europe de l'Ouest dans le commerce avec l'Union soviétique (1982-1983)                             317

GLOSSAIRE DES SIGLES                                                                                                327

TABLE DES CARTES ET TABLEAUX                                                                                        329

www.ingramcontent.com/pod-product-compliance
Lightning Source LLC
Chambersburg PA
CBHW051810150726
47998CB00001B/88